现代肉牛疾病防控与治疗

马晓平 靳光秀 赵 妍 主编

中国农业科学技术出版社

图书在版编目(CIP)数据

现代肉牛疾病防控与治疗 / 马晓平，靳光秀，赵妍主编. --北京：中国农业科学技术出版社，2025.9.
ISBN 978-7-5116-7407-4

Ⅰ.S858.23

中国国家版本馆CIP数据核字第2025N5E189号

责任编辑	张国锋
责任校对	李向荣
责任印制	姜义伟　王思文

出 版 者	中国农业科学技术出版社 北京市中关村南大街12号　邮编：100081
电　　话	（010）82109705（编辑室）　　（010）82106624（发行部） （010）82109709（读者服务部）
网　　址	https://castp.caas.cn
经 销 者	各地新华书店
印 刷 者	北京科信印刷有限公司
开　　本	170 mm×240 mm　1/16
印　　张	16
字　　数	300千字
版　　次	2025年9月第1版　2025年9月第1次印刷
定　　价	58.00元

━━━━◆ 版权所有·翻印必究 ◆━━━━

《现代肉牛疾病防控与治疗》
编委会

主　编　马晓平　靳光秀　赵　妍
副主编　陈　晨　许军红　柴　茂　韩敏敏
　　　　刘召明　杜志刚
编　委　李秀波　冯治永　石　瑜　王芳蕊
　　　　李振鹏　郭文华　熊海谦　王文明
　　　　程议庆　成栓之

前　言

近年来，随着我国肉牛产业不断发展，肉牛规模化、标准化、生态化、智能化养殖技术不断得到推广与普及，牛群数量加大，地区间流动广泛。由于我国各地肉牛养殖技术发展不平衡，各牛场生物安全措施参差不齐，个别牛场兽药使用不规范，特别是滥用抗生素依然存在，疫病监测和控制力度还有欠缺等原因，导致牛病在不断变化，病情越来越复杂，增加了临床防控与治疗的难度。为了有效地预防控制、诊断治疗肉牛疾病，努力将肉牛的发病率和死亡率控制在最低程度，保障我国肉牛业健康、稳步、高质量发展，我们根据现代肉牛生产实际情况，组织有关专家和一线工作人员编写了《现代肉牛疾病防控与治疗》一书。

本书从搞好现代肉牛场生物安全体系入手，介绍了现代肉牛疾病防治常用兽药的种类与正确使用方法；对现代肉牛生产中常见的传染病、寄生虫病和普通病（内科病、外科病、产科病、中毒病、营养缺乏症等），从病原与流行特点、发病原因、临床症状和病理变化等方面进行正确诊断，制定科学、详细、实用的防控和治疗方案，很多疾病还详细介绍了中兽医治疗的方法，内容精准，选药科学，方法得当，切合实际，可操作性强，治疗效果确实。

本书的出版获得"国家现代农业产业技术体系四川肉牛创新团队岗位专家项目（编号：SCCXTD-2024-13）"资助。在编写过程中，得到了许多同仁的关心和支持，并且参考了一些专家、学者的相关文献及养殖户的实际经验，在此深表感谢。同时，感谢北京中惠农科文化发展有限公司为本书做的宣传推广工作！本书适合广大农村知识青年、打工返乡创业人员、中小型肉牛养殖场（户）和养殖企业、高校相关专业学生，以及肉牛场技术和管理人员等阅读。鉴于编者水平有限及资料掌握不完整性，书中难免存在缺点和疏忽，恳请广大读者和同人不吝批评指正，并提出宝贵的意见和建议。

编　者
2025 年 5 月

目　录

第一章　现代肉牛场生物安全体系 ………………………………………… 1
　第一节　现代肉牛场选址与建设 ………………………………………… 1
　　一、确定牛场规模 …………………………………………………… 1
　　二、场址选择 ………………………………………………………… 2
　　三、场区合理布局 …………………………………………………… 2
　　四、生产区 …………………………………………………………… 2
　　五、粪尿污水处理区和病畜隔离区 ………………………………… 3
　　六、生活区 …………………………………………………………… 3
　　七、管理区 …………………………………………………………… 3
　第二节　物资与设备管理 ………………………………………………… 4
　　一、加强投入品管理 ………………………………………………… 4
　　二、加强输出品管控 ………………………………………………… 5
　　三、人员、车辆、设备管理 ………………………………………… 6
　　四、养殖粪污管理 …………………………………………………… 7
　　五、病死牛尸体无害化处理 ………………………………………… 9
　　六、牛场生物安全计划、培训、记录和评估 ……………………… 10
第二章　现代肉牛疾病防治常用兽药与使用 ……………………………… 11
　第一节　肉牛兽药使用基础知识 ………………………………………… 11
　　一、兽药的定义 ……………………………………………………… 11
　　二、兽药的剂型和剂量 ……………………………………………… 11
　　三、药物的贮藏保管 ………………………………………………… 14
　第二节　临床处方与病历 ………………………………………………… 18
　　一、处方原则 ………………………………………………………… 18

二、处方格式与应用规范 20
三、病历登记与管理 23

第三节　牛病常用兽药 26
一、消毒防腐药 26
二、抗生素 39
三、化学合成抗菌药 52
四、抗寄生虫药 59
五、解热镇痛抗炎药 70
六、促进组织代谢药 74
七、作用于消化系统的药物 81
八、止咳平喘药 86
九、水、电解质及酸碱平衡调节药 87
十、作用于泌尿生殖系统的药物 88

第四节　现代肉牛疾病常用中药方剂 94
一、解表方 94
二、清热方 94
三、泻下方 95
四、消导方 96
五、渗湿利水方 96
六、止血方 97
七、涩肠止泻方 98
八、安神开窍方 98

第三章　现代肉牛常见传染病的防控与治疗 99
一、口蹄疫 99
二、牛炭疽 102
三、布鲁氏菌病 106
四、牛结核病 109
五、牛流行热 112
六、牛恶性卡他热 115
七、牛流行性感冒 117

八、牛副流感···121

九、牛流行性乙型脑炎···124

十、牛海绵状脑病（疯牛病）···125

十一、牛冠状病毒感染···128

十二、牛地方流行性白血病···130

十三、牛病毒性腹泻/黏膜病··132

十四、牛传染性鼻气管炎··135

十五、牛结节性皮肤病···138

十六、牛传染性角膜结膜炎···140

十七、牛气肿疽···141

十八、牛巴氏杆菌病··142

十九、犊牛大肠杆菌病···144

二十、牛沙门氏菌病··145

二十一、牛坏死杆菌病···146

二十二、牛放线菌病··147

二十三、肉牛真菌性皮肤病···148

第四章 现代肉牛常见寄生虫病的防控与治疗·······················151

一、毛圆线虫病··151

二、食道口线虫病（结节虫病）··152

三、仰口线虫病（钩虫病）··152

四、毛尾线虫病（鞭虫病）··153

五、犊新蛔虫病··154

六、前后盘吸虫病（胃吸虫病）··154

七、棘球蚴病···155

八、绦虫病··156

九、巴贝斯虫病··157

十、牛泰勒虫病··158

十一、牛球虫病··159

十二、犊牛隐孢子虫病···160

十三、牛皮蝇蛆病···161

十四、牛、羊螨病·· 162

第五章 现代肉牛常见普通病的防控与治疗······················ 164
第一节 常见内科病防控与治疗······································ 164
一、前胃炎··· 164
二、前胃弛缓··· 165
三、瘤胃积食··· 168
四、瘤胃酸中毒··· 169
五、瘤胃臌气··· 170
六、瓣胃阻塞··· 172
七、创伤性网胃炎··· 176
八、皱胃积食··· 177
九、皱胃炎··· 180
十、皱胃变位··· 181
十一、牛肠梗阻··· 184
十二、牛中暑··· 187
十三、支气管肺炎··· 188

第二节 常见外科病防控与治疗······································ 190
一、口炎··· 190
二、牛食道阻塞··· 193
三、牛骨折··· 196
四、蹄叶炎··· 199
五、牛腐蹄病··· 201

第三节 常见产科病防控与治疗······································ 204
一、流产··· 204
二、难产··· 207
三、阴道脱出··· 212
四、子宫脱出··· 215
五、产后瘫痪··· 219
六、子宫内膜炎··· 221
七、妊娠毒血症··· 225

八、乳腺炎 ·· 228

　　九、母牛酮病 ·· 231

第四节　常见中毒病防控与治疗 ··· 232

　　一、有机磷农药中毒 ··· 232

　　二、棉籽饼中毒 ·· 235

　　三、牛食盐中毒 ·· 237

　　四、亚硝酸盐中毒 ·· 238

第五节　常见营养缺乏症防控与治疗 ··· 239

　　一、牛佝偻病 ·· 239

　　二、牛维生素 A 缺乏症 ·· 241

　　三、牛白肌病 ·· 243

参考文献 ··· 246

第一章 现代肉牛场生物安全体系

建立良好的生物安全体系是牛群健康的基本保障，是所有疫病防控计划和措施有效实施的基础，也是牛场维持净化状态的最关键手段。牛场生物安全是指为降低外来病原体传入、场内病原体的场内传播以及向场外扩散风险所采取的一整套措施和行为。牛场生物安全是一个系统工程，包括相关的规章制度、组织机构、人员队伍、经费投入、必要的设施设备、安全计划、技术和措施等。规章制度、组织机构、人员队伍和经费投入是生物安全计划实施的基本保障，必要的设施设备是生物安全计划实施的基础。

牛场应有各自的生物安全计划，主要包括如下七大要素：一是做好来访人员、车辆、设备和野生动物的控制；二是做好病原和害虫媒介的控制；三是做好废弃物的处理和控制；四是做好病死牛、排泄物的隔离；五是做好生产、计划和记录；六是做好牛场生产管理；七是做好养殖场投入品的控制。每个要素都涉及具体的技术和措施，共同措施包括隔离和消毒。隔离包括新引入牛的隔离、病牛的隔离、生产区各功能区间的隔离、粪污处理区的隔离、病死动物无害化处理区的隔离、净道和污道间的隔离等；消毒包括人员和车辆的消毒、牛舍内外环境的消毒、各种器械设备用具的消毒、水源与饲料的消毒以及排泄物、污染物和污染场地的消毒等。记录是评估生物安全计划实施效果的重要手段，所有措施行为都必须有记录。

第一节 现代肉牛场选址与建设

一、确定牛场规模

依据牛体大小、生产目的及饲养方式等差异，每头牛占用的牛舍面积也不一样。每头育肥牛所需面积为 $1.6 \sim 4.6$ 米^2，通常有垫草的育肥牛每头牛占

$2.3\sim4.6$ 米^2，有隔栏的每头牛占 $1.6\sim2$ 米^2。目前小栏散养模式越来越普遍，有利于提高牛只福利和健康水平。一般按牛大小每栏 $6\sim15$ 头，每头牛占有面积 $4\sim5$ 米^2。牛舍及其他房屋（牛场管理、职工生活及其他附属建筑物）面积为场地总面积的 15%~20%。

二、场址选择

根据牛场规模选择场址，同时应进行水文、土壤和气象调查，不能在土壤微量元素缺乏或环境污染区，如重金属超标、农药和抗生素残留超标、水质差、噪声大等环境中选址。选择开阔整齐地形，地势最好为高燥、背风向阳，地下水位 2 米以下，多选沙壤土或沙土土质，易于牛舍及运动场的清洁与卫生干燥，有利于防止蹄病及其他疾病的发生。水源须充足且符合饮用水的卫生要求。交通、电力方便，周围饲料资源尤其是粗饲料资源丰富。

选址应符合兽医卫生和公共安全的要求。依照有关规定，牛场选择应距村庄居民点、医院、学校、饮用水源、公路铁路及化工厂等 1 500 米以上。同时，周围 3 000 米内无养殖场、屠宰场、畜产品加工厂、动物医院、动物隔离区、动物交易市场、农贸市场等潜在传染源的企业或单位。

三、场区合理布局

牛场布局应符合科学饲养和防疫的要求，统筹和合理安排。场区大门入口应设车辆消毒池和人员消毒室，消毒池和消毒室应是车和人的必经之路。场区内一般按功能分为 5 个区：生活区、管理区、生产区、病畜隔离区、粪尿污水处理区。区间建立最佳生产联系，保持合适间距，应考虑地势和主风向对防疫的影响。

四、生产区

生产区是牛场的核心，对生产区的布局应给予全面细致的考虑。牛场经营如果是单一或专业化生产，其饲料、牛舍以及附属设施也应比较单一。与饲料贮存、加工配制和运输有关的建筑物，原则上应规划在地势较高处，并保证防疫卫生安全。在饲养过程中，应根据牛的生理特点进行分舍饲养，繁殖母牛和种公牛应按群设运动场。肉牛繁殖场可分为母牛舍、产房、犊牛舍、青年后备牛舍、育肥牛舍等。

生产区门口应设车辆消毒池和更衣消毒室。人员进入生产区时，在消毒室换上清洁且已消毒的工作服（衣、裤、鞋、帽、口罩等），进行体表臭氧或消毒剂喷雾消毒等，喷雾消毒可用0.2%过氧乙酸溶液。消毒通道的地面宜铺设草垫或其他材料的吸水垫，内加0.5%次氯酸钠溶液，供鞋底消毒。工作前后应洗手并消毒，消毒可用0.2%过氧乙酸溶液或75%酒精。确保牛场内净、污道路分离不交叉，雨水与污水排放沟（管）分离。外来人员和车辆原则上不能进入生产区。

牛舍应建在场内生产区中心，尽可能缩短运输路线。修建数栋牛舍时，方向应坐北朝南，以利于采光、防风和保温。牛舍超过4栋时，可2栋并列配置，前后对齐，相隔10米以上。牛舍应设牛床、牛槽、粪尿沟、通行道、工作室和值班室。舍前有运动场，内设自动饮水器、凉棚和饲槽等。牛舍四周和道路两旁应绿化，以调节小气候。

五、粪尿污水处理区和病畜隔离区

粪尿污水处理和病畜隔离区设在生产区下风地势低处，与生产区保持300米以上卫生间距。病牛区应便于隔离，单独通道，便于消毒及污物处理。防止污水、粪尿废弃物蔓延污染环境。

牛场应根据牛位数量设计安装相应处理能力的粪污处理设施设备。粪污处理区应划分明确，与生产区及病牛隔离区隔离。牛场粪污处理基础设施应建在牛场低位下风向，有固定的牛粪堆放储存场所和设施。牛粪储存堆放场所应有防雨棚，地面有防止粪污渗漏、溢流等的措施，同时应有防止野生动物或流浪动物接近或接触的措施。

六、生活区

职工生活区应在全场上风和地势较高的地段，以使牛场产生的不良气味、噪声、粪便和污水不致因风向与地表径流而污染生活环境，减少人畜共患病的传播风险。同时，生活区也应有相应的卫生管理措施，包括生活垃圾、厨房泔水及厕所的管理，以减少相关人员和动物传染因子向生产区传播的风险。

七、管理区

管理区包括经营管理、产品加工销售有关的建筑物。在规划管理区时，应有效利用原有道路和输电线路，充分考虑饲料和生产资料的供应、产品销售等。在牛场有加工项目时，应独立组成加工区，不应设在饲料生产区内。汽车库应设在管理区。除饲料仓库外，其他仓库也应设在管理区。管理区与生产区应加以隔离，保证50米以上距离，外来人员只能在管理区内活动，场外运输车辆严禁进入生产区。

第二节　物资与设备管理

一、加强投入品管理

牛场的投入品主要包括饲料及饲料相关产品（如原料、添加剂等）、水、兽药、垫料、冻精、胚胎及其他非常规物品等。在将投入品向牛场输入时，有可能引入病原体。

采购投入品的整体原则：严禁从疫区采购；低风险区严禁从高风险区采购。所有从外购进的投入品均应有采购记录，主要包括产品名称、产地、批号、数量、保质期、许可证编号、质量检验信息、进货日期、生产企业或者供货者名称及其联系方式等。记录的保存期限不少于3年。

饲料及饲料相关产品、兽药等生产资料的采购须从有信誉、能够提供产品质量安全保障的大宗供应商处购买。要求供应商保证所供应商品不含病原体。禁止采购农业行政主管部门公布的饲料原料目录、饲料添加剂品种目录和药物饲料添加剂品种目录以外的任何原料和产品。确保饲料原料及饲料添加剂等生产资料中不含有任何动物源性成分。饲料添加剂产品的使用应遵循产品标签所规定的用法与用量。确保饲料在有效期内使用，超过有效期的饲料应按要求处置。饲料及饲料相关产品应贮存在干燥和干净场地，妥善护盖，防止霉变和受潮，定期监测饲料，确保饲料符合使用要求；定期清洁料槽，防止污染；安全处理陈旧或被污染饲料，处理点须远离家畜并确保不被害虫和病原侵袭；对撒落的饲料要及时清除，以免随风或其他方式（车轮、衣服等）在牛场四处扩散。

确保不购买且不饲喂动物源性物质，并确保所有职工知晓这些规定。养殖场严禁参观者投喂家畜，禁止饲喂泔水。

牛饮用水应符合人饮用水的质量要求。水源是多种病原体生存的良好场所，同时也是传播病原体的良好媒介。牛场应定期监测水源并尽可能地遮盖水源，确保水源远离野生动物；水槽应有足够高度，减少牛粪的污染；定期清洁水槽，不许长期贮水，防止招引昆虫和传播疾病的害虫；定期监测水塔，防止被野生动物损坏或被化学物质污染；确保水路畅通；必要时对牛场饮用水进行消毒。饮用水消毒剂主要有氯制剂（漂白粉、二氯异氰脲酸钠、次氯酸钠和氯胺T）、碘制剂和二氧化氯。二氧化氯消毒效果较好、但价格较高，因此目前多以漂白粉消毒为主。未过滤的水每立方米加入25%有效氯漂白粉6~10克、过滤过或用明矾沉淀过的清水加2~4克。

原则上牛场不允许饲养其他动物，如必须饲养，则须严格保证动物的健康，对该动物进行免疫及驱虫，如对犬进行狂犬病疫苗免疫和包虫病预防性驱虫等。

任何时候牛场都必须从可靠途径引入牛。应确保供应商能提供牛只健康声明和免疫检疫记录；详细记录牛只来源，并在购买前检查和确认牛只健康状况和免疫状况，必要时在起运2周前接种牛口蹄疫二价或三价疫苗。新购入牛进场前要在隔离区隔离21天以上，经检测无疫、进行了必要疫苗接种和驱虫后方可并群。本场牛出场后又返还（如参加比赛、展销活动等）时应与新引进牛一样，确保运输工具进行了完全的清洁消毒，在牛到达后检查健康状况，隔离21天以上确保无病后才能并群。

在引入其他投入性产品时，如果该物品可能会对养殖场带来风险，则需要检查该物品的来源，并确认无危害后方可使用。

二、加强输出品管控

牛场输出品主要包括活牛、胴体、废液和废物。当牛只发病时不允许外运；确保所有装车的牛都是健康的，并记录运抵的地点，同时应提供健康证明。在确保动物健康方面，须专业兽医对牛健康做出准确评估。同时，运输车辆应彻底消毒。

当本场牛外出展销或市场销售时，如须重新返回群体时，按新引进动物处理。

每天及时清除牛舍内及运动场垫草、污物和粪便，并将粪污通过污道运送至堆积贮存处。收集的粪污应尽量避免有泥沙、石块等杂质。含有尿液和粪液的废水经收集后可进一步进行厌氧发酵或好氧处理。如果有沼气处理设施，冲洗污水通过专用排污管、沟进入沼气池。牛粪集中后，采用干湿分离机将水分和粪渣分离，粪渣堆积密闭30天后，即可作为有机肥使用。实施干粪堆积密闭发酵，控制相对湿度为70%左右，可杀灭病原微生物、寄生虫卵等，达到消毒杀菌的目的。

越来越多的企业使用生物发酵床或"床场一体化"的模式，以减少废物排放并实现资源化利用。"床场一体化"是一种新型养殖模式,是将牛床和运动场融为一体,结合现代微生物发酵处理技术而形成的一种环保、安全、有效的生态养殖技术。使用时应注意养殖密度,以保证牛排泄的粪尿被垫料全部吸收,实现粪尿零排放。

胴体、废液及废物(包括牛粪尿、污水、垫草垫料、饲料或饲草残渣、臭气、医疗垃圾和病死动物尸体等)须有专门的隔离处理点,避免污染物传播的可能,防止野生或家养动物进入。病死动物尸体和废物应在隔离区处理,并尽可能考虑对环境和公共安全的影响,控制废液,避免潜在疾病传播,必要时可通过种植作物或防风林减少废液的迁移。

三、人员、车辆、设备管理

原则上养殖场严禁外人参观,如必须进入,须经主管领导批准,并严格限制外来人员在养殖场范围内的行动路线,减少不必要的移动。

牛场内应尽量减少入口,并限制外来人员及车辆的进入。对于允许进入生产区的入口,须设立"未经许可,禁止入内"的标识。

原则上不允许车辆由高风险区向低风险区移动,如十分必要,则须对车辆、司机和随车人员进行严格消毒。车辆在进入场区前应对车身、车顶和底盘进行喷雾消毒,在消毒池中对轮胎进行浸渍消毒,消毒剂常用2%氢氧化钠(又称烧碱、火碱、苛性钠)溶液,每周更换2~3次,保证足量药液和药物有效浓度;兽医器械、配种器械等在使用前后进行彻底清洗、烘干、烘烤消毒或高压灭菌。

当来访者进入养殖区时,应穿防护服,进行个人清洁和消毒。在允许进入区,养殖场应为到达和离开人员及车辆提供清洁靴和消毒设备等相关设施。相关标识应设置在醒目之处,让来访者容易看到,以确保其了解牛场生物安全的要求及到达后须进行的操作。养殖场详细登记和监督来访者的活动。

养殖场应确保场内所有员工知晓各自在生物安全中的作用;保证所有负责牛只饲养管理的员工知晓如何识别病牛和受伤牛,并知晓在发生不同类型疾病时该如何反应及行动。

生产管理人员应减少场间和牛舍间互借设备或生产用具,对借出器具应确保用前、用后的清洁消毒。

牛场生产用具主要包括饲喂用具、料槽、车辆、兽医用具、助产用具和配种用具等,须定期用0.1%新洁尔灭溶液或0.2%~0.5%过氧乙酸溶液对饲喂用具、料槽等进行消毒。

牛场还应严密监控和管理野生动物及流浪动物，防止传播疾病。牛场应防止家养动物、流浪动物和野生动物接触废物处理场，必要时采取措施清除野生动物和流浪动物。养殖场应定期进行核实和监测，并对可能产生的生物安全隐患进行评估，制定措施及时消除安全隐患。

在人员管理方面，养殖场还要注意培养员工养成良好的生产习惯，保证所有员工明白早期检测和报告疾病症状的重要性。如发现非正常发病或死亡牛，应尽早咨询兽医或当地兽医疾病防控人员。牛场应定期对场内牛只进行健康状况的评估，定期检查重要牛病，如牛结核病和布鲁氏菌病，确保早期检出发病牛或感染的动物。

牛场应对已知疾病实施防控措施，当有疫病暴发时，按规定隔离和治疗发病牛或易感牛，对病死牛尸体尽快进行无害化处理，同时兼顾环境和公共卫生安全。

牛场应保证所有员工对已知风险疾病进行了疫苗免疫，必要时须对动物进行人畜共患病免疫。工作人员要定期体检。人畜共患病患者，如结核病患者、肝炎患者，不得进入生产区和从事养牛工作。

四、养殖粪污管理

养牛会给每个养殖场带来大量的粪污，其处理也是规模化养殖场的难题之一。畜禽粪污若得不到有效处理，不仅对环境造成严重的污染，还对牛健康造成极大的危害。粪污处理的有效性直接与牛的福利养殖紧密关联，直接影响着畜禽的饲养环境。在动物养殖过程中，饲养环境是保证牛健康的前提。

（一）规模化养殖污染现状

畜禽规模化养殖在提高养殖户经济效益的同时，也给当地的生态环境带来了严重的污染。由于规模化畜禽养殖逐渐从农区、牧区转移到城镇郊区，从而造成农牧脱节。畜禽粪便不能及时施用于农田，粪便堆积引发环境污染；而农业上不得不使用化肥来代替有机肥，造成恶性循环。在养殖过程中，滥用抗生素、金属微量元素的现象普遍存在。这些药物和元素的残留可通过食物链富集，最终对人体健康造成严重损害。

1. 水体污染

规模化畜禽养殖场排出的粪便和污水中含有大量的污染物质，污染物质主要包括未利用的有机物、氮和磷元素以及重金属元素等。粪便中大量的碳水化合物及含氮化合物会被微生物分解为氮和磷等元素，其在大量消耗水体中溶解氧（DO）的同时会被厌氧分解为腐败有机物质，从而导致水质恶化。畜禽对氮磷元素不能有效地利用，大量的氮磷会随着粪便排入水体中。水体中的氮磷元素含量如果超过一定阈值，就会引起水体富营养化，从而导致藻类的大量繁殖，引发一系列生态问题，严重威胁生态系统平衡。

2. 土壤污染

养殖场粪便和污水在对水体污染的同时，也对土壤造成了严重的污染。当污染水体流经地表河流时，大量氮磷渗入土壤中，造成土壤的营养积累。同时，污染水体中的微量元素也会随地表河流渗入土壤，导致土壤质地和微生物结构被破坏，从而影响作物产量和养分含量。此外，土壤富集的元素还可通过食物链再次富集，直接威胁畜禽健康和人类的安全。

3. 空气污染

在畜禽养殖过程中，如果不能及时清理粪便，粪便中的碳水化合物和蛋白质就容易发酵分解，产生大量的 NH_3、H_2S 以及挥发性有机酸、粪臭素等有恶臭的有害气体，这些气体不仅容易引发畜禽呼吸道疾病和其他疾病，还会影响养殖户及养殖场周围居民的健康。生物污染畜禽粪便及污水中含有大量病原微生物和寄生虫虫卵，粪便及污水一旦随便堆放或处理不当，极易造成畜禽传染病和寄生虫病的蔓延，甚至引起人畜共患病。

（二）规模化畜禽养殖污染的解决方法

1. 合理布局

优化畜禽养殖场的设计方案，合理选址，科学布局。避开城市集中饮用水源地、人口稠密区及环境敏感区域。控制养殖规模，控制单位面积的畜禽数量，保证畜禽数量与当地环境的自净能力相适应。同时，养殖场建造时要设置隔离带或绿化带，保证养殖场周围的安全和生活环境质量。在建立规模化养殖场时，要遵循与环境保护措施相适应的设计、施工和投入使用制度。

2. 合理喂食

要精确计算饲料营养价值，使之能够匹配畜禽的营养需求。合理配制饲料，按照不同阶段和目的及时调整配比，从而降低养分的过度供给和畜禽的排泄量。加快环保型饲料和生物饲料的研发及应用。环保型饲料是通过添加生物活性物质和合成氨基酸来降低畜禽氮和磷的排泄量，生物饲料是普通饲料经有益的微生物发酵制成的优质饲料。此外，还可通过降低饲料中抗营养因子的含量，在提高饲料养分利用率的同时降低氮和磷的排出量。

3. 合理处理粪便

目前养殖场对粪便的处理方法主要有肥料化、饲料化、能源化 3 种方法。

肥料化又分为3种方式，土地还原法、腐熟堆肥法以及生物处理法，这3种方法在改良土壤、提高农业产量方面均起着重要的作用。粪便的饲料化是将粪便中未消化的蛋白质、B族维生素、矿物质元素、粗脂肪以及碳水化合物经过加工处理再次成为饲料的技术，是粪便综合利用的重要途径。粪便的能源化是将粪便中的能量转化成可燃气体（如沼气池）或者直接焚烧粪便来获得能量，实现了物质与能量多层次循环利用。

五、病死牛尸体无害化处理

对病死牛必须进行尸体无害化处理。常用的处理方法有4种。

（一）掩埋

掩埋是指按照相关规定，将动物尸体及相关动物产品投入掩埋坑或化尸窖，通过覆盖、消毒，发酵或分解动物尸体及相关动物产品的方法。掩埋法是一种简单、经济、实用的无害化处理方法，在实践应用中，又可分为直接掩埋法和化尸窖掩埋法。

化尸窖又称密闭沉尸井，是指按照《畜禽养殖业污染防治技术规范》（HJ/T 81—2001）要求，在地面挖坑后，采用砖和混凝土结构施工建设的密封池。化尸窖处理技术，即以适量容积的化尸窖沉积动物尸体，让其自然腐烂降解的方法。化尸窖的类型从建筑材料上分为砖混结构和钢结构两种，前者为建在固定场所的地窖，后者则可移动。从池底结构上，地窖式化尸窖分为湿法发酵和干法发酵两种，前者的底部有固化，可防止渗漏，后者的底部则无固化。钢结构的化尸窖属于湿法发酵。

（二）焚烧

焚烧是指将病死动物尸体及相关动物产品堆放在足够的燃料物上或放在焚烧炉中，确保获得最大的燃烧火焰，在富氧或无氧条件下进行氧化反应或热解反应，在最短的时间内达到无害化的目的。焚烧应尽量减少新的污染物质产生，避免造成二次污染。焚烧法可采用的方法有开放式焚烧法、直接焚烧法和炭化焚烧法等。

（三）化制处理

化制处理是指将病死动物尸体投入密闭的高压容器内，在高温、高压等条件作用下，将病死动物尸体消解转化为无菌水溶液（以氨基酸为主）和干物质骨渣，同时将所有病原微生物彻底杀灭的过程。该方法借助于高温、高压，病原体杀灭率可达99.99%。化制法包括干化法、湿化法和碱解法。

（四）发酵

发酵是指将动物尸体及相关动物产品与稻糠、木屑等辅料按要求摆放，利用动物尸体及相关动物产品产生的生物热或加入特定生物制剂，发酵或分解动物尸体及相关动物产品的方法。传统的发酵法需时较长，一般1~3个月才能完成。随着一些嗜高温菌种的应用和工艺改进，处理时间可缩短至12~48小时。

六、牛场生物安全计划、培训、记录和评估

根据牛场面临的主要疫病风险，制订牛场的生物安全计划，计划应包括企业生物安全管理机构、人员职责、规章制度、疫病控制和净化目标、主要风险防控和具体措施。

养殖场应定期对场内所有员工进行生物安全方面知识的培训，让员工熟知各项生物安全措施，并自觉组织实施。养殖场应详细记录各项措施的实施情况，并定期评估计划实施效果与牛场生物安全状况，以及时发现安全隐患并采取相应控制措施。

牛场可根据生物安全计划自行设计评估内容，评估可分定性评估与定量评估，表1-1是养牛场新引入牛的生物安全定性评估表，可供参考。

表1-1　养牛场新进牛的生物安全定性评估

序号	内容	参考文件	措施	是/否
1	所有新引进牛到场前进行了健康检查吗？	供应商声明，动物健康声明	买前检测或兽医检测/证明	
2	供应商能提供所购牛的治疗和健康状况信息吗？	供应商声明，动物健康声明	向供应商索要动物健康相关信息	
3	所有新进牛都经历了隔离期吗？	动物接收和检测表	隔离数天（建议21天）	
4	未知健康状况的新进牛和原场内易感牛群（如幼年动物或妊娠动物）是隔离饲养吗？	牛场记录	隔离数天（建议21天）	
5	所购牛在出场前有足够时间排空肠胃吗？	动物接收和检测表	应在产地维持24~48小时的胃肠排空时间	
6	所有新进牛都按照相关规定进行了身份证号的转移与重新编号吗？	相关资料库	所有新进牛到达新场后应在48小时内完成身份证号的转移与重新编号	

第二章 现代肉牛疾病防治常用兽药与使用

第一节 肉牛兽药使用基础知识

一、兽药的定义

《兽药管理条例》中对兽药的定义如下。兽药,是指用于预防、治疗、诊断动物疾病或者有目的地调节动物生理机能的物质(含药物饲料添加剂),主要包括:血清制品、疫苗、诊断制品、微生态制品、中药材、中成药、化学药品、抗生素、生化药品、放射性药品及外用杀虫剂、消毒剂等。

兽用处方药,是指凭兽医处方方可购买和使用的兽药;兽用非处方药,是指由国务院兽医行政管理部门公布的、不需要凭兽医处方就可以自行购买并按照说明书使用的兽药。国家对兽用处方药和非处方药实行分类管理制度。

二、兽药的剂型和剂量

(一) 兽药的剂型

药物的原料不能直接用于动物疾病的治疗或预防,必须进行加工制成安全、稳定和便于利用、保存和运输的形式,称为药物剂型,简称剂型。

兽药剂型,按形态可分为液体剂型、半固体剂型、固体剂型,每一种剂型又可分成若干种类,其特征见表2-1。

表 2-1　兽药常见剂型与特征

剂型		特征
液体剂型	溶液剂	不挥发性药物的澄明液体。药物在溶媒中完全溶解,不含任何沉淀物质,可供内服或外用,如氯化钠溶液等
	注射剂（针剂）	灌封于特制容器中的专供注射用的无菌溶液、混悬液、乳浊液或粉末（粉针）,如5%葡萄糖注射液、青霉素钠粉针等
	合剂	两种或两种以上药物的澄明溶液或均匀混悬液。多供内服,如胃蛋白酶合剂
	煎剂	生药（中草药）加水煮沸所得的水溶液,如槟榔煎剂
	酊剂	生药或化学药物用不同浓度的乙醇浸出的或溶解而制成的液体剂型,如龙胆酊、碘酊
	醑剂	挥发性药物的乙醇溶液,如樟脑醑
	搽剂	刺激性药物的油性、皂性或醇性混悬液或乳状液,如松节油搽剂
	流浸膏剂	生药的醇或水浸出液经浓缩后的液体剂型。通常1毫升相当于原生药1克
	乳剂	两种以上不相混合的液体,加入乳化剂后制成的均匀乳状液体,如外用磺胺乳
半固体剂型	软膏剂	药物和适宜的基质均匀混合制成的具有适当稠度的膏状外用制剂,如鱼石脂软膏。供眼科用的灭菌软膏称眼膏剂,如四环素眼膏
	糊剂	大量粉末状药物与脂肪性或水溶性基质混合制成的一种外用制剂,如氧化锌糊剂
	舔剂	药物和赋形剂（如水或面粉等）混合制成的一种黏稠状或面团状制剂
	浸膏剂	生药的浸出液经浓缩后的膏状或粉状的半固体或固体型。通常浸膏剂1克相当于原药材2~5克,如甘草浸膏等
固体剂型	预混剂	将一种或几种药物与适宜的基质（如碳酸钙、麸皮、玉米粉等）均匀混合制成供添加于饲料的药物添加剂。把它掺入饲料中充分混合,可达到使微量药物成分均匀分散的目的。如硫酸黏菌素预混剂等
	可溶性粉	由一种或几种药物与助溶剂、助悬剂等辅料组成的可溶性粉末。投入饮水中使药物溶解,均匀分散,供动物饮用。如盐酸多西环素可溶性粉、延胡索酸泰妙菌素可溶性粉等
	颗粒剂	将药物与适宜的辅料制成具有一定粒度的干燥颗粒状制剂。颗粒剂可分为可溶性颗粒、混悬颗粒、泡腾颗粒、肠溶颗粒、缓释颗粒和控释颗粒,主要内服用。如非班太尔（苯硫脲）颗粒
	片剂	一种或一种以上药物与赋形剂混匀后,经压片机压制而成的含有一定药量的扁圆形状制剂,如土霉素片
	丸剂	药物与赋形剂制成的圆球状内服固体制剂。中药丸剂又分为蜜丸、水丸等
	胶囊剂	将药物或加有辅料充填于空心硬质胶囊或弹性软质囊材中而制成的制剂,如阿维菌素胶囊、鱼肝油胶丸。一般供内服,也有用于其他部位的,如直肠、阴道等

（续表）

	剂型	特征
气体剂型	气雾剂	将药物与抛射剂（液化气或压缩气）共同装封于具有阀门系统的耐压容器中，应用时揿按阀门系统，借助抛射剂的压力将药物喷出的一种制剂。供呼吸道吸入给药、皮肤黏膜给药或空间消毒
新剂型	缓释、控释制剂	根据释药规律的不同，又分为缓释制剂和控释制剂，缓释制剂能按要求缓慢地非恒速释放药物，药物的释放速率受到外界因素的影响；控释制剂释放药物是恒速或接近恒速的，血药浓度比缓释制剂更加平稳，药物的释放速率不受环境和酶等外界因素的影响，如阿苯达唑瘤胃控释剂
新剂型	经皮给药制剂	在皮肤表面给药，应用物理或化学方法及手段，促进药物穿过皮肤，药物由皮下毛细血管吸收并进入血液循环，从而实现治疗或预防疾病的药物制剂，如左旋咪唑浇淋剂、阿维菌素透皮溶液
新剂型	脂质体制剂	将药物包封于类脂质双分子中，通过渗透或被巨噬细胞吞噬后，载体被酶类分解而释放药物，从而发挥作用。如阿苯达唑脂质体等
新剂型	微囊化技术制剂	利用天然或人工合成的高分子材料作为囊材，将固态或液态物质包裹制成半透性或封闭药库（微囊或微球）的技术。例如利用明胶作为囊膜将药物（固态或液态）作囊心物包裹而成为药库型微小胶囊，如维生素 A 胶囊、维生素 D 胶囊、维生素 E 胶囊、恩诺沙星胶囊等

（二）兽药的剂量

兽药的剂量，是指药物产生防治疾病作用所需的用量。在一定范围内，剂量越大，药物在动物体内的浓度越高，作用就越强。但剂量过大，会引起动物中毒甚至死亡。

药物的剂量和浓度的计量单位见表 2-2。

表 2-2 药物的剂量和浓度的计量单位

类别	计量单位与表示方法	说明
重量单位	千克（公斤）（kg）、克（g）、毫克（mg）、微克（μg），为固体、半固体剂型药物的常用计量单位	1 千克（kg）= 1 000 克（g） 1 克（g）= 1 000 毫克（mg） 1 毫克（mg）= 1 000 微克（μg）
容量单位	升（L）、毫升（mL），为液体剂型药物的常用剂量单位。其中以"毫升"作为基本单位或主单位	1 升（L）= 1 000 毫升（mL）

(续表)

类别	计量单位与表示方法	说明
百分浓度	百分浓度（%），指100份液体或固体物质中所含药物的份数	100毫升溶液中含有药物若干克（克/100毫升） 100克制剂中含有药物若干克（克/100克） 100毫升溶液中含有药物若干毫升（毫升/100毫升）
比例浓度	（1∶x），指1克固体或1毫升液体药物加溶剂配成x毫升溶液。如1∶2 000的洗必泰溶液	如溶剂的种类未指明时，都是指蒸馏水
其他	效价单位、国际单位，有些抗生素、激素、维生素、抗毒素（抗毒血清）、疫苗等的常用剂量单位	这些药物需要经过生物检定来确定其作用强弱，同时与标准品进行比较，以确定检品药物一定量中所含的效价单位。凡是按国际协议的标准检品测得的效价单位，均称为国际单位

三、药物的贮藏保管

药品的贮存保管要做到安全、合理和有效。首先，应将外用药与内服药分开贮存；对化学性质相反的如酸类与碱类、氧化剂与还原剂等药品也要分开贮存。其次，要了解药品本身理化性质和外来因素对药品质量的影响，针对不同类别的药品采取有效的措施和方法进行贮藏保管。

（一）影响药品质量的因素

影响药品质量的因素主要有环境因素、人为因素、药品因素等。

1. 环境因素

空气中的氧易使药物氧化，引起药物变质。例如麻醉乙醚氧化生成有毒的过氧化物和乙醛；硫酸亚铁氧化变成硫酸铁；酚类及含酚羟基的药物（如苯酚、水杨酸钠、对氨基水杨酸钠）氧化后生成淡红色的醌类化合物；维生素C氧化后变成深黄色。某些碱性药物吸收空气中的二氧化碳而变质，这种现象称作碳酸化。例如，氨茶碱碳酸化后析出茶碱后分解变色；磺胺类和苯巴比妥类药物的钠盐碳酸化后，难溶于水。粉剂药品能吸收水分、灰尘及空气中有害气体而影响本身质量，如药用炭、白陶土等吸收水分后吸附作用降低等。

上述因素对药品的影响往往不是单独进行的，而是互相促进、互相影响而加速药品变质的，例如日光及高温往往加速药品的氧化过程。故应根据药品的特性，全面考虑可能引起变质的各种因素，选择适当的贮存条件和保管方法，以防止药品变质或延缓其变质的速度。

温度过高或过低，均会使药物的质量发生变化。温度过高，会使药物失效、变形、体积减小、爆炸等。例如，抗生素、维生素 D_3、促皮质素、氯化琥珀胆碱、肾上腺素、催产素、麦角新碱、生物制品等加速变质；栓剂、软膏剂变形；薄荷油、碘酊等加速挥发使体积减小；胶囊等熔化粘连。温度过低也会使某些药品冻结、分层、析出结晶，甚至变质失效。

湿度过大，有些药物容易发生水解、液化或霉变。例如，阿司匹林、青霉素等因吸潮而分解；水合氯醛、溴化钠可逐渐液化；胶囊剂发生软化粘连等。凡含结晶水的药物，在干燥空气中失去结晶水的现象称为风化。药品经风化后在使用中较难掌握正确的剂量，对剧毒药品易超量而引起中毒。

日光中的紫外线常使许多药物发生变色、氧化、还原和分解等化学反应，称光化反应。例如，双氧水遇光分解生成氧和水；麻醉乙醚见光后，加速氧化，产生有毒的过氧化物。

空气中存在霉菌孢子，在药品生产和贮藏过程中，这些孢子若散落在药物的表面，在适宜的条件下，就能长成菌丝，即常见的霉斑。例如，中草药制剂、浸膏、糖浆剂、脏器制剂等药品在 $20\sim30℃$ 且相对湿度 70% 以上的梅雨季节，如果包装封口不严密，就易发生霉变。

2. 人为因素

相对于其他因素来说，人为因素更为重要，药学人员的素质对药品质量的优劣有着关键性的影响。包括：人员配置；药品质量监督管理情况，如药品质量监督管理规章制度建立、实施及监督管理状况；药学人员药品保管养护技能以及对药品质量的重视程度、责任心的强弱，身体条件、精神状态的好坏等。

3. 药品因素

水解是药物降解的主要途径，属于这类降解药物的主要有酯类（包括内酯）、酰胺类（包括内酯类）。青霉素、头孢菌素类药物的分子中存在着不稳定的 β-内酰胺环，在 H^+ 或 OH^- 影响下，很易裂环失效。氧化也是药物变质最常见的反应。药物的氧化作用与化学结构有关，许多具有酚类（如肾上腺素、左旋多巴、吗啡、阿扑吗啡、水杨酸钠等）、烯醇类（维生素 C）、磺胺类（如磺胺嘧啶钠）、吡唑酮类（如氨基比林、安乃近）、噻嗪类（如盐酸氯丙嗪、盐酸异丙嗪）结构的药物较易氧化。药物氧化后，不仅效价损失，而且可能产生颜色或沉淀。有些药物即使被氧化极少量，亦会色泽变深或产生不良气味，严重影响药品的质量，氧化过程一般都比较复杂，有时一个药物，氧化、光化分解、水解等过程同时存在。易氧化的药物要特别注意光、氧、金属离子对它们的影响，以保证产品质量。值得注意的是，药品的包装材料对药品质量也有较大的影响。

药品不宜贮藏太长时间。有些药品因理化性质不太稳定,易受外界因素的影响,贮藏一定时间后,会使含量(效价)下降或毒性增加。为了保证用药安全有效,对这些药品规定了有效的期限。即使没有规定有效期的药物,贮存过久,也会使质量发生变化。有效期系指药品在规定的贮藏条件下能保证其质量的期限。过了有效期,药品必须按规定做销毁处理,不得继续使用。为了避免药物贮藏过久,对一般药物必须掌握先进先出、易坏先出、包装不好先出的原则,而对具有有效期的药品应特别注意掌握近期先出的原则。

此外,药品的生产工艺、包装所使用的容器和包装方法等,也对药品的质量有很大的影响,应予重视。

(二)各类药品的保管方法

1. 成瘾性麻醉药、毒药和剧药的保管

成瘾性麻醉药系指连续使用以后有成瘾性的药品,如吗啡、盐酸哌替啶等,不包括外科用的乙醚、普鲁卡因等。毒药系指药理作用剧烈,安全范围小,极量与致死量非常接近,容易引起中毒或死亡的药品,如洋地黄毒苷等。剧药系指药理作用剧烈,极量与致死量比较接近,对机体容易引起严重危害的药品,如甲硫酸新斯的明、盐酸普鲁卡因等。由于兽药典收载的剧药很多,为便于管理,从中选出一部分作用强烈的常用品种纳入管理范围,称为限制性剧药(限剧药),如巴比妥、苯巴比妥、异戊巴比妥钠等。对麻醉药、毒药和剧药,必须用专库、专柜、专人加锁保管,并有明显标记。每个品种须单独存放,各品种间留有适当距离。

2. 危险药品的保管

危险药品系指遇光、热、空气等易爆炸、自燃、助燃或有强腐蚀性、刺激性的药品,包括爆炸品(如苦味酸)、易燃液体(如乙醚、乙醇、松节油等)、易燃固体(如硫黄、樟脑等)、腐蚀药品(如盐酸、浓氨溶液、苯酚等)。危险药品应贮藏于危险品仓库内,按危险品的特性分类存放。要间隔一定距离,禁止与其他药品混放。而且要远离火源,配备消防设备。

3. 易受温度影响的药品保管

受热易变质、变形、易燃、易爆、易挥发的药品应在适宜的温度下保存。如抗生素类药品一般贮藏在干燥阴凉处,不超过20℃;酊剂、软膏和易燃、易爆、易挥发的药品,不超过30℃;血清等生物制品应在2~10℃冷藏下保存。对易燃易爆的药品还须注意容器密闭。当库内温度太高时,应采取自然通风或机械通风,以降低库温,或者利用地下室、夹墙仓库等作为贮藏场所。夏季可以在仓库向阳面或屋顶面搭盖席棚,并在门窗上安装门帘,以降低温度。

当库内温度过低时，会使容器冻裂或药品受冻变质，必须采取增温措施。暖气设备是提高库房温度的理想方法，效果好，安全可靠。

4. 易受湿度影响的药品保管

易受湿度影响的药品应密封于容器内，置于干燥处，注意通风防潮，并定期检查。在梅雨季节，还应采取防霉措施。兽药典中所指的干燥处系指相对湿度在40%～70%的空气流通环境。当库内湿度过大时应采用通风降湿或吸湿剂吸潮。通风降湿又分为自然通风和设置排风扇通风两种。常用的吸潮剂有生石灰、无水氯化钙、硅酸、炉灰、木炭等。当库内湿度过小时，为防止某些药品风化，应把药品密闭在玻璃瓶或铁桶中，使药品与外界空气隔绝，并注意避热保存。

5. 易受光线影响的药品保管

遇光易变质的药品应装在棕色瓶内，或在普通容器外面包上不透明的黑纸。

6. 易过期失效药品的保管

有失效期的药品应定期检查，以防止过期失效，药品卡片和标签上均应有特殊标记，注明有效日期，或专柜保存，以便查找。

(三) 兽药的有效期

兽药的有效期是指兽药在规定的贮藏条件下能够保持质量的期限。一般稳定性比较好的药品，在贮藏过程中，药效降低较慢，毒性也较低。但有一些稳定性较差的药品，在贮藏过程中，药效可能降低，毒性可能增高，有的甚至不能再供药用。

计算有效期，应从药品出厂日期或按出厂日期批号的下个月一日算起。药品标签所列的有效期，应为有效期年月。有效期制剂的生产应采用新原料，正常生产的制剂，一般从原料厂调运到制剂厂，应不超过6个月。制剂的有效期，除了部分包装严密、较为稳定的（如软膏、熔封安瓿等）之外，一般不应超过原料有效期的规定。

兽药的有效期，应根据药品稳定性的不同，通过留样观察试验而加以制订。兽药产品的有效期，可通过稳定性试验或加速试验，先订出暂行期限，经留样观察，积累充分数据后再行修订。

药品生产、供应、使用单位对有效期的药品，应严格按照规定的贮藏条件进行保管，要做到近期先出、近期先用。调拨有效期的药品要迅速运转。

第二节 临床处方与病历

一、处方原则

兽医处方是为了达到治疗的目的,而采取的两种或两种以上不同药物、不同类别药物、不同功能药物同时或先后应用,其结果主要是为了增加药物的疗效或为了减轻药物的毒副作用,但有时也可能会产生相反的结果。因此,兽医临床合理配伍下的处方,应以提高疗效和(或)降低动物对药物的不良反应为基本原则。处方中各个药物之间的相互作用审视,应包括对"影响药动学的相互作用""影响药效学的相互作用""影响药物稳定性的相互作用"等审查。

另外,处方中使用的药物的品类、品种越多,将会使得药物间相互作用降效的发生概率显著增加,影响药物疗效或毒性的因素增加。因此,在给患病动物用药时,应小心严谨,尽量减少用药的种类,避免因药物相互作用而引起不良反应事件的发生。

(一)影响药动学的相互作用

1. 吸收

例如维生素 C 有助于铁剂中 Fe^{2+} 的吸收;四环素与 Fe^{2+}、Ca^{2+} 等重金属离子的药物同时服用时,可因络合反应而影响各自的吸收,应避免同服。

2. 分布

例如解热镇痛药卡巴匹林钙与口服抗凝药共同使用时,可能会因为竞争血浆蛋白的结合,使得游离型的抗凝药增加,导致凝血过度,而发生出血风险。

3. 转化

多种药物同时使用时,肝药酶诱导剂加速药物在肝脏中的转化,使得药效降低。肝药酶抑制剂则相反,能使得药效增强,甚至发生中毒。

4. 排泄

例如弱碱性药物苯巴比妥过量时,碳酸氢钠碱化尿液可促进磺胺药的溶解,从而加快药物的排出以解毒;避免因磺胺药遇酸性尿液析出、沉积在输尿管内,造成输尿管堵塞和肾肿事故的发生。

(二)影响药效学的相互作用

主要表现为协同(例如,青霉素类药物或头孢类药物与氨基糖苷类药物合用)、相加或拮抗作用(青霉素类药物或头孢类药物与林可霉素类药物合用)。

药物相互作用很重要的一个方面就是配伍禁忌。药物在体外直接配伍使用时，所发生的物理性或化学性的相互作用，称为理化配伍禁忌。

（三）抗菌药物联合用药原则

1. 单一药物可有效治疗的感染不需要联合用药，仅在下列指征情况时才联合用药

（1）病原菌尚未查明的严重感染，包括免疫缺陷者的严重感染。

（2）单一抗菌药物不能控制的严重感染，或需氧菌及厌氧菌混合感染，两种及两种以上复合病原菌感染，以及多重耐药菌或泛耐药菌感染。

（3）需要长疗程治疗，但病原菌易对某些抗菌药物产生耐药性的感染。比如说，某些侵袭性真菌病；或病原菌含有不同生长特点的菌群，需要应用不同抗菌机制的药物联合使用才有效。

（4）毒性较大的抗菌药物，联合用药时，剂量可适当减少，但须有临床资料证明其同样有效。

2. 联合用药时，宜选用具有协同或相加作用的药物进行联合

如将青霉素类、头孢菌素类或其他 β-内酰胺类药品与氨基糖苷类药品联合。

（四）中兽药的联合用药原则

1. 中兽药联合内服使用

主要是指证疾病复杂时，一种中兽药不能满足所有证候时，可以联合应用多种中兽药。当多种中兽药联合应用时，应遵循药效互补原则及增效减毒原则。功能相同或基本相同的中兽药，原则上不宜叠加使用。药性峻烈的或含毒性成分的药物，应避免重复使用。合并用药时，注意中兽药的各药味、各成分间的配伍禁忌。一些病证，可采用中兽药的饮水内服与拌料内服用药，这种多途径双内服使用为"独创应用"。

2. 中药注射剂联合原则

当两种以上中药注射剂联合使用时，应遵循主治功效互补及增效减毒原则，符合中医传统配伍理论的要求，无配伍禁忌。兽医治疗临床联合用药须谨慎，如确须联合使用时，应谨慎考虑中药注射剂的间隔时间以及药物相互作用等问题。若须同时使用两种或两种以上中药注射剂，严禁混合配伍，应分开使用。除有特殊说明，中药注射剂不宜两个或两个以上品种同时共用一给药通道。

3. 中兽药与西药的联合使用

针对具体疾病制定用药方案时，要充分考虑中西药物的主辅地位后，再确

定给药剂量、给药时间、给药途径。中兽药与西药如无明确禁忌，可以联合应用，给药途径相同的，应分开使用。应避免副作用相似的中西药联合使用，也应避免有不良相互作用的中西药联合使用。

特别要强调的是，中西药注射剂联合使用时，还应遵循以下原则。

（1）联合使用须谨慎。如果中西药注射剂确须联合用药，应根据中西医诊断和各自的用药原则选药，充分考虑药物之间的相互作用，尽可能减少联用药物的种数和剂量，根据临床情况及时调整用药。

（2）中西注射剂联用，尽可能选择不同的给药途径（如肌内注射、静脉注射、喷雾给药等）。若必须同一途径用药，应将中西药分开使用，慎重考虑两种注射剂的使用间隔时间以及药物相互作用，严禁混合配伍一起注射。

二、处方格式与应用规范

为规范兽医处方管理，依据《中华人民共和国动物防疫法》《执业兽医和乡村兽医管理办法》《动物诊疗机构管理办法》《兽用处方药和非处方药管理办法》等有关规定，制定本规范。

（一）基本要求

（1）本规范所称兽医处方，是指执业兽医师在动物诊疗活动中开具的，作为动物用药凭证的文书。

（2）执业兽医师根据动物诊疗活动的需要，按照兽药批准的使用范围，遵循安全、有效、经济的原则开具兽医处方。

（3）执业兽医师在备案单位签名留样或者专用签章、电子签名备案后，方可开具处方。兽医处方经执业兽医师签名、盖章或者电子签名后有效。

（4）执业兽医师利用计算机开具、传递兽医处方时，应当同时打印出纸质处方，其格式与手写处方一致。

（5）有条件的动物诊疗机构可以使用电子签名进行电子处方的身份认证。可靠的电子签名与手写签名或者盖章具有同等的法律效力。

电子兽医处方上没有可靠的电子签名的，打印后需要经执业兽医师签名或者盖章方可有效。

本规范所称的可靠的电子签名是指符合《中华人民共和国电子签名法》规定的电子签名。

（6）兽医处方限于当次诊疗结果用药，开具当日有效。特殊情况下需要延长处方有效期的，由开具兽医处方的执业兽医师注明有效期限，但有效期最长不得超过3天。

（7）除兽用麻醉药品、精神药品、毒性药品和放射性药品等特殊药品外，动物诊疗机构和执业兽医师不得限制动物主人或者饲养单位持处方到兽药经营企业购药。

（二）处方笺格式

兽医处方笺规格和样式由农业农村部规定，从事动物诊疗活动的单位应当按照规定的规格和样式印制兽医处方笺或者设计电子处方笺。兽医处方笺规格如下。

（1）兽医处方笺一式三联，可以使用同一种颜色纸张，也可以使用3种不同颜色纸张。

（2）兽医处方笺分为两种规格，小规格为：长210毫米、宽148毫米；大规格为：长296毫米、宽210毫米。小规格为横版，大规格为竖版。

（三）处方笺内容

兽医处方笺内容包括前记、正文、后记三部分，要符合以下标准。

1. 前记

对个体动物进行诊疗的，至少包括动物主人姓名或者饲养单位名称、病历号、开具日期和动物的种类、毛色、性别、体重、年（日）龄。对群体动物进行诊疗的，至少包括动物主人姓名或者饲养单位名称、病历号、开具日期和动物的种类、患病动物数量、同群动物数量、年（日）龄。

2. 正文

包括初步诊断情况和Rp（拉丁文Recipe"请取"的缩写）。Rp应当分列兽药名称、规格、数量、用法、用量等内容；对于食品动物还应当注明休药期。

3. 后记

至少包括执业兽医师签名或者盖章、发药人签名或者盖章。

（四）处方书写要求

兽医处方书写应当符合下列要求。

（1）动物基本信息、临床诊断情况应当填写清晰、完整，并与病历记载一致。

（2）字迹清楚，原则上不得涂改；如须修改，应当在修改处签名或者盖章，并注明修改日期。

（3）兽药名称应当以兽药的商品名或者国家标准载明的名称为准。兽药名称简写或者缩写应当符合国内通用写法，不得自行编制兽药缩写名或者使用代号。

（4）书写兽药规格、数量、用法、用量及休药期要准确规范。

（5）兽医处方中包含兽用化学药品、生物制品、中成药的，每种兽药应当另起一行。中药自拟方应当单独开具。

（6）兽用麻醉药品应当单独开具处方，每张处方用量不能超过一日量。兽用精神药品、毒性药品应当单独开具处方。

（7）兽药剂量与数量用阿拉伯数字书写。剂量应当使用法定计量单位：质量以千克（kg）、克（g）、毫克（mg）、微克（μg）为单位；容量以升（L）、毫升（mL）为单位；有效量单位以国际单位（IU）、单位（U）为单位。

（8）片剂、丸剂、胶囊剂以及单剂量包装的散剂、颗粒剂分别以片、丸、粒、袋为单位；多剂量包装的散剂、颗粒剂以克或千克为单位；单剂量包装的溶液剂以支、瓶为单位，多剂量包装的溶液剂以毫升或升为单位；软膏及乳膏剂以支、盒为单位；单剂量包装的注射剂以支、瓶为单位，多剂量包装的注射剂以毫升或升、克或千克为单位，应当注明含量；兽用中药自拟方应当以剂为单位。

（9）开具纸质处方后的空白处应当画一斜线，以示处方完毕。

电子处方最后一行应当标注"以下为空白"。

兽医处方笺样式如下。

兽医处方笺样式1（个体动物）

×××××××处方笺

动物主人/饲养单位＿＿＿＿＿＿＿＿＿＿＿＿＿＿ 病历号＿＿＿＿＿＿＿

动物种类＿＿＿＿＿＿ 动物性别＿＿＿＿＿＿ 动物毛色＿＿＿＿＿＿

体重＿＿＿＿＿ 年（日）龄＿＿＿＿＿＿ 开具日期＿＿＿＿＿＿

诊断：　　　　Rp：

执业兽医师＿＿＿＿＿＿　　发药人＿＿＿＿＿＿

第一联　从事动物诊疗活动的单位留存

注："×××××××处方笺"中，"×××××××"为从事动物诊疗活动的单位名称。

兽医处方笺样式2（群体动物）

```
          ××××××× 处方笺
动物主人/饲养单位_____  病历号_____
动物种类_____  患病动物数量_____  同群动物数量_____
年(日)龄_____  开具日期_____
诊断：          Rp:



执业兽医师_____     发药人_____
```

第一联 从事动物诊疗活动的单位留存

注："×××××××处方笺"中，"×××××××"为从事动物诊疗活动的单位名称。

（五）处方保存

（1）兽医处方开具后，第一联由从事动物诊疗活动的单位留存，第二联由药房或者兽药经营企业留存，第三联由动物主人或者饲养单位留存。

（2）兽医处方由处方开具、兽药核发单位妥善保存3年以上，兽用麻醉药品、精神药品、毒性药品处方保存5年以上。保存期满后，经所在单位主要负责人批准、登记备案，方可销毁。

三、病历登记与管理

病历是兽医临床工作者对患病动物疾病发生、发展、转归以及临床检查、诊断、治疗等医疗活动过程的记录。病历既是临床实践工作的总结，也是探索疾病规律及处理医疗纠纷的法律依据，对医疗、预防、教学、科研、医院管理等都有重要的作用。

为规范动物诊疗病历管理，依据《中华人民共和国动物防疫法》《动物诊疗机构管理办法》《执业兽医和乡村兽医管理办法》等有关规定，农业农村部制定了《动物诊疗病历管理规范》。

(一) 门诊病历

(1) 封面内容包括动物医院名称、徽标等,并注明是门诊病历。

(2) 首页内容应包括动物主人及患病动物的基本信息(包括动物主人或单位的有关信息,动物种类、品种、性别、年龄、毛色、用途、体重以及动物个体的特征标志,如动物的名称、特征、号码及其他标识等),就诊的日期和时间,X片号、心电图及其他特殊检查号,药物过敏情况,住院号等。执业兽医师要逐项认真填写。

(3) 初诊病例的病历中应记述主诉、病史、现症检查、初步诊断、处理意见等。其中,病史应包括现病史、既往史以及与疾病有关的饲养管理情况等;初步诊断的可能的疾病名称分行列出;处理意见应分行列举所用药物及特种治疗方法、进一步检查的项目、饲养管理注意事项等。最后要有执业兽医的签名。

(4) 复诊病例应重点记述前次就诊后各项诊疗结果和病情演变情况;补充必要的辅助检查和特殊检查。3次不能确诊的病例,接诊执业兽医师应邀请其他兽医师会诊,并将请求会诊目的、要求及初步诊断意见在病历上填写清楚,被邀请会诊的执业兽医师应在会诊病历上填写检查所见、诊断和处理意见。

(5) 与上次不同的疾病,一律按初诊病例书写门诊病历。

(6) 每次就诊均应填写就诊日期,急诊病例应加填具体时间。

(7) 对需要住院检查和治疗的门诊病例,由执业兽医师填写住院证。

(8) 法定传染病应注明免疫情况和疫情报告情况。

(二) 住院病历

1. 封面内容

包括动物医院(兽医站、宠物医院或其他动物疾病诊疗机构)名称、徽标等,并注明是住院病历。

2. 入院病史的收集

询问病史时既要全面又要抓住重点,实事求是,避免主观臆测和先入为主。当动物主人叙述不清或为了获得必要的病历资料时,可适当进行启发,但不要主观片面和暗示。

(1) 一般项目。主要是动物主人和患病后动物的相关个体信息,还包括入院时间、记录时间。

(2) 主诉。主要是动物主人对患病动物入院就诊的主要症状、体征及其发生时间、性质或程度、部位等的描述，但执业兽医师记录时要简洁明了，一般根据主诉能形成第一诊断。

（3）既往史。指患病动物本次发病以前的健康及疾病情况，特别是与现病有密切关系的疾病。其内容主要应包括：既往一般健康状况；有无患过传染病和其他疾病，发病时间及诊疗情况，之前确诊疾病的病名（对未确诊的疾病应简述其症状）；预防接种情况、手术史以及过敏史等。

（4）现病史。现病史是病史中的主体部分。根据主诉，按症状出现的先后，详细记录从起病到就诊时疾病的发生、发展及其变化的经过和诊疗情况。其内容主要包括：①发病时间、起病缓急，可能的病因和诱因，甚至起病前的一些情况。②主要症状（或体征）出现的时间、部位、性质、程度及其演变过程。③伴随症状的特点及变化，对具有鉴别诊断意义的重要阳性和阴性症状（或体征）加以说明。④对旧病复发或患有与该病相关的慢性病的患病动物，则应着重了解其初发时的情况以及最近复发的情况。⑤发病后曾在何处接受过何种诊疗。⑥发病以来的基本情况，如精神、饮食欲等。

（5）饲养管理等情况。了解和观察动物状况，记录饲养、训练或使役、饲料品质、气候变化、是否疫源地、环境卫生、有毒有害物质接触史、妊娠胎次、分娩次数等情况。

3. 临床检查

（1）生命体征。体温（T）、脉搏（P，次/分钟）、呼吸频率（R，次/分钟）、血压（BP，千帕）。

（2）一般情况。发育（正常与异常）、营养（良好、中等、不良）、步态、神志等。

（3）皮肤及黏膜。颜色、温度、湿度、弹性，有无水肿、皮疹、淤点淤斑、皮下结节或肿块、溃疡及疤痕，被毛情况等。

（4）淋巴结。全身或局部浅表淋巴结有无肿大。

（5）头颈部、胸部、腹部、肛门及直肠、脊柱及四肢、神经系统检查所见。

4. 实验室检查

记录与诊断有关的实验室检查结果。如系入院前所做的检查，应注明检查地点及日期。

5. 初步诊断

按疾病的主次列出，与主诉有关的实验室检查结果。如系入院前所做的检查，应注明检查地点及日期。

6. 入院诊断

入院诊断由主治执业兽医师作出,标出诊断确定日期并签名。

第三节 牛病常用兽药

一、消毒防腐药

兽医消毒防腐药是指具有杀灭病原微生物或抑制其生长繁殖的药物,主要用于抑制局部皮肤、黏膜和创伤等生物体表的微生物感染,也用于食品及生物制品等的防腐。消毒药是指能杀灭病原微生物的药物,主要用于饲养环境、房间、排泄物及器材等非生物表面的消毒。防腐药是指能抑制病原微生物生长繁殖的药物,主要用于抑制局部皮肤、黏膜和创伤等动物体表微生物感染。防腐药和消毒药无严格界限,高浓度的防腐药也能杀菌,但低浓度的消毒药只能抑菌。

消毒防腐药的种类很多,但作用机理各不相同,主要包括以下几种。

(1) 使病原微生物的蛋白质凝固变性。如酚类、醛类、醇类、重金属盐类等。

(2) 改变菌体细胞膜的通透性。如表面活性剂、清洁剂新洁尔灭及有机型溶剂乙醚等。

(3) 干扰或损害细菌生命必需的酶系统。如氧化剂、卤素类等。

消毒防腐剂的作用受病原微生物的种类、药物浓度和作用时间、环境温度和湿度、环境 pH、有机物以及水质等的影响,使用时应加以注意。

(一) 酚类

苯酚(酚或石炭酸)

苯酚俗称石碳酸,为无色至微红色的针状结晶或结晶性块;有特臭;有引湿性;水溶液显酸性反应;遇光或在空气中色渐变深。苯酚为原浆毒,通过使菌体蛋白凝固变性而呈现杀菌作用。0.1%～1%溶液有抑菌作用,1%～2%溶液有杀灭细菌和真菌作用,5%溶液可在 48 小时内杀死炭疽芽孢,对病毒的作用较弱。碱性环境、脂类和皂类等能减弱其杀菌作用。

【作用与用途】消毒防腐药。用于器械、用具等消毒。

【用法用量】配成2%~5%溶液，浸泡。

【注意事项】（1）由于苯酚对皮肤和黏膜有腐蚀性，对动物和人有较强的毒性，不能用于创面和皮肤的消毒。

（2）当苯酚浓度为0.5%~5%时，对皮肤可产生局部麻醉作用；高于5%溶液则对组织产生强烈的刺激和腐蚀作用。动物意外吞服或皮肤、黏膜大面积接触苯酚会引起全身性中毒，表现为中枢神经先兴奋、后抑制以及心血管系统受抑制，严重时可因呼吸麻痹致死。有致癌作用。

【休药期】无须制定。

甲酚皂溶液

甲酚为原浆毒消毒药，使菌体蛋白凝固变性而呈现杀菌作用。抗菌作用比苯酚强3~10倍，毒性大致相等，但消毒用量比苯酚低，故较苯酚安全。可杀灭一般繁殖型病原菌，对芽孢无效，对病毒作用较弱，是酚类中最常用的消毒药。

由于甲酚的水溶性较低，通常都用肥皂乳化配成50%甲酚皂溶液。甲酚皂溶液的杀菌性能与苯酚相似，其苯酚系数随成分与菌种不同而介于1.6~5。常用浓度可破坏肉毒梭菌毒素，能杀灭包括铜绿假单胞菌在内的细菌繁殖体，对结核杆菌和真菌有一定杀灭能力，能杀死亲脂性病毒，但对亲水性病毒无效。

【作用与用途】消毒防腐药。用于器械、畜禽舍、场地、排泄物消毒。

【用法与用量】喷洒或浸泡：配成5%~10%的水溶液。

【注意事项】（1）甲酚有特臭，不宜在肉联厂、乳牛厩舍、乳品加工车间和食品加工厂等应用，以免影响食品质量。

（2）本品对皮肤有刺激性，注意保护使用者的皮肤。

【休药期】无须制定。

氯甲酚溶液

本品为无色澄清液体；有特臭。氯甲酚属于消毒防腐药，对细菌繁殖体、真菌和结核杆菌均有较强的杀灭作用，不能有效杀灭细菌芽孢。有机物可减弱其杀菌效能。pH值较低时，杀菌效果较好。

【作用与用途】消毒防腐药。用于牛舍及环境消毒。

【用法与用量】喷洒消毒：1：(33~100) 倍稀释。

【注意事项】(1) 本品对皮肤及黏膜有腐蚀性。

(2) 现用现配，稀释后不宜久贮。

【休药期】无须制定。

(二) 醛类

甲醛溶液

甲醛能杀死细菌繁殖体、芽孢（如炭疽芽孢）、结核杆菌、病毒及真菌等。甲醛对皮肤和黏膜的刺激性很强，但不会损坏金属、皮毛、纺织物和橡胶等。甲醛的穿透力差，不易透入物品深部发挥作用。甲醛具滞留性，消毒结束后即应通风或用水冲洗，甲醛的刺激性气味不易散失，故消毒时空间仅需相对密闭。

【作用与用途】醛类消毒防腐剂，主要用于畜舍熏蒸消毒，也用于胃肠道制酵。

【用法与用量】首先对空舍进行彻底清扫，高压水冲洗，晾干。按甲醛计。熏蒸消毒：每立方米空间 15 毫升的剂量。也可加入高锰酸钾（30 克/米^3）即可产生高热蒸发，熏蒸消毒 12~14 小时。然后开窗通风 24 小时。内服制酵，一次量，牛 8~25 毫升，用水稀释 20~30 倍。

【注意事项】(1) 对动物皮肤、黏膜有强刺激性。药液污染皮肤，应立即用肥皂和水清洗。

(2) 消毒后在物体表面形成一层具腐蚀作用的薄膜。

(3) 甲醛气体有强致癌作用，尤其是肺癌。

(4) 动物误服甲醛溶液，应迅速灌服稀氨水解毒。

【休药期】无须制定。

戊二醛溶液

戊二醛为无色至微黄色澄明液体；有特臭。为消毒防腐剂，具有广谱、高效和速效消毒作用。对革兰氏阳性和阴性细菌均有迅速的杀灭作用，对细菌繁殖体、芽孢、病毒、结核杆菌和真菌等均有很好的杀灭作用。水溶液 pH 值为 7.5~7.8 时，杀菌作用最佳。

【作用与用途】醛类消毒防腐药。用于橡胶、塑料制品、手术器械和厩舍消毒。

【用法与用量】喷洒使浸透：配成0.78%溶液，保持5分钟至干。

【不良反应】按规定剂量配制使用，暂未见不良反应。

【注意事项】(1) 常规浓度下可引起接触性皮炎或皮肤过敏反应，应避免接触皮肤和黏膜。

(2) 误服可引起消化道黏膜炎症、坏死和溃疡，引起剧痛、呕吐、呕血、便血、血尿、尿闭、酸中毒、抽搐和循环衰竭。

【休药期】无须制定。

季铵盐戊二醛溶液

本品为苯扎溴铵、葵甲溴铵和戊二醛配制而成。无色至淡黄色澄明液体。

【作用与用途】用于畜舍日常环境消毒。可有效杀灭病毒、细菌、芽孢。

【用法与用量】用前须将消毒液碱化（每100毫升消毒液加无水碳酸钠2克，搅拌至无水碳酸钠完全溶解），消毒方式为稀释后喷雾或喷洒，用量为200毫升/米^2，消毒时间为1小时。日常消毒用自来水将碱化液以1：（250~500）倍稀释；用于杀灭病毒时将碱化液以1：（100~200）倍稀释；用于杀灭芽孢时将碱化液以1：（1~2）倍稀释。

【注意事项】(1) 使用前将圈舍清理干净。

(2) 消毒液碱化后3日内用完。

(3) 用于具有碳钢或铝设备的畜禽厩舍的日常环境消毒，则须在消毒完毕1小时后及时清洗残留的消毒液。

(4) 每100毫升消毒液中配有无水碳酸钠2克。

(5) 产品发生冻结时，用前进行解冻，并充分摇匀。

（三）季铵盐类

辛氨乙甘酸溶液

本品为黄色澄清液体；有微腥臭；强力振摇则产生多量泡沫。

辛氨乙甘酸属于消毒防腐药，对化脓球菌、肠道杆菌及真菌等有良好的杀灭作用，对结核杆菌用1%溶液须作用12小时。其杀菌作用不受血清、牛奶等有机物的影响。

【作用与用途】消毒防腐药。用于畜舍、环境、器械和手的消毒。

【用法与用量】以本品计。喷洒或浸洗：畜舍、场地、器械消毒，1：（100～200）倍稀释；手消毒：1：1 000倍稀释。

【不良反应】按规定的用法与用量使用尚未见不良反应。

【注意事项】（1）忌与其他消毒剂合用。

（2）不宜用于粪便、污秽物及污水的消毒。

【休药期】无须制定。

苯扎溴铵溶液

苯扎溴铵为无色至淡黄色澄明液体；气芳香；强力振摇则产生多量气泡。遇低温可发生混浊或沉淀。

本品为阳离子表面活性剂，对细菌（如化脓杆菌、肠道菌等）有较好的杀灭作用，对革兰氏阳性菌的杀灭能力比革兰氏阴性菌为强。对病毒的作用较弱，对亲脂性病毒（如流感病毒）有一定杀灭作用，对亲水性病毒无效；对结核杆菌与真菌的杀灭效果甚微；对细菌芽孢只能起到抑制作用。

苯扎溴铵对阴离子表面活性剂，如肥皂、卵磷脂、洗衣粉、吐温-80等有拮抗作用。碘、碘化钾、蛋白银、硝酸银、水杨酸、硫酸锌、硼酸（5%以上）、过氧化物和磺胺类药物以及钙、镁、铁、铝等金属离子，都对本品有拮抗作用。

【作用与用途】用于手术器械、皮肤和创面消毒。

【用法用量】以苯扎溴铵计。创面消毒：配成0.01%溶液；皮肤、手术器械消毒：配成0.1%溶液。

【注意事项】（1）禁与肥皂及其他阴离子活性剂、盐类消毒剂、碘化物和过氧化物等合用，术者用肥皂洗手后，务必用水冲净后再用本品。

（2）不宜用于眼科器械和合成橡胶制品的消毒。

（3）配制手术器械消毒液时，须加0.5%亚硝酸钠以防生锈，其水溶液不得贮存于聚乙烯制作的容器内，以避免与增塑剂起反应而使药液失效。

（4）不适用于粪便、污水和皮革等的消毒。

（5）可引起人的药物过敏。

【休药期】无须制定。

癸甲溴铵碘复合溶液

本品为红棕色液体。含有效碘、双长链表面活性剂,能主动吸引捕捉细菌、病毒和支原体等病原微生物,溶解破坏细胞壁、胞膜、病毒囊膜,灭活蛋白质和核酸,协同杀死病原微生物。

【作用与用途】消毒药。主要用于畜禽养殖场厩舍、器具消毒、喷雾消毒。

【用法与用量】浸泡、喷雾。厩舍、器具消毒,用水稀释1 000倍后使用。

【注意事项】禁与肥皂合成洗涤剂混合使用。

【休药期】无须制定。

度米芬

度米芬为白色或微黄色片状结晶;无臭或微带特臭;振摇其水溶液,则产生泡沫。

本品为阳离子表面活性剂,可用作消毒剂、除臭剂和杀菌防腐剂。对革兰氏阳性和阴性菌均有杀灭作用,但对革兰氏阴性菌须较高浓度。对细菌芽孢、耐酸细菌和病毒效果不显著。有抗真菌作用。在中性或弱碱性溶液中效果更好,在酸性溶液中效果下降。

【作用与用途】用于创面、黏膜、皮肤和器械消毒。

【用法与用量】创面、黏膜消毒:0.02%~0.05%溶液;皮肤、器械消毒:0.05%~0.1%溶液。

【注意事项】(1)禁止与肥皂、盐类和其他合成洗涤剂配伍合用。避免使用铝制容器。

(2)消毒金属器械须加0.5%亚硝酸钠防锈。

(3)可引起接触性皮炎。

【休药期】无须制定。

醋酸氯己定

醋酸氯己定为白色或几乎白色的结晶性粉末;无臭。

本品为阳离子表面活性剂,对革兰氏阳性、阴性菌和真菌均有杀灭作用,但对结核杆菌、细菌芽孢及某些真菌仅有抑制作用。抗菌作用强于苯扎溴铵,其作用迅速且持久,毒性低,无局部刺激作用。与苯扎溴铵联用对大肠杆菌有协同作用。本品不易被有机物灭活,但易被硬水中的阴离子沉淀而失去活性。

【作用与用途】表面活性剂消毒防腐药。用于皮肤、黏膜、人手及器械消毒。

【用法与用量】皮肤消毒:配成0.5%醇溶液(用70%乙醇配制);黏膜、创面消毒:配成0.05%溶液;人手消毒:配成0.02%溶液;器械消毒:配成0.1%溶液。

【不良反应】按规定剂量配制使用,暂未见不良反应。

【注意事项】(1)禁与升汞、甲醛、碘酊、高锰酸钾等消毒剂配伍应用。

(2)本品不能与肥皂、碱性物质和其他阳离子表面活性剂混合使用;金属器械消毒时加0.5%亚硝酸钠防锈。

(3)本品遇硬水可形成不溶性盐,遇软木(塞)可失去药物活性。

【休药期】无须制定。

(四)碱类

氢氧化钠(苛性钠、火碱、烧碱)

本品为熔制的白色干燥颗粒、块、棒或薄片,质坚脆,折断面显结晶性;引湿性强,在空气中易吸收二氧化碳。

氢氧化钠属细胞原浆毒,对病毒和细菌的杀灭作用均较强,高浓度溶液可杀灭芽孢,OH^-能水解菌体蛋白和核酸,使酶系和细胞结构受损,并能抑制代谢机能,分解菌体中的糖类使细菌死亡。遇有机物可使其杀菌力降低。主要用于污染病毒场所、器械等消毒。

【作用与用途】消毒药和腐蚀药。用于厩舍、车辆等的消毒,也用于牛新生角的腐蚀。

【用法与用量】消毒:1%~2%热溶液。腐蚀新生角:50%溶液。

【不良反应】按规定的用法与用量使用,尚未见不良反应。

【注意事项】(1)对组织有强腐蚀性,能损坏织物和铝制品。

(2)消毒人员应注意防护。

【休药期】无须制定。

（五）卤素类

含氯石灰（漂白粉）

本品为灰白色颗粒性粉末；有氯臭；在空气中即吸收水分与二氧化碳而缓缓分解；水溶液遇红色石蕊试纸显碱性反应，随即将试纸漂白。

含氯石灰遇水生成次氯酸，后者释放活性氯和新生态氧而呈现杀菌作用。杀菌作用快而强，但不持久。含氯石灰对细菌繁殖体、芽孢、病毒及真菌都有杀灭作用，并可破坏肉毒梭菌毒素。

1%澄清液作用0.5~1分钟即可抑制炭疽杆菌、沙门氏菌、猪丹毒杆菌和巴氏杆菌等多数繁殖型细菌的生长，1~5分钟可抑制葡萄球菌和链球菌的生长，对结核杆菌和鼻疽杆菌效果较差。30%含氯石灰混悬液作用7分钟后，炭疽芽孢即停止生长。实际消毒时，含氯石灰与被消毒物的接触至少需要20分钟。含氯石灰的杀菌作用受有机物的影响。含氯石灰中所含的氯可与氨和硫化氢发生反应，故有除臭作用。

【作用与用途】消毒防腐药。用于饮水消毒和厩舍、场地、车辆、排泄物等的消毒。

【用法与用量】饮水消毒：每50升水加本品1克；牛舍、地面、排泄物等消毒：配成5%~20%混悬液。

【不良反应】含氯石灰使用时可释放出氯气，引起流泪、咳嗽，并可刺激皮肤和黏膜。严重时可引起急性氯气中毒，表现为躁动、呕吐、呼吸困难。

【注意事项】（1）对皮肤和黏膜有刺激作用。

（2）对金属有腐蚀作用，不能用于金属制品消毒；可使有色棉织物褪色。

【休药期】无须制定。

次氯酸钠溶液

本品为淡黄色澄清液体。次氯酸钠在水中可以释放出次氯酸，后者释放活性初生态氧而呈现杀菌作用，其杀菌作用快而强，但不持久。对细菌繁殖体、病毒等有杀灭作用。

【作用与用途】用于畜舍、器具及环境的消毒。

【用法与用量】以本品计。畜舍、器具消毒：1：（50~100）倍稀释。口蹄疫疫源地消毒：1：500倍稀释，常规消毒1：1 000倍稀释。

【注意事项】(1) 本品对金属有腐蚀性,对织物有漂白作用。

(2) 有腐蚀性,可伤害皮肤。

(3) 置于儿童不能触及的地方。

【休药期】无须制定。

复合次氯酸钙粉

主要成分为次氯酸钙、丁二酸。每袋108克,含A、B两包,A包47.52克,B包60.48克,均为白色颗粒状粉末。取本品1袋配成10升的溶液,溶液应澄清,略带有次氯酸的刺激性气味。

本品遇水生成次氯酸,释放活性氯和新生态氧,从产生940毫伏以上的高氧化还原电位,通过氧化和氯化作用以及高氧化还原电位(需氧菌只能耐受300~400毫伏的氧化还原电位,厌氧菌耐受的氧化还原电位在100毫伏以下)的共同作用下,杀灭病原微生物。

【作用与用途】消毒药。用于空舍、周边环境喷雾消毒,饲养器具的浸泡消毒和物体表面的擦洗消毒。

【用法与用量】喷雾、浸泡、擦洗。

(1) 配制消毒母液。打开外包装后,先将A包内容物溶解至10升水中,待搅拌完全溶解后,再加入B包内容物,搅拌,至完全溶解。

(2) 根据需要将母液稀释使用,见表2-3。

表2-3 根据需要将母液稀释使用

消毒方法	应用范围	母液稀释比例	作用时间	用量
喷雾	空舍消毒 环境消毒	1:20 或 1:15	30分钟	150~200毫升/米³ 空间
浸泡	饲养器具	1:30	20分钟	按实际需要量
擦洗	物体表面	1:30	20分钟	350~500毫升/米²
对特定病原体	大肠埃希菌 1:140;金黄色葡萄球菌 1:140;巴氏杆菌 1:30;口蹄疫病毒 1:2 100			

【注意事项】(1) 配制消毒母液时,袋内的A包和B包必须按顺序一次性全部溶解,不得增减使用量。配制好的消毒液应在密封非金属容器中贮存。

(2) 配制消毒液的水温不得超过50℃,也不得低于25℃。

(3) 若母液不能一次用完,应放于10升桶内,密闭,置凉暗处,可保存

60天。

（4）禁止内服。

【休药期】无须制定。

复合亚氯酸钠

复合亚氯酸钠为白色粉末或颗粒；有弱漂白粉气味。亚氯酸钠属于卤素类消毒防腐药，遇盐酸可生成二氧化氯而发挥杀菌作用。对细菌繁殖体、芽孢、病毒及真菌都有杀灭作用，并可破坏肉毒梭菌毒素。二氧化氯形成的多少与溶液的pH值有关，pH值越低，二氧化氯形成越多，杀菌作用越强。

【作用与用途】消毒防腐药。用于畜舍、饲喂器具及饮水等消毒，并有除臭作用。

【用法与用量】取本品1克，加水10毫升溶解，加活化剂1.5毫升活化后，加水至150毫升备用。牛舍、饲喂器具消毒：15~20倍稀释。饮水消毒：200~1 700倍稀释。

【注意事项】（1）避免与强还原剂及酸性物质接触。

（2）现用现配。

（3）本品浓度为0.01%时，对铜、铝有轻度腐蚀。对碳钢有中度腐蚀。

【休药期】无须制定。

二氯异氰脲酸钠粉（优氯净）

为白色或类白色粉末，具有次氯酸的刺激性气味。

本品为含氯消毒剂。二氯异氰脲酸钠在水中分解为次氯酸和氰脲酸，次氯酸释放出活性氯和初生态氧，对细菌原浆蛋白产生氯化和氧化反应而呈杀菌作用。

【作用与用途】消毒药。主要用于牛舍、畜栏、器具等消毒。

【用法与用量】以有效氯计。饲养场所、器具消毒：每升水1~10克；疫源地消毒：每升水2克。

【注意事项】所需消毒溶液现用现配，对金属有轻微腐蚀，可使有色棉织品褪色。

【休药期】无须制定。

三氯异氰脲酸粉（Ⅱ）

为白色或类白色粉末，具有次氯酸的刺激性特臭。

本品为含氯消毒剂。在湿润的环境中释放出氯气，通过氧化和氯化作用于病原微生物，使菌体蛋白发生变性导致病原微生物死亡，而呈现杀菌作用。

【作用与用途】主要用于牛栏舍、器具及饮水消毒。

【用法与用量】以有效氯计。喷洒、冲洗、浸泡：饲养场地的消毒，配成0.16%溶液；饲养用具，配成0.04%溶液；饮水消毒，每升水中0.4毫克，作用30分钟。

【注意事项】本品对皮肤、黏膜有刺激作用，对织物、金属有漂白和腐蚀作用，使用时注意防护。

【休药期】无须制定。

碘

碘能引起蛋白质变性而具有极强的杀菌力，能杀死细菌、芽孢、霉菌、病毒和部分原虫。碘难溶于水，在水中不易水解形成次碘酸。在酸性条件下，游离碘增多，杀菌作用较强；在碱性条件下则相反。

与含汞化合物相遇，产生碘化汞而呈现毒性作用。

【用法与用量】常用制剂有碘酊、碘甘油等。因商品化碘消毒剂较多，具体用量见相关产品说明书。

【注意事项】（1）偶尔可见过敏反应。

（2）禁止与含汞化合物配伍。

（3）必须涂于干的皮肤上，如果涂于湿皮肤上，不仅杀菌效力降低，而且容易引起发疱和皮炎。

（4）配制碘液时，若加入过量的碘化物，可使游离碘变为碘化物，反而导致碘失去杀菌作用。配制的碘溶液应存放在密闭的容器内。

（5）若存放时间过长，颜色变浅，应测定碘含量，并将碘浓度补足后再用。

（6）碘可着色，沾有碘液的天然纤维织物不易洗除。

（7）长时间浸泡金属器械会产生腐蚀性。

【休药期】无须制定。

1. 碘酊

碘酊是常用最有效的皮肤消毒药。含碘2%，碘化钾1.5%，加水适量，以50%乙醇配制。

【作用与用途】用于手术前和注射前皮肤消毒和术野消毒。

【用法与用量】一般使用2%碘酊，外用：涂擦消毒。

【注意事项】同碘。

2. 碘甘油

碘甘油刺激性较小。含碘1%、碘化钾1%，加甘油适量配制而成。

【作用与用途】用于黏膜表面消毒，治疗口腔、舌、齿龈、阴道等黏膜炎症与溃疡。

【用法与用量】涂擦皮肤。

【注意事项】同碘。

3. 碘附

碘附由碘、碘化钾、硫酸、磷酸等配制而成。

【作用与用途】消毒剂。用于牛舍、饲喂器具、手术部位和手术器械消毒。

【用法与用量】以本品计。喷洒、冲洗、浸泡：手术部位和手术器械消毒，用水1：（3~6）倍稀释；牛舍、饲喂器具消毒，用水1：（100~200）倍稀释。

【注意事项】同碘。

4. 聚维酮碘溶液

通过释放游离碘，破坏菌体新陈代谢，对细菌、病毒和真菌均有良好的杀灭作用。

【作用与用途】用于手术部位、皮肤和黏膜的消毒。

【用法与用量】以聚维酮碘计。皮肤消毒及治疗皮肤病：配成5%溶液；黏膜及创面冲洗：配成0.33%溶液。

【注意事项】（1）当溶液变为白色或淡黄色时失去消毒活性。

（2）勿用金属容器盛装。

（3）勿与强碱类物质及重金属混用。

（六）氧化剂类

过氧乙酸溶液（Ⅰ）

本品为无色至淡黄色液体，有强烈刺激性臭气，具挥发性，遇热易分解，有腐蚀性，遇有机物或金属即迅速分解。本品为强氧化剂，遇有机物放出初生态氧产生氧化作用而杀灭病原微生物而起消毒作用。

【作用与用途】消毒剂。用于杀灭厩舍、用具、衣物等的细菌、芽孢、真菌和病毒。

【用法与用量】以本品计。喷雾消毒：畜禽厩舍1∶（200~400）倍稀释；熏蒸消毒：厩舍每立方米空间使用5~15毫升；浸泡消毒：家畜食具、工作人员衣物、手臂等1∶500倍稀释；饮水消毒：每10升水加本品1毫升。

【不良反应】本品蒸汽对黏膜有刺激性。

【注意事项】（1）本品腐蚀性强，操作时戴上防护手套，避免药液灼伤皮肤。

（2）稀释时避免使用金属器具。

（3）配好的溶液应低温、避光、密闭保存，置玻璃瓶内或硬质塑料瓶内。

【休药期】无须制定。

过氧乙酸溶液

为强氧化剂，遇有机物放出新生态氧通过氧化作用杀灭病原微生物。

【作用与用途】用于牛舍、用具（食槽、水槽）、场地的喷雾消毒及畜舍内空气消毒，也可用于带畜消毒，还可用于饲养人员手臂消毒。

【用法与用量】以本品计。喷雾消毒：厩舍1∶（200~400）倍稀释；浸泡消毒：器具1∶500倍稀释；熏蒸消毒：5~15毫升/米^{3}空间；饮水消毒：每10升水加本品1毫升。

【注意事项】（1）使用前将A、B液混合反应10小时后生成过氧乙酸消毒液。

（2）本品腐蚀性强，操作时戴上防护手套，避免药液灼伤皮肤，稀释时避免使用金属器具。

（3）当室温低于15℃时，A液会结冰，用温水浴融化溶解后即可使用。

（4）配好的溶液应置于玻璃瓶内或硬质塑料瓶内低温、避光、密闭保存。

（5）稀释液易分解，宜现用现配。

【休药期】无须制定。

（七）酸类

醋酸

又名乙酸，为无色澄明液体，有刺激性特臭。对细菌、真菌、芽孢和病毒均有较强的杀灭作用，但作用强弱不尽相同。一般来说，对细菌繁殖体最强，其他依次为真菌、病毒、结核杆菌及芽孢。1%的醋酸杀灭抵抗力最强的病原体，如真菌、芽孢等，需要10分钟，但芽孢被有机物保护时，作用时间则延长至30分钟。

醋酸可将反刍动物瘤胃内的氨转化为铵离子，从而降低反刍动物瘤胃内pH，以此可用来治疗瘤胃内非蛋白氮诱发的氨中毒；通过降低结肠pH而阻止结石的形成。

【作用与用途】消毒防腐药。
【用法与用量】外用，2%～3%溶液，冲洗口腔。
【注意事项】避免与眼睛接触，若与高浓度醋酸接触，立即用清水冲洗。
【休药期】无须制定。

二、抗生素

临床常用的抗生素包括β-内酰胺类、氨基糖苷类、大环内酯类、林可霉素类、多肽类、喹诺酮类、磺胺类、抗结核药、抗真菌药及其他抗生素。

青霉素钠（钾）

青霉素属杀菌性抗生素，能抑制细菌细胞壁黏肽的合成，对生长繁殖期细菌敏感，对非生长繁殖期的细菌不起杀菌作用。临床上应避免将青霉素与抑制细胞生长繁殖的"快效抑菌剂"（如氟苯尼考、四环素类、红霉素等）合用。主要敏感菌有葡萄球菌、链球菌、棒状杆菌、破伤风梭菌、放线菌、炭疽杆菌、螺旋体等。对分枝杆菌、支原体、衣原体、立克次体、诺卡菌、真菌和病毒均不敏感。

青霉素与氨基糖苷类呈现协同作用；大环内酯类、四环素类和酰胺醇类等快效抑菌剂对青霉素的杀菌活性有干扰作用，不宜合用；重金属离子（尤其是铜、锌、汞）、醇类、酸、碘、氧化剂、还原剂、羟基化合物，呈酸性的葡萄糖注射液或盐酸四环素注射液等可破坏青霉素的活性，禁止配伍；胺类与青霉素可形成不溶性盐，可以延缓青霉素的吸收，如普鲁卡因青霉素；青霉素钠水溶液与一些药物溶液（如盐酸林可霉素、酒石酸去甲肾上腺素、盐酸土霉素、盐酸四环素、B族维生素及维生素C）不宜混合，否则可产生混浊、絮状物或沉淀。

1. 注射用青霉素钠

本品为青霉素钠的无菌粉末。

【作用与用途】β-内酰胺类抗生素。主要用于革兰氏阳性菌感染，亦用于放线菌及钩端螺旋体等的感染。

【用法与用量】以青霉素计。肌内注射，一次量，每千克体重牛1万~2万单位。每日2~3次，连用2~3日。临用前，加灭菌注射用水适量使溶解。

【不良反应】（1）主要的不良反应是过敏反应，但发生率较低。局部反应表现为注射部位水肿、疼痛，全身反应为荨麻疹、皮疹，严重者可引起休克或死亡。

（2）有时，青霉素可诱导胃肠道的二重感染。

【注意事项】（1）青霉素钠易溶于水，水溶液不稳定，很易水解，水解率随温度升高而加速，因此注射液应在临用前配制。必须保存时，应置冰箱中（2~8℃），可保存7天，在室温下只能保存24小时。

（2）应了解与其他药物的相互作用和配伍禁忌，以免影响青霉素的药效。

（3）大剂量注射可能出现高钠血症。对肾功能减退或心功能不全患畜会产生不良后果。

（4）治疗破伤风时宜与破伤风抗毒素合用。

【休药期】牛0日。

2. 注射用青霉素钾

【作用与用途】【用法与用量】【不良反应】【注意事项】【休药期】同注射用青霉素钠。

氨苄西林钠

氨苄西林钠具有广谱抗菌作用，对青霉素酶敏感，故对耐青霉素的金黄色葡萄球菌无效。对革兰氏阴性菌（如大肠杆菌、变形杆菌、沙门氏菌、嗜血杆菌、布鲁氏菌和巴氏杆菌等）有较强的作用，对铜绿假单胞菌不敏感。

氨苄西林钠与下列药物有配伍禁忌：琥乙红霉素、乳糖酸红霉素、盐酸土霉素、盐酸四环素、盐酸金霉素、硫酸卡那霉素、硫酸庆大霉素、硫酸链霉素、盐酸林可霉素、硫酸多黏菌素B、氯化钙、葡萄糖酸钙、B族维生素、维生素C等。本品与氨基糖苷类合用，可提高后者在菌体内的浓度，呈现协同作用。大环内酯类、四环素类和酰胺醇类等快效抑菌剂对本品产生干扰作用，不宜合用。

注射用氨苄西林钠

【作用与用途】β-内酰胺类抗生素。用于对氨苄西林敏感菌感染。

【用法与用量】以氨苄西林计。肌内、静脉注射：一次量，每千克体重牛10~20毫克。每日2~3次，连用2~3天。

【不良反应】本类药物可出现与剂量无关的过敏反应，表现为皮疹、发热、嗜酸性细胞增多、白细胞和血小板减少、贫血、淋巴结病或全身性过敏反应。

【注意事项】对青霉素酶敏感，不宜用于耐青霉素的金黄色葡萄球菌感染。

【休药期】牛6日。

阿莫西林

阿莫西林具有广谱抗菌作用。抗菌谱及抗菌活性与氨苄西林基本相同，对大多数革兰氏阳性菌的抗菌活性稍弱于青霉素，对青霉素酶敏感，故对革兰氏阴性菌（如大肠埃希菌、变形杆菌、沙门氏菌、嗜血杆菌、布鲁氏菌和巴氏杆菌等）有较强的作用。对铜绿假单胞菌不敏感。适用于敏感菌所致的呼吸系统、泌尿系统、皮肤及软组织等全身感染。

本品与氨基糖苷类合用，可提高后者在菌体内的浓度，呈现协同作用。大环内酯类、四环素类和酰胺醇类等快效抑菌剂对本品的杀菌作用产生干扰，不宜合用。

注射用阿莫西林钠

【作用与用途】β-内酰胺类抗生素。用于治疗对阿莫西林敏感的革兰氏阳性菌和革兰氏阴性菌感染。

【用法与用量】以阿莫西林计。静脉或肌内注射：一次量，每千克体重牛5~10毫克（即100千克体重1~2支）。1日1次，连用2~3天。

【不良反应】偶见过敏反应，注射部位有刺激性。

【注意事项】（1）对青霉素耐药的细菌感染不宜使用。

（2）现配现用。

【休药期】牛 14 日。

苯唑西林钠

苯唑西林钠抗菌谱比青霉素窄，但不易被青霉素酶水解，对耐青霉素的产酶金黄色葡萄球菌有效，对不产酶菌株和其他对青霉素敏感的革兰氏阳性菌的杀菌作用不如青霉素。肠球菌对本品耐药。

苯唑西林钠与氨苄西林或庆大霉素联合用药可相互增强对肠球菌的抗菌活性。大环内酯类、四环素类和酰胺醇类等快效抑菌剂对苯唑西林钠的杀菌活性产生干扰作用，不宜合用。重金属离子（尤其是铜、锌、汞）、醇类、酸、碘、氧化剂、还原剂、羟基化合物，呈酸性的葡萄糖注射液或盐酸四环素注射液等可破坏苯唑西林钠的活性，禁止配伍。

注射用苯唑西林钠

【作用与用途】β-内酰胺类抗生素。主要用于耐青霉素金黄色葡萄球菌感染，如败血症、肺炎、乳腺炎、烧伤创面感染等。

【用法与用量】肌内注射：一次量，每千克体重牛 10~15 毫克。每日 2~3 次，连用 2~3 天。

【不良反应】主要的不良反应是过敏反应，但发生率较低。局部反应表现为注射部位水肿、疼痛，全身反应为荨麻疹、皮疹，严重者可引起休克或死亡。

【注意事项】（1）苯唑西林钠易溶于水，水溶液不稳定，很易水解，水解率随温度升高而加速，因此注射液应在临用前配制；必需保存时，应置冰箱中（2~8℃），可保存 7 天，在室温只能保存 24 小时。

（2）大剂量注射可能出现高钠血症。

【休药期】牛 14 日。

苄星青霉素

苄星青霉素属杀菌性抗生素，抗菌活性强，其抗菌作用机理主要是抑制细菌细胞壁黏肽的合成。临床上应避免与抑制细菌生长繁殖的快效抑菌剂（如氟苯尼考、四环素类、红霉素等）合用。主要敏感菌有葡萄球菌、链球菌、棒状杆菌、破伤风梭菌、放线菌、炭疽杆菌、螺旋体等。对分枝杆菌、支原体、衣原体、立克次体、诺卡菌、真菌和病毒均不敏感。对急性重度感染不宜单独使用,须注射青霉素钠(钾)显效后,再用本品维持药效。

本品与氨基糖苷类合用,可提高后者在菌体内的浓度,故呈现协同作用。大环内酯类、四环素类和酰胺醇类等快效抑菌剂对苄星青霉素的杀菌活性产生干扰,不宜合用。重金属离子(尤其是铜、锌、汞)、醇类、酸、碘、氧化剂、还原剂、羟基化合物,呈酸性的葡萄糖注射液或盐酸四环素注射液等可破坏其活性,属配伍禁忌。本品与一些药物溶液(如盐酸林可霉素、酒石酸去甲肾上腺素、盐酸土霉素、盐酸四环素、B族维生素及维生素C)不宜混合,否则可产生混浊、絮状物或沉淀。

注射用苄星青霉素

【作用与用途】β-内酰胺类抗生素。为长效青霉素,用于革兰氏阳性细菌感染。

【用法与用量】肌内注射。一次量,每千克体重牛2万~3万单位,必要时3~4日重复1次。

【不良反应】主要的不良反应是过敏反应,但发生率较低。局部反应表现为注射部位水肿、疼痛,全身反应为荨麻疹、皮疹,严重者可引起休克或死亡。

【注意事项】(1)本品血药浓度较低,急性感染时应与青霉素钠合用。

(2)注射液应在临用前配制。

(3)应注意与其他药物的相互作用和配伍禁忌,以免影响其药效。

【休药期】牛4日。

头孢氨苄

头孢氨苄属半合成的第一代内服头孢菌素,又称先锋霉素Ⅳ。用于敏感菌所致的呼吸道、泌尿道、皮肤和软组织感染;对严重感染不宜应用。

头孢氨苄单硫酸卡那霉素乳房注入剂

【作用与用途】主要用于治疗由敏感菌引起的感染。

【用法与用量】乳房注入,每乳室10克,隔24小时再注入1次。

【不良反应】(1) 有潜在的肾毒性。
(2) 有胃肠道反应,表现为厌食、呕吐和腹泻。
【注意事项】(1) 本品应振摇均匀后使用。
(2) 对头孢菌素、青霉素过敏动物慎用。
【休药期】牛 10 日。

头孢噻呋 (钠)

头孢噻呋具有广谱杀菌作用,对革兰氏阳性菌、革兰氏阴性菌(包括β-内酰胺酶菌)均有效。敏感菌主要有多杀性巴氏杆菌、溶血性巴氏杆菌、胸膜性肺炎放线杆菌、沙门氏菌、大肠杆菌、链球菌、葡萄球菌等。本品抗菌活性比氨苄西林强,对链球菌的活性比奎诺酮类强。

与青霉素、氨基糖苷类药物合用有协同作用。

1. 盐酸头孢噻呋注射液

【作用与用途】β-内酰胺类抗生素。主要用于治疗牛细菌性呼吸道病。
【用法用量】以头孢噻呋计。肌内或皮下注射:一次量,每千克体重牛 1.1~2.2 毫克;每日 1 次,连用 3 日。
【不良反应】(1) 可能引起胃肠道菌群紊乱或二重感染。
(2) 有一定的肾毒性。
(3) 可能出现局部一过性疼痛。
【注意事项】(1) 现配现用。
(2) 对肾功能不全动物应调整剂量。
(3) 对β-内酰胺类抗生素高敏的人应避免接触本品,避免儿童接触。
【休药期】牛 8 日。

2. 注射用头孢噻呋钠

【作用与用途】【用法与用量】【不良反应】【注意事项】【休药期】同盐酸头孢噻呋注射液。

链霉素

链霉素通过干扰细菌蛋白质合成过程,致使合成异常的蛋白质、阻碍已合成的蛋白质释放,还可使细菌细胞膜通透性增加导致一些重要生理物质的外漏,最终引起细菌死亡。

链霉素对结核杆菌和多种革兰氏阴性杆菌，如大肠杆菌、沙门氏菌、布鲁氏菌、巴氏杆菌、志贺氏痢疾杆菌、鼻疽杆菌等有抗菌作用。对金黄色葡萄球菌等多数革兰氏阳性球菌的作用差。链球菌、铜绿假单胞菌和对本品固有耐药。

与其他具有肾毒性、耳毒性和神经毒性的药物，如两性霉素、其他氨基糖苷类药物、多黏菌素B等联合应用时慎重。与作用于髓袢的药（呋塞米）或渗透性药（甘露醇）合用，可使氨基糖苷类药物的耳毒性和肾毒性增强。与全身麻醉药或神经肌肉阻断剂联合应用，可加强神经肌肉传导阻滞。与青霉素类或头孢菌素类合用对铜绿假单胞菌和肠球菌有协同作用，对其他细菌可能有相加作用。

1. 注射用硫酸链霉素

【作用与用途】用于治疗各种敏感菌的急性感染，如家畜的呼吸道感染（肺炎、咽喉炎、支气管炎）、泌尿道感染、牛流感、放线菌病、钩端螺旋体病、细菌性胃肠炎、乳腺炎和细菌性肠炎等。也可用于控制乳牛结核病的急性暴发（每天注射，连续6~7日）。

【用法与用量】肌内注射：一次量，每千克体重牛10~15毫克。每日2次，连用2~3日。

【不良反应】（1）耳毒性比较强，最常引起前庭损害，这种损害可随连续给药的药物积累而加重，并呈剂量依赖性。

（2）剂量过大，易导致神经肌肉阻断。

（3）长期应用可引起肾脏损害。

【注意事项】（1）与其他氨基糖苷类有交叉过敏现象。

（2）患畜出现脱水（可致血药浓度增高）或肾功能损害时慎用。

（3）本品内服极少被吸收，仅适用于肠道感染。

【休药期】牛18日；弃奶期72小时。

2. 硫酸双氢链霉素注射液

【用法与用量】肌内注射：一次量，每千克体重牛10毫克；每日2次。

【作用与用途】【不良反应】【注意事项】同注射用硫酸链霉素。

【休药期】牛18日；弃奶期72小时。

3. 注射用硫酸双氢链霉素

【用法与用量】【作用与用途】【不良反应】【注意事项】【休药期】同硫酸双氢链霉素注射液。

卡那霉素

卡那霉素属氨基糖苷类抗菌药,抗菌谱与链霉素相似,但作用稍强。对大多数革兰氏阴性杆菌,如大肠杆菌、变形杆菌、沙门氏菌和多杀性巴氏杆菌等有强大抗菌作用,对金黄色葡萄球菌和结核杆菌也较敏感。铜绿假单胞菌、革兰氏阳性菌(金黄色葡萄球菌除外)、立克次体、厌氧菌和真菌等对本品耐药。与链霉素相似,敏感菌对卡那霉素易产生耐药。与新霉素存在交叉耐药性,与链霉素存在单向交叉耐药性。大肠杆菌及其他革兰氏阴性菌常出现获得性耐药。

与青霉素类或头孢菌素类合用有协同作用。

1. 硫酸卡那霉素注射液

【作用与用途】内服用于治疗敏感菌所致的肠道感染。肌内注射用于敏感菌所致的各种严重感染,如败血症、呼吸道感染、皮肤和软组织感染等。

【用法与用量】以卡那霉素计。肌内注射:一次量,每千克体重牛10~15毫克。2次/天,连用3~5天。

【不良反应】(1)卡那霉素与链霉素一样有耳毒性、肾毒性,而且其耳毒性比链霉素、庆大霉素更强。

(2)剂量过大,常有神经肌肉阻断作用。

【注意事项】(1)卡那霉素与其他氨基糖苷类有交叉过敏现象,对氨基糖苷类过敏的猪禁用。

(2)当家畜出现脱水(可致血药浓度增高)或肾功能损害时慎用。

(3)Ca^{2+}、Mg^{2+}、NH_4^+、K^+、Na^+等阳离子可抑制该类药物的抗菌活性。

(4)与头孢菌素、右旋糖酐、强效利尿药(如呋塞米等)、红霉素等合用,可增强该类药物的耳毒性。

【休药期】牛28日。

2. 注射用硫酸卡那霉素

【作用与用途】【不良反应】【注意事项】【休药期】同硫酸卡那霉素注射液。

【用法与用量】肌内注射:一次量,每千克体重牛10~15毫克。2次/天,连用2~3天。

【休药期】牛28日。

庆大霉素

庆大霉素属氨基糖苷类抗菌药,对多种革兰氏阴性菌(如大肠杆菌、克雷伯氏菌、变形杆菌、铜绿假单胞菌、巴氏杆菌、沙门氏菌等)和金黄色葡萄球菌(包括产β-内酰胺酶菌株)均有抗菌作用。多数链球菌(化脓链球菌、肺炎球菌、粪链球菌等)、厌氧菌(类杆菌属或梭状芽孢杆菌属)、结核杆菌、立克次体和真菌对本品耐药。

庆大霉素与β-内酰胺类抗生素合用,通常对多种革兰氏阴性菌,包括铜绿假单胞菌等有协同作用。对革兰氏阳性菌,如马红球菌、李斯特菌等也有协同作用。与四环素、红霉素等合用可能出现拮抗作用。与头孢菌素合用可能使肾毒性增强。与青霉素类或头孢菌素类合用有协同作用。该类药物在碱性环境中抗菌作用增强,与碱性药物(如碳酸氢钠、氨茶碱等)合用可增强抗菌效力,但毒性也相应增强。当pH值超过8.4时,抗菌作用反而减弱。与头孢菌素、右旋糖酐、强效利尿药(如呋塞米等)、红霉素等合用,可增强本类药物的耳毒性。骨骼肌松弛药(如氯化琥珀胆碱等)或具有此种作用的药物可加强该类药物的神经肌肉阻滞作用。

硫酸庆大霉素注射液

【作用与用途】用于敏感菌所致的败血症、泌尿生殖道感染、呼吸道感染、胃肠道感染(包括腹膜炎)、胆道感染、乳腺炎及皮肤和软组织感染等。

【用法与用量】肌内注射,一次量,每千克体重牛2~4毫克。2次/天,连用2~3天。

【不良反应】(1)耳毒性。常引起耳前庭功能损害,这种损害可随连续给药的药物积累而加重,呈剂量依赖性。

(2)可导致可逆性肾毒性,这与其在肾皮质部蓄积有关。

(3)偶见过敏反应。

(4)大剂量可引起神经肌肉传导阻断。

【注意事项】(1)庆大霉素可与β-内酰胺类抗生素联合治疗严重感染,但在体外混合存在配伍禁忌。

(2)本品与青霉素联合,对链球菌具协同作用。

(3)有呼吸抑制作用,不宜静脉推注。

（4）与四环素、红霉素等合用可能出现拮抗作用。

（5）与头孢菌素、右旋糖酐、强效利尿药（如呋塞米等）、红霉素等合用，可增强该类药物的耳毒性。

【休药期】牛 40 日。

土霉素

土霉素属四环素类广谱抗生素，对葡萄球菌、溶血性链球菌、炭疽杆菌、破伤风梭菌和梭状芽孢杆菌等革兰氏阳性菌作用较强，但不如 β-内酰胺类。对大肠埃希菌、沙门氏菌、布鲁氏菌和巴氏杆菌等革兰氏阴性菌较敏感，但不如氨基糖苷类和酰胺醇类抗生素。本品对立克次体、衣原体、支原体、螺旋体、放线菌和某些原虫也有抑制作用。

与泰乐菌素等大环内酯类合用呈协同作用。与黏菌素合用，由于增强细菌对该类药物的吸收而呈协同作用。该类药物均能与二、三价阳离子等形成复合物，因而当它们与钙、镁、铝等抗酸药、含铁的药物或牛奶等食物同服时会减少其吸收，造成血药浓度降低。与碳酸氢钠同服可使土霉素胃内溶解度降低，吸收率下降，肾小管重吸收减少，排泄加快。与利尿药合用，可使血尿素氮升高。

1. 土霉素片

【作用与用途】用于防治巴氏杆菌病、布鲁氏菌病、炭疽杆菌及大肠杆菌和沙门菌感染、急性呼吸道感染等。对敏感菌所致泌尿道感染，宜同服维生素C酸化尿液。还用于对土霉素敏感的大肠杆菌、金黄色葡萄球菌、非溶血性链球菌和溶血性链球菌引起的奶牛子宫感染。

【用法与用量】以土霉素计。内服，一次量，每千克体重犊牛 10~25 毫克。2~3 次/天，连用 3~5 天。

【不良反应】（1）局部刺激作用。特别是空腹给药对消化能有一定刺激性。

（2）肠道菌群紊乱。

（3）影响牙齿和骨骼发育。

（4）肝、肾损害。偶尔可见致死性的肾中毒。

【注意事项】（1）怀孕、哺乳期禁用。

（2）长期服用可诱发二重感染。

（3）避免与乳制品和含钙量较高的饲料同服。

【休药期】牛 7 日。

2. 注射用盐酸土霉素

【作用与用途】同土霉素片。

【用法与用量】静脉注射：一次量，每千克体重牛 5~10 毫克。2 次/天，连用 2~3 天。

【不良反应】（1）局部刺激作用。该类药物的盐酸盐水溶液有较强的刺激性，静脉注射可引起静脉炎和血栓。静脉注射宜用稀溶液，缓慢滴注，以减轻局部反应。

（2）肝、肾损害。对肝、肾细胞有毒效应，可引起多种动物的剂量依赖性肾脏机能改变。

（3）可引起氮血症，而且可因类固醇类药物的存在而加剧，还可引起代谢性酸中毒及电解质失衡。

【注意事项】静脉注射宜缓注，不宜肌内注射。

【休药期】牛 8 日。

3. 长效土霉素注射液

【用法与用量】以土霉素计，肌内注射，一次量，每千克体重牛 10~20 毫克（0.05~0.1 毫升）。每个注射部位不超过 10 毫升。

【作用与用途】【不良反应】【注意事项】同注射用盐酸土霉素。

【休药期】牛 28 日。

四环素

四环素为广谱抗生素，对葡萄球菌、溶血性链球菌、炭疽杆菌、破伤风梭菌和梭状芽孢杆菌等革兰氏阳性菌作用较强。对大肠杆菌、沙门氏菌、布鲁氏菌和巴氏杆菌等革兰氏阴性菌较敏感。本品对立克次体、衣原体、支原体、螺旋体、放线菌和某些原虫也有抑制作用。

与泰乐菌素等大环内酯类合用呈协同作用。与黏菌素合用，由于增强细菌对该类药物的吸收而呈协同作用。与利尿药合用可使血尿素氮升高。

注射用盐酸四环素

【作用与用途】同土霉素。

【用法与用量】静脉注射：一次量，每千克体重牛 5~10 毫克。2 次/天，连用2~3天。

【不良反应】（1）本品的水溶液有较强的刺激性，静脉注射可引起静脉炎和血栓。

（2）肠道菌群紊乱，长期应用可出现维生素缺乏症，重者造成二重感染。大剂量静脉注射对马肠道菌有广谱抑制作用，可引起耐药沙门氏菌或不明病原菌的继发感染，导致严重甚至致死性的腹泻。

（3）影响牙齿和骨发育。四环素进入机体后与钙结合，随钙沉积于牙齿和骨骼中。

（4）肝、肾损害。过量四环素可致严重的肝损害和剂量依赖性肾脏机能改变。

（5）心血管效应。牛静脉注射四环素速度过快，可出现急性心衰竭。

【注意事项】（1）易透过胎盘和进入乳汁，因此妊娠牛、哺乳牛禁用，泌乳奶牛禁用。

（2）肝、肾功能严重不良的患畜忌用本品。

【休药期】牛8日。

红霉素

红霉素属于大环内酯类抗菌药，对革兰氏阳性菌的作用与青霉素相似，但其抗菌谱较青霉素广，敏感的革兰氏阳性菌有金黄色葡萄球菌（包括耐青霉素金黄色葡萄球菌）、肺炎球菌、链球菌、炭疽杆菌、李斯特菌、腐败梭菌、气肿疽梭菌等。敏感的革兰氏阴性菌有流感嗜血杆菌、脑膜炎双球菌、布鲁氏菌、巴氏杆菌等。此外，红霉素对弯曲杆菌、支原体、衣原体、立克次体及钩端螺旋体也有良好作用。

红霉素与其他大环内酯类、林可胺类因作用靶点相同，不宜同时使用。与β-内酰胺类合用表现为拮抗作用。红霉素有抑制细胞色素氧化酶系统的作用，与某些药物合用时可能抑制其代谢。

注射用乳糖酸红霉素

【作用与用途】用于治疗耐青霉素葡萄球菌及其他敏感菌引起的感染性疾病，如肺炎、子宫炎、乳腺炎、败血症，也可用于其他革兰氏阳性菌及治疗支原体感染。

【用法与用量】以乳糖酸红霉素计。静脉注射：一次量，每千克体重牛 3~5 毫克。2 次/天，连用 2~3 天。

临用前，先用灭菌注射用水溶解（不可用氯化钠注射液），然后用 5% 葡萄糖注射液稀释，浓度不超过 0.1%。

【不良反应】无明显不良反应。

【注意事项】（1）本品局部刺激性较强，不宜作肌内注射。静脉注射的浓度过高或速度过快时，易发生局部疼痛和血栓性静脉炎，故静脉注射速度应缓慢。

（2）在 pH 值过低的溶液中很快失效，注射溶液的 pH 值应维持在 5.5 以上。

【休药期】牛 14 日。

替米考星

替米考星属动物专用半合成大环内酯类抗生素。对支原体作用较强，抗菌作用与泰乐菌素相似，敏感的革兰氏阳性菌有金黄色葡萄球菌（包括耐青霉素金黄色葡萄球菌）、肺炎球菌、链球菌、炭疽杆菌、猪丹毒杆菌、李斯特菌、腐败梭菌、气肿疽梭菌等。敏感的革兰氏阴性菌有嗜血杆菌、脑膜炎双球菌、巴氏杆菌等。对胸膜肺炎放线杆菌、巴氏杆菌及畜禽支原体的活性比泰乐菌素强。95% 的溶血性巴氏杆菌菌株对本品敏感。

与其他大环内酯类、林可胺类的作用靶点相同，不宜同时使用。与 β-内酰胺类合用表现为拮抗作用。

替米考星注射液

【作用与用途】用于敏感菌所致的牛肺炎和乳腺炎等。

【用法与用量】皮下注射，每千克体重牛 10 毫克。仅注射 1 次。

【不良反应】本品对动物毒性作用主要是心血管系统，可引起心动过速和收缩力减弱。牛皮下注射 50 毫克/千克体重可引起心肌毒性，每千克体重牛 150 毫克可致死。

【注意事项】产乳供人食用的牛，泌乳期禁用；肉牛犊禁用。皮下注射可出现局部反应（如水肿），避免与眼接触。

【休药期】牛 35 日。

三、化学合成抗菌药

磺胺嘧啶

磺胺嘧啶属广谱抗菌药,通过与对氨基苯甲酸竞争二氢叶酸合成酶,从而阻碍敏感菌叶酸的合成而发挥抑菌作用。对大多数革兰氏阳性菌和部分革兰氏阴性菌有效,对球虫、弓形虫等也有效,但对螺旋体、立克次体、结核杆菌等无作用。对磺胺嘧啶较敏感的病原菌有:链球菌、肺炎球菌、沙门氏菌、化脓棒状杆菌、大肠杆菌等;一般敏感的有:葡萄球菌、变形杆菌、巴氏杆菌、产气荚膜梭菌、肺炎杆菌、炭疽杆菌、铜绿假单胞菌等。

磺胺嘧啶在使用过程中,因剂量和疗程不足等原因,使细菌易产生耐药性,尤以葡萄球菌最易产生,大肠杆菌、链球菌等次之。细菌对磺胺嘧啶产生耐药性后,对其他的磺胺类药也可产生不同程度的交叉耐药性,但与其他抗菌药之间无交叉耐药现象。

磺胺嘧啶与苄胺嘧啶类(如 TMP)合用,可产生协同作用。某些含对氨基苯酰基的药物(如普鲁卡因、丁卡因等)在体内可生成对氨基苯甲酸(PABA),酵母片中含有细菌代谢所需要的 PABA,可降低本药作用,因此不宜合用。与噻嗪类或速尿等利尿剂同用,可加重肾毒性。

1. 磺胺嘧啶片

【作用与用途】主要用于治疗敏感菌引起的消化道、呼吸道感染及乳腺炎、子宫内膜炎等疾病。是治疗脑部细菌感染的首选药物。

【用法与用量】以磺胺嘧啶计。内服:一次量,牛首次量每千克体重140~200 毫克,维持量减半。2 次/天,连用 3~5 天。

【不良反应】磺胺嘧啶或其代谢物可在尿液中产生沉淀,在高剂量和长期给药时更易产生结晶,引起结晶尿、血尿或肾小管堵塞。

【注意事项】(1) 本品遇酸类可析出结晶,故不宜用5%葡萄糖液稀释。

(2) 长期或大剂量应用易引起结晶尿,应同时给予等量的碳酸氢钠,并给牛大量饮水。

(3) 若出现过敏反应或其他严重不良反应时,立即停药,并给予对症治疗。

(4) 可引起肠道菌群失调,长期用药可引起 B 族维生素和维生素 K 的合成和吸收减少,宜补充相应的维生素。

【休药期】牛 28 日。

2. 磺胺嘧啶钠注射液

【作用与用途】同磺胺嘧啶片。

【用法与用量】以磺胺嘧啶计。静脉注射：一次量，每千克体重牛 0.05~0.1 克，1~2 次/天，连用 2~3 天。

【不良反应】（1）磺胺嘧啶或其代谢物可在尿液中产生沉淀，在高剂量和长期给药时更易产生结晶，引起结晶尿、血尿或肾小管堵塞。

（2）急性中毒多发生于静脉注射时，速度过快或剂量过大。主要表现为神经兴奋、共济失调、肌无力、呕吐、昏迷、厌食和腹泻等。

【注意事项】（1）本品遇酸类可析出结晶，故不宜用 5% 葡萄糖液稀释。

（2）长期或大剂量应用易引起结晶尿，应同时给予等量的碳酸氢钠，并给予大量饮水。

（3）若出现过敏反应或其他严重不良反应，立即停药，并给予对症治疗。

（4）不可与四环素、卡那霉素、林可霉素等配伍应用。

【休药期】牛 10 日。

3. 复方磺胺嘧啶钠注射液

【作用与用途】磺胺类抗菌药。用于敏感菌及弓形虫感染。

【用法与用量】以磺胺嘧啶计。肌内注射：一次量，每千克体重牛 20~30 毫克，1~2 次/天，连用 2~3 天。

【不良反应】急性反应如过敏反应，慢性反应表现为粒细胞减少、血小板减少、肝脏损害、肾脏损害及中枢神经毒性反应。易在尿中沉积，长期或大剂量应用易引起结晶尿。

【注意事项】（1）本品遇酸类可析出结晶，故不宜用 5% 葡萄糖液稀释。

（2）长期或大剂量应用，应同时应用碳酸氢钠，并给予患牛大量饮水。

（3）若出现过敏反应或其他严重不良反应时，立即停药，并给予对症治疗。

【休药期】牛 12 日。

磺胺对甲氧嘧啶

磺胺对甲氧嘧啶对革兰氏阳性菌，如化脓性链球菌、沙门氏菌和肺炎杆菌等均有良好的抗菌作用。磺胺药的作用可被对氨基苯甲酸及其衍生物（普鲁卡因、丁卡因）所拮抗。此外，脓液以及组织分解产物也可提供细菌生长的必需物质，与磺胺药产生拮抗作用。本品抗菌作用较磺胺嘧啶稍弱，但对球虫和弓形虫有良好的抑制作用。

磺胺嘧啶与二氨基嘧啶类（抗菌增效剂）合用，可产生协同作用。某些含对氨基苯甲酰基的药物（如普鲁卡因、丁卡因等）在体内可生成PABA（对氨基苯甲酸），酵母片中含有细菌代谢所需要的PABA，可降低该药作用，因此不宜合用。与噻嗪类或速尿等利尿剂同用，可加重肾毒性。

1. 磺胺对甲氧嘧啶片

【作用与用途】磺胺类抗菌药。主用于敏感菌感染引起的尿道感染、生殖、呼吸系统及皮肤感染等，也可用于球虫病。

【用法与用量】以磺胺对甲氧嘧啶计。内服：一次量，首次量每千克体重牛50~100毫克，维持量减半。1~2次/天，连用3~5天。

【不良反应】磺胺对甲氧嘧啶或其代谢物可在尿液中产生沉淀，在高剂量和长期给药时更易产生结晶，引起结晶尿、血尿或肾小管堵塞。

【注意事项】（1）易在泌尿道中析出结晶，应大量饮水。大剂量、长期应用时宜同时给予等量的碳酸氢钠。

（2）肾功能受损时，排泄缓慢，应慎用。

（3）可引起肠道菌群失调，长期用药可引起B族维生素和维生素K的合成和吸收减少，宜补充相应的维生素。

（4）注意交叉过敏反应。

【休药期】牛28日。

2. 复方磺胺对甲氧嘧啶片

【作用与用途】磺胺类抗菌药。能双重阻断细菌叶酸代谢，增强抗菌效力。主要用于敏感菌引起的泌尿道、呼吸道及皮肤软组织等感染。

【用法与用量】以磺胺对甲氧嘧啶计。内服：一次量，每千克体重牛20~25毫克。1~2次/天，连用3~5天。

【不良反应】急性反应如过敏反应，慢性反应表现为粒细胞减少、血小板减少、肝脏损害、肾脏损害及毒性反应。

【注意事项】（1）本品遇酸类可析出结晶，故不宜用5%葡萄糖液稀释。

（2）长期或大剂量应用易引起结晶尿，应同时应用碳酸氢钠，并给大量饮水。

（3）若出现过敏反应或其他严重不良反应时，立即停药，并给予对症治疗。

（4）肾功能受损失，排泄缓慢，应慎用。

（5）可引起肠道菌群失调，长期用药可引起 B 族维生素和维生素 K 的合成和吸收减少，宜补充相应的维生素。

【休药期】牛 28 日。

3. 复方磺胺对甲氧嘧啶钠注射液

【作用与用途】【不良反应】【注意事项】【休药期】同复方磺胺对甲氧嘧啶片。

【用法与用量】以磺胺对甲氧嘧啶钠计。肌内注射：一次量，每千克体重牛 15~20 毫克。1~2 次/天，连用 2~3 天。

磺胺间甲氧嘧啶

磺胺间甲氧嘧啶属于广谱抗菌药物，是体内外抗菌活性最强的磺胺药，对大多数革兰氏阳性菌和阴性菌都有较强抑制作用，细菌对此药产生耐药性较慢。对革兰氏阳性菌和阴性菌，如化脓性链球菌、沙门氏菌和肺炎杆菌等均有良好的抗菌作用。磺胺药的作用可被 PABA 及其衍生物（普鲁卡因、丁卡因）所拮抗。此外脓液以及组织分解产物也可提供细菌生长的必需物质，与磺胺药产生拮抗作用。

磺胺间甲氧嘧啶与二氨基嘧啶类（抗菌增效剂）合用，可产生协同作用。某些含对氨基苯甲酰基的药物（如普鲁卡因、丁卡因等）在体内可生成 PABA，酵母片中含有细菌代谢所需要的 PABA，可降低该药作用，因此不宜合用。与噻嗪类或速尿等利尿剂同用，可加重肾毒性。

1. 磺胺间甲氧嘧啶片

【作用与用途】磺胺类抗菌药。主要用于敏感菌所引起的呼吸道、消化道、泌尿道感染及球虫病等。其钠盐局部灌注可治疗乳腺炎和子宫内膜炎。

【用法与用量】以磺胺间甲氧嘧啶计。内服：一次量，牛首次量每千克体重 50~100 毫克，维持量减半。2 次/天，连用 3~5 天。

【不良反应】磺胺或其代谢物可在尿液中产生沉淀，在高剂量和长期给药时更易产生结晶，引起结晶尿、血尿或肾小管堵塞。

【注意事项】（1）肾功能受损时，排泄缓慢，应慎用。

（2）长期或大剂量应用易引起结晶尿，应同时应用等量的碳酸氢钠，并给予大量饮水。

（3）可引起肠道菌群失调，长期用药可引起 B 族维生素和维生素 K 的合成和吸收减少，宜补充相应的维生素。

（4）若出现过敏反应或其他严重不良反应时，立即停药，并给予对症治疗。

【休药期】牛28日。

2. 磺胺间甲氧嘧啶钠注射液

【作用与用途】同磺胺间甲氧嘧啶片。

【用法与用量】以磺胺间甲氧嘧啶钠计。静脉注射：一次量，每千克体重牛50毫克。1~2次/天，连用2~3天。

【不良反应】（1）磺胺或其代谢物可在尿液中产生沉淀，在高剂量和长期给药时更易产生结晶，引起结晶尿、血尿或肾小管堵塞。

（2）磺胺注射液为强碱性溶液，对组织有强刺激性。

【注意事项】（1）本品遇酸类可析出结晶，故不宜用5%葡萄糖液稀释。

（2）长期或大剂量应用易引起结晶尿，应同时应用碳酸氢钠，并大量饮水。

（3）若出现过敏反应或其他严重不良反应时，立即停药，并给予对症治疗。

【休药期】牛28日。

磺胺二甲嘧啶

磺胺二甲嘧啶对革兰氏阳性菌和阴性菌（如化脓性链球菌、沙门氏菌和肺炎杆菌等）均有良好的抗菌作用。磺胺药的作用可被PABA及其衍生物（普鲁卡因、丁卡因）所拮抗。此外脓液以及组织分解产物也可提供细菌生长的必需物质，与磺胺药产生拮抗作用。本品抗菌作用较磺胺嘧啶稍弱，但对球虫和弓形虫有良好的抑制作用。

磺胺二甲嘧啶与苄胺嘧啶类（抗菌增效剂）合用，可产生协同作用。某些含对氨基苯甲酰基的药物（如普鲁卡因、丁卡因等）在体内可生成PABA，酵母片中含有细菌代谢所需要的PABA，可降低该药作用，因此不宜合用。与噻嗪类或速尿等利尿剂同用，可加重肾毒性。

1. 磺胺二甲嘧啶片

【作用与用途】用于敏感菌引起的呼吸道、消化道感染以及乳腺炎、子宫炎。

【用法与用量】以磺胺二甲嘧啶计。内服：一次量，牛首次量每千克体重140~200毫克，维持量减半。1~2次/天，连用3~5天。

【不良反应】（1）磺胺或其代谢物可在尿液中产生沉淀，在高剂量和长期给药时更易产生结晶，引起结晶尿、血尿或肾小管堵塞。

（2）磺胺注射液为强碱性溶液，肌内注射对组织有强刺激性。

【注意事项】（1）易在尿道中析出结晶，应给予大量饮水。大剂量、长期应用时宜同时给予等量的碳酸氢钠。

（2）肾功能受损时，排泄缓慢，应慎用。

（3）可引起肠道菌群失调，长期用药可引起 B 族维生素和维生素 K 的合成和吸收减少，宜补充相应的维生素。

（4）出现过敏反应或其他严重不良反应时，立即停药，并给予对症治疗。

【休药期】牛 10 日。

2. 磺胺二甲嘧啶钠注射液

【作用与用途】同磺胺二甲嘧啶片。

【用法与用量】以磺胺二甲嘧啶钠计。静脉注射：一次量，每千克体重牛 50~100 毫克。1~2 次/天，连用 2~3 天。

【不良反应】（1）磺胺或其代谢物可在尿液中产生沉淀，在高剂量和长期给药时更易产生结晶，引起结晶尿、血尿或肾小管堵塞。

（2）磺胺注射液为强碱性溶液，对组织有强刺激性。

【注意事项】（1）易在尿道中析出结晶，应给予大量饮水。大剂量、长期应用时宜同时给予等量的碳酸氢钠。

（2）肾功能受损时，排泄缓慢，应慎用。

（3）本品遇酸类可析出结晶，故不宜用 5% 葡萄糖液稀释。

（4）出现过敏反应或其他严重不良反应时，立即停药，并给予对症治疗。

【休药期】牛 28 日。

磺胺噻唑

磺胺噻唑属广谱抑菌剂，通过与对氨基苯甲酸竞争二氢叶酸合成酶，从而阻碍敏感菌叶酸的合成而发挥抑菌作用。对大多数革兰氏阳性菌和部分革兰氏阴性菌有效。对磺胺噻唑较敏感的病原菌有：链球菌、肺炎球菌、沙门氏菌、化脓棒状杆菌、大肠杆菌等；一般敏感的有：葡萄球菌、变形杆菌、巴氏杆菌、产气荚膜梭菌、肺炎杆菌、炭疽杆菌、铜绿假单胞菌等。

磺胺噻唑与苄氨嘧啶类（如 TMP）合用，可产生协同作用。对氨苯甲酸及其衍生物如普鲁卡因、丁卡因等在体内可生成 PABA，酵母片中含有细菌代谢所需要的 PABA，可降低该药作用，因此不宜合用。与噻嗪类或速尿等利尿剂同用，可加重肾毒性。

1. 磺胺噻唑片

【作用与用途】磺胺类抗菌药。用于敏感菌感染所致的败血症、肺炎、肠炎、子宫内膜炎等。

【用法与用量】以磺胺噻唑计。内服：一次量，牛首次量每千克体重 140~200 毫克，维持量减半。2~3 次/天，连用 3~5 天。

【不良反应】（1）泌尿系统损伤，出现结晶尿、血尿和蛋白尿等。

（2）抑制胃肠道菌群，导致消化系统障碍等。

（3）破坏造血机能，出现溶血性贫血、凝血时间延长和毛细血管渗血。

【注意事项】磺胺噻唑及其代谢产物乙酰磺胺噻唑的水溶性比原药低，排泄时容易在肾小管析出结晶，尤其是在酸性尿中。因此，应与适量碳酸氢钠同服。

【休药期】牛 28 日。

2. 磺胺噻唑钠注射液

【作用与用途】【休药期】同磺胺噻唑片。

【用法与用量】以磺胺噻唑钠计。静脉注射：一次量，每千克体重牛 50~100 毫克。2 次/天，连用 2~3 天。

【不良反应】表现为急性和慢性中毒两类。

（1）急性中毒。多发生于静脉注射其钠盐时，速度过快或剂量过大。主要表现为神经兴奋、共济失调、肌无力、呕吐、昏迷、厌食和腹泻等。牛还可见到视觉障碍、散瞳。

（2）慢性中毒。主要由于剂量偏大、用药时间过长而引起。主要症状为：泌尿系统损伤，出现结晶尿、血尿和蛋白尿等；抑制胃肠道菌群，导致消化系统障碍等；造血机能破坏，出现溶血性贫血、凝血时间延长和毛细血管渗血。

【注意事项】（1）本品遇酸类可析出结晶，故不宜用 5% 葡萄糖液稀释。

（2）长期或大剂量应用易引起结晶尿，应同时应用碳酸氢钠，并大量饮水。

（3）若出现过敏反应或其他严重不良反应时，立即停药，并给予对症治疗。

恩诺沙星

恩诺沙星属氟喹诺酮类动物专用的广谱杀菌药。对大肠杆菌、沙门氏菌、克雷伯氏菌、布鲁氏菌、巴氏杆菌、胸膜肺炎放线杆菌、变形杆菌、黏质沙雷氏菌、化脓性棒状杆菌、败血波特氏菌、金黄色葡萄球菌、支原体、衣原体等均有良好作用,对铜绿假单胞菌和链球菌的作用较弱,对厌氧菌作用微弱。对敏感菌有明显的抗菌后效应。

本品与氨基糖苷类或广谱青霉素合用,有协同作用。Ca^{2+}、Mg^{2+}、Fe^{3+} 和 Al^{3+} 等重金属离子可与本品发生螯合,影响吸收。与茶碱、咖啡因合用时,可使血浆蛋白结合率降低,血中茶碱、咖啡因的浓度异常升高,甚至出现茶碱中毒症状。本品有抑制肝药酶作用,可使主要在肝脏中代谢的药物的清除率降低,血药浓度升高。

恩诺沙星注射液

【作用与用途】氟喹诺酮类抗菌药。用于细菌性疾病和支原体感染。
【用法与用量】以恩诺沙星计。肌内注射:一次量,每千克体重牛 2.5 毫克。1~2 次/天,连用 2~3 天。
【不良反应】(1) 消化系统的反应有食欲不振、腹泻等。
(2) 皮肤反应有红斑、瘙痒、荨麻疹及光敏反应等。
【注意事项】(1) 对中枢系统有潜在的兴奋作用,诱导癫痫发作。
(2) 肾功能不良家畜慎用,可偶发结晶尿。
(3) 本品耐药菌株呈增多趋势,不应在亚治疗剂量下长期使用。
【休药期】牛 14 日。

四、抗寄生虫药

(一) 驱线虫药

阿苯达唑

阿苯达唑具有广谱驱虫作用。线虫对其敏感,对绦虫、吸虫也有较强作用(但须较大剂量),对血吸虫无效。作用机理主要是与线虫的微管蛋白结合发挥作用。阿苯达唑对线虫微管蛋白的亲和力显著高于哺乳动物的微管蛋白，因此对哺乳动物的毒性很小。本品不但对成虫作用强，对未成熟虫体和幼虫也有较强作用，还有杀虫卵作用。

阿苯达唑与吡喹酮合用可提高前者的血药浓度。

1. 阿苯达唑片、阿苯达唑粉、阿苯达唑混悬液、阿苯达唑颗粒

【作用与用途】抗蠕虫药。用于线虫病、绦虫病和吸虫病。

【用法与用量】以阿苯达唑计。内服：一次量，每千克体重牛 10~15 毫克。

【注意事项】本品不用于产奶牛，也不用于妊娠前期 45 天的牛。

【休药期】阿苯达唑片，牛 14 日，弃奶期 60 小时；阿苯达唑粉，牛 14 日，弃奶期 2.5 日；阿苯达唑混悬液，牛 14 日；阿苯达唑颗粒，牛 14 日，弃奶期 60 小时。

2. 阿苯达唑伊维菌素片

【作用与用途】【注意事项】同阿苯达唑片、阿苯达唑粉、阿苯达唑混悬液、阿苯达唑颗粒。

【用法与用量】以本品计。内服：一次量，每千克体重牛 0.03 片（每片 0.36 克：阿苯达唑 350 毫克+伊维菌素 10 毫克）。

【休药期】牛 35 日。

3. 阿苯达唑阿维菌素片

【作用与用途】【注意事项】同阿苯达唑片、阿苯达唑粉、阿苯达唑混悬液、阿苯达唑颗粒。

【用法与用量】以苯达唑计。内服：一次量，每千克体重牛 15 毫克。

【休药期】牛 35 日。

芬苯达唑

芬苯达唑为苯并咪唑类抗蠕虫药，抗虫谱不如阿苯达唑广，作用略强。对牛的血矛线虫、奥斯特线虫、毛圆线虫、仰口线虫、细颈线虫、古柏线虫、食道口线虫、胎生网尾线虫成虫及幼虫均有高效。

1. 芬苯达唑片

【作用与用途】抗蠕虫药。用于线虫病和绦虫病。

【用法与用量】以芬苯达唑计。内服：一次量，每千克体重牛 5~7.5 毫克。连用 3 日。

【不良反应】在推荐剂量下使用,一般不会产生不良反应。用于怀孕动物认为是安全的。由于死亡的寄生虫释放抗原,可继发产生过敏性反应,特别是在高剂量时。

【注意事项】本品不应用于产奶牛,也不用于妊娠前期45天的牛。

【休药期】牛21日。

2. 芬苯达唑粉

【作用与用途】【用法与用量】【不良反应】【注意事项】同芬苯达唑片。

【休药期】牛14日。

3. 芬苯达唑颗粒

【作用与用途】【用法与用量】【不良反应】【注意事项】同芬苯达唑片。

【休药期】牛14日。

4. 芬苯达唑伊维菌素片

【作用与用途】【不良反应】【注意事项】同芬苯达唑片。

【用法与用量】以本品计。内服,一次量,每千克体重牛5.25~7.875毫克(每片0.21克)。

【休药期】牛35日。

伊维菌素

【作用与用途】伊维菌素广泛用于牛的胃肠道线虫、肺线虫和寄生节肢动物。伊维菌素按每千克体重0.2毫克量给牛内服或皮下注射,对血矛线虫、奥斯特线虫、古柏线虫、毛圆线虫(包括艾氏毛圆线虫)、圆形线虫、仰口线虫、细颈线虫、毛首鞭形线虫、食道口线虫、网尾线虫等都有良好的驱虫效果。上述剂量对节肢动物亦很有效,如蝇蛆(牛皮蝇、纹皮蝇)、(牛疥螨)和虱(牛颚虱、牛血虱)等。

伊维菌素对蜱以及粪便中繁殖的蝇也极有效,药物虽不能立即使蜱死亡或肢解,但能影响摄食、蜕皮和产卵,从而降低生殖能力。一次给动物皮下注射0.2毫克/千克或每天喂低浓度(0.01毫克/千克)药物后5天时,蜱出现上述现象最为明显。按0.2毫克/千克剂量一次皮下注射对在粪便中繁殖的蝇也有一定的控制作用,牛用药9天后其粪便中面蝇(皮肤蝇)、秋家蝇幼虫不能发育成虫,再过5天,由于蛹的畸形和成虫成熟过程受阻而使蝇的繁殖大为减少,对血蝇(扰血蝇)用上述剂量,4周后情况相似。

伊维菌素虽较安全,除内服外,仅限于皮下注射,因肌内、静脉注射易引起中毒反应。每个皮下注射点，亦不宜超过10毫升。含甘油缩甲醛和丙二醇的国产伊维菌素注射剂，仅适用于牛等，用于犬和马时易引起严重局部反应。伊维菌素对线虫，尤其是节肢动物产生的驱除作用缓慢，有些虫种，要数天甚至数周才能出现明显药效。阴雨、潮湿及严寒天气均影响0.5%伊维菌素浇泼剂的药效；牛皮肤损害时（蜂、疥螨）能使毒性增强。

1. 伊维菌素注射液

【用法与用量】以伊维菌素计。皮下注射，一次量，每千克体重0.2毫克。

【休药期】牛35日。

2. 伊维菌素浇泼剂

【用法与用量】背部浇泼，每千克体重0.5毫克。FDA批准用于牛（禁用于哺乳期奶牛）。

【休药期】牛48日。

阿维菌素

阿维菌素对动物的驱虫谱与伊维菌素相似，以牛为例，以推荐剂量（200克/千克）给牛皮下注射，几乎能驱净的虫体有：奥氏奥斯特线虫（成虫、第4期幼虫、蛰伏期幼虫）、柏氏血矛线虫（成虫、第4期幼虫）、艾氏毛圆线虫（成虫）、古柏线虫（成虫、第4期幼虫）、绵羊夏伯特线虫（成虫）、辐射食道口线虫（成虫、第4期幼虫）、胎生网尾线虫（成虫、第4期幼虫）。

阿维菌素至少在用药7天内能预防奥斯特线虫、柏氏血矛线虫、古柏线虫、辐射食道口线虫的重复感染，对胎生网尾线虫甚至能保持药效14天。对牛颚虱的驱除至少能保持药效56天以上。阿维菌素对微小牛蜱吸血雌蜱的驱除效应至少维持21天，而且能使残存雌蜱产卵减少。

阿维菌素对某些在厩粪中繁殖的双翅类幼虫也极有效，如给牛一次皮下注射200皮克/千克，据粪便检查，至少在21天内能阻止水牛蝇（东方血蝇）的发育。

需要注意的是，阿维菌素的毒性较伊维菌素强。其性质不太稳定，特别对光线敏感，迅速氧化灭活。因此，阿维菌素的各种剂型，更应注意贮存使用条件。阿维菌素的其他注意事项可适当参考伊维菌素内容。牛泌乳期禁用。

0.5%阿维菌素透皮溶液

【作用与用途】大环内酯类抗寄生虫药。用于治疗线虫病、螨病和寄生性昆虫病。

【用法与用量】浇注或涂擦，一次量，每千克体重牛0.1毫升，由肩部向后沿背中线浇注。

【休药期】牛42日。

左旋咪唑

本品属咪唑并噻唑类抗线虫药，对牛的大多数线虫具有活性。其驱虫作用机理是兴奋敏感蠕虫的副交感和交感神经节，总体表现为烟碱样作用；高浓度时，左旋咪唑通过阻断延胡索酸还原和琥珀酸氧化作用，干扰线虫糖代谢，最终对蠕虫起麻痹作用，排出活虫体。

除具有驱虫活性外，还能明显提高免疫反应。目前尚不明确其免疫促进作用机理，可恢复外周T淋巴细胞的细胞介导免疫功能，兴奋单核细胞的吞噬作用，对免疫功能受损动物作用更明显。

具有烟碱作用的药物如噻嘧啶、甲噻嘧啶、乙胺嗪，胆碱酯酶抑制药如有机磷、新斯的明可增加左旋咪唑的毒性，不宜联用。左旋咪唑可增强布鲁氏菌疫苗等的免疫反应和效果。

1. 盐酸左旋咪唑片

【作用与用途】抗蠕虫药。对牛反刍动物寄生线虫成虫高效的虫体有：皱胃寄生虫（血矛线虫、奥斯特线虫）、小肠寄生虫（古柏线虫、毛圆线虫、仰口线虫）、大肠寄生虫（食道口线虫）和肺寄生虫（网尾线虫）。

对牛眼虫除内服或皮下注射外，还可以1%溶液2毫升直接注射于结膜内治疗。

【用法与用量】以左旋咪唑计。内服：一次量，每千克体重牛7.5毫克。

【不良反应】牛用本品可出现副交感神经兴奋症状，口鼻出现泡沫或流涎，兴奋或颤抖，舔唇和摇头等不良反应。症状一般在2小时内减退。

【注意事项】（1）泌乳期禁用。

（2）在动物极度衰弱或有明显的肝肾损伤时，牛因免疫、去角、阉割等发生应激时，应慎用或推迟使用。

(3) 本品中毒时可用阿托品解毒和其他对症治疗。

【休药期】牛 2 日。

2. 盐酸左旋咪唑粉

【作用与用途】【用法与用量】【不良反应】【注意事项】【休药期】同盐酸左旋咪唑片。

3. 盐酸左旋咪唑注射液

【作用与用途】【不良反应】同盐酸左旋咪唑片。

【用法与用量】以左旋咪唑计。皮下、肌内注射：一次量，每千克体重牛 7.5 毫克。

【注意事项】（1）禁用于静脉注射。

（2）泌乳期禁用。

【休药期】牛 14 日。

莫昔克丁

【作用与用途】牛主要用莫昔克丁注射剂和浇泼剂，对奥氏奥斯特线虫成虫和幼虫、牛仰口线虫成虫及第 4 期幼虫、琴形奥斯特线虫、柏氏血矛线虫、艾氏毛圆线虫、蛇形毛圆线虫、无色毛首鞭形线虫、辐射食道口线虫和胎生网尾线虫等有良好的驱虫效果。

对吸吮性外寄生虫，如牛血虱、牛颚虱、牛管虱和牛纹皮蝇蛆有效率达 99%~100%。浇泼剂对牛毛虱的效果更优于注射剂。牛应用浇泼剂后，6 小时内不能雨淋。注射液只适用于肉牛和非泌乳牛。

莫昔克丁浇泼溶液

【用法与用量】外用，沿着奶牛背脊从鬐甲到尾根倾注。以莫昔克丁计，每千克体重 0.5 毫克。

枸橼酸乙胺嗪

【作用与用途】对牛网尾线虫（肺线虫），特别是成虫驱除效果极佳，因此适用于早期感染，但通常每天需要 1 次，连用 3 天。

枸橼酸乙胺嗪片

【用法与用量】以枸橼酸乙胺嗪计,内服,一次量,每千克体重牛 20 毫克。

【休药期】牛 28 日。弃奶期 7 日。

(二) 抗绦虫药

吡喹酮

吡喹酮具有广谱抗血吸虫和抗绦虫作用。对各种绦虫的成虫具有极高的活性,对幼虫也具有良好的活性;对血吸虫有很好的驱杀作用。吡喹酮对绦虫的准确作用机理尚未确定,可能是其与虫体包膜的磷脂相互作用,结果导致钠、钾与钙离子流出。在体外低浓度的吡喹酮似可损伤绦虫的吸盘功能并兴奋虫体的蠕动,较高浓度药物则可增强绦虫链体(节片链)的收缩(在极高浓度时为不可逆收缩)。此外,吡喹酮可引起绦虫包膜特殊部位形成灶性空泡,继而使虫体裂解。

与阿苯达唑、地塞米松合用时,可降低吡喹酮的血药浓度。

1. 吡喹酮片

【作用与用途】主要用于治疗动物血吸虫病,也用于绦虫病和囊尾蚴病。如牛的细颈囊尾蚴和日本分体血吸虫。

【用法与用量】以吡喹酮计。内服:一次量,每千克体重牛 10~35 毫克。

【休药期】牛 28 日。

2. 吡喹酮粉

【作用与用途】【用法与用量】【不良反应】【注意事项】【休药期】同吡喹酮片。

(三) 驱球虫药

托曲珠利

【作用与用途】可用于防治犊牛的球虫病。对哺乳动物的球虫、住肉孢子虫和弓形虫感染等有效。连续使用易使球虫产生耐药性,与地克珠利存在交叉耐药性现象。建议连续应用不得超过 6 个月。托曲珠利在水溶液中不稳定，宜现配现用，并在短时间内饮服完毕。

托曲珠利的主要代谢产物为托曲珠利砜，该成分稳定（半衰期>1 年）而且能溶于土壤中，该成分对植物有毒性。对用药后牛的粪便，应用至少 3 倍重量的未用药牛便进行稀释后才能排放到土壤中。

托曲珠利混悬液（进口）

【用法与用量】以托曲珠利计，内服，一次量，犊牛每千克体重 15 毫克。

【休药期】犊牛 63 日。

（四）抗锥虫药

喹嘧胺

【作用与用途】抗锥虫作用谱较广，对伊氏锥虫、马疫锥虫、刚果锥虫、活跃锥虫作用明显，但对布氏锥虫作用较差。临床主用于防治牛的伊氏锥虫病等。

本品具有一定的毒性作用，在用药后必须注意观察，必要时可注射阿托品及采用其他支持与对症疗法。严禁采用静脉注射。在皮下或肌内注射时，常见注射部位出现肿胀，甚至引起硬结，经 3~7 日可消退。当用量过大时，宜分点多次注射。宜现用现配。

注射用喹嘧胺

【用法与用量】以有效成分计，肌内、皮下注射，一次量，每千克体重牛 4~5 毫克。临用前用灭菌注射用水配成 10% 混悬液，现配现用。

【休药期】牛 28 日（暂定）。

（五）抗梨形虫药

三氮脒（贝尼尔）

【作用与用途】对不同种属梨形虫的效果不一。对牛双芽巴贝斯虫，疗效很好。对多数梨形虫的预防效果不佳,例如对分歧巴贝斯虫、牛巴贝斯虫的抗虫作用较差。

本品的毒性较大,安全范围窄,在治疗量时亦会出现不良反应,但通常能自行耐过。马的不良反应比牛更为严重。三氮脒注射液对局部肌肉组织的刺激性较强,大剂量应分点深部肌内注射。水牛较黄牛敏感,在连续应用时极易出现毒性反应。大剂量三氮脒能引起乳牛的产奶量减少。

【用法与用量】注射用三氮脒,以三氮脒计,肌内注射,一次量,每千克体重牛3~5毫克。临用前配成5%~7%溶液。

【休药期】牛28日。

双脒苯脲(咪多卡)

【作用与用途】对牛的多种巴贝斯虫均有良好的预防效果,例如给牛一次注射2毫克/千克,可保护牛群不受牛双芽巴贝斯虫、牛分歧巴贝斯虫、阿根廷巴贝斯虫侵害,而不影响牛群对虫体的免疫力。用本药治疗时,对巴贝斯虫的疗效优于其他药物。

本品的毒性虽比其他抗梨形虫药低,但2毫克/千克剂量能使半数牛出现胆碱酯酶抑制症状(如咳嗽、肌肉震颤、流涎、疝痛),但可在短时间内恢复;若反应严重,可用小剂量阿托品解除。由于本品对宿主具抗胆碱酯酶作用,因此,禁与胆碱酯酶抑制剂(如有机磷杀虫药等)联合应用。本品禁止经静脉注射,否则会引起强烈反应,甚至致死。较高剂量注射时,对局部肌肉组织有较大刺激性。为彻底清除机体的带虫状态,本品宜在用药14日后,再重复用药1次。

二丙酸咪多卡注射液

【用法与用量】以咪多卡计,皮下注射,治疗用量为每千克体重肉牛0.85毫克(相当于每100千克体重肉牛1毫升);预防用量为每千克体重肉牛2.125毫克(相当于每100千克体重肉牛2.5毫升)。

【休药期】牛224日。

盐酸吖啶黄（曾用名黄色素、锥黄素）

【作用与用途】吖啶黄对牛双芽巴贝斯虫、牛巴贝斯虫均有作用，但对泰勒虫和无浆体无效。在梨形虫发病季节，吖啶黄可每月注射1次，有良好预防效果。由于吖啶黄对革兰氏阳性菌有较强抑菌效应，至今仍广泛用于外伤、子宫及阴道内冲洗（0.1%溶液制剂）。

本品须经静脉注射给药，为防止出现全身反应，静脉注射速率宜缓慢；对于体质虚病畜，可将一次用量分两次应用，间隔12小时。盐酸吖啶黄注射液对局部肌肉组织具有强烈的刺激性，静脉注射时切勿漏出血管。

盐酸吖啶黄注射液

【用法与用量】以盐酸吖啶黄计，静脉注射，一次量，每千克体重牛3~4毫克（极量2克）。

【休药期】无须制定。

青蒿琥酯

【作用与用途】可用于防治牛泰勒虫和双芽巴贝斯虫感染。还能杀灭红细胞内的配子体，减少细胞分裂及虫体代谢产物的致热原作用。对实验动物具有明显的胚胎毒作用，妊娠畜慎用。

青蒿琥酯片

【用法与用量】以青蒿琥酯计，内服，一次量，每千克体重牛5毫克。每日2次，首次量加倍。连用2~4日。

【休药期】无须制定。

（六）杀虫药

氰戊菊酯

氰戊菊酯属于拟除虫菊酯类杀虫药。对昆虫以触杀为主，兼有胃毒和驱避作用。氰戊菊酯对牛的多种体外寄生虫和吸血昆虫（如螨、虱、蚤、蜱、蚊、蝇和虻等）均有良好的杀灭效果。有害昆虫接触后，药物迅速进入虫体的神经系统，表现为强烈兴奋、抖动，很快转为全身麻痹、瘫痪，最后击倒而死亡。应用氰戊菊酯喷洒牛的体表，螨、虱、蚤等于用药后10分钟出现中毒，4~12小时后全部死亡。

氰戊菊酯溶液

【作用与用途】杀虫药。用于驱杀体外寄生虫，如螨、蜱、虱、蚤等。也可杀灭环境、棚舍卫生昆虫，如蚊、蝇等。

【用法与用量】喷雾。5%氰戊菊酯加水以1：（1 000~2 000）倍稀释。

【不良反应】按规定的用法与用量使用，尚未见不良反应。

【注意事项】（1）配制溶液时，水温以12℃为宜，如水温超过25℃会降低药效，水温超过50℃时则失效。

（2）避免使用碱性水，并忌与碱性药物合用，以防药液分解失效。

（3）本品对蜜蜂、鱼虾、家蚕毒性较强，使用时不要污染河流、池塘、桑园、养蜂场所。

【休药期】牛28日。

马拉硫磷

马拉硫磷属于有机磷杀虫药，主要以触杀、胃毒和熏蒸杀灭虫害，无内吸杀虫作用。具有广谱、低毒、使用安全等特点。对蚊、蝇、虱、蜱、螨和臭虫等都有杀灭作用。

与其他有机磷化合物以及胆碱酯酶抑制剂有协同作用，同时应用毒性增强。

精制马拉硫磷溶液

【作用与用途】杀虫药。用于杀灭体外寄生虫。

【用法与用量】药浴或喷雾。1：（233~350）倍稀释（以马拉硫磷计算0.2%~0.3%）的水溶液。

【注意事项】本品不能与碱性物质或氧化物接触。

【休药期】牛 28 日。

敌百虫

敌百虫属于广谱杀虫药，不仅对消化道线虫有效，而且对某些吸虫（如姜片吸虫、血吸虫等）有一定的疗效。

与其他有机磷杀虫剂、胆碱酯酶抑制剂和肌松药合用时，可增强对宿主的毒性。碱性物质能使敌百虫迅速分解成毒性更大的敌敌畏，因此忌用碱性水质配制药液，并禁与碱性药物合用。

精制敌百虫片

【作用与用途】驱杀和杀虫药，驱杀家畜胃肠道线虫、牛皮蝇蛆、螨、蚤、虱等。

【用法与用量】以敌百虫计。常用量，内服，一次量，每千克体重牛 20~40 毫克；极量，内服，一次量，15 克。外用：每片兑水 30 毫升配成 1% 溶液（以敌百虫计）。

【不良反应】敌百虫安全范围窄，治疗剂量可使牛出现轻度副交感神经兴奋反应，过量使用可出现中毒症状，主要表现为流涎、腹痛、缩瞳、呼吸困难、骨骼肌痉挛、昏迷甚至死亡。

【注意事项】（1）禁与碱性药物合用。

（2）中毒时，用阿托品与解磷定等解救。

【休药期】28 日。

五、解热镇痛抗炎药

对乙酰氨基酚

对乙酰氨基酚具有解热、镇痛与抗炎作用。解热作用类似阿司匹林，但镇痛和抗炎作用较弱。其抑制丘脑前列腺素合成与释放的作用较强，抑制外周前列腺素合成与释放的作用较弱。对血小板及凝血机制无影响。

1. 对乙酰氨基酚片

【作用与用途】解热镇痛药。用于发热、肌肉痛、关节痛和风湿症等。

【用法与用量】以对乙酰氨基酚计。内服：一次量，牛 10~20 克。

【不良反应】偶见厌食、呕吐、缺氧、发绀，红细胞溶解、黄疸和肝脏损害等症。

【注意事项】大剂量可引起肝、肾损害，在给药后 12 小时内使用乙酰半胱氨酸或蛋氨酸可以预防肝损害。肝、肾功能不全的患畜及幼畜慎用。

【休药期】无须制定。

2. 对乙酰氨基酚注射液

【作用与用途】【不良反应】【注意事项】同乙酰氨基酚片。

【用法与用量】肌内注射，一次量，牛 5~10 克。

【休药期】无须制定。

安乃近

安乃近内服吸收迅速，作用较快，药效维持 3~4 小时。解热作用较快，药效维持 3~4 小时。解热作用较显著，镇痛作用亦较强，并有一定的消炎和抗风湿作用。对胃肠蠕动无明显影响。

不能与氯丙嗪合用，以免体温剧降。不能与巴比妥类及保泰松合用，因相互作用会影响肝微粒体酶活性。

1. 安乃近片

【作用与用途】用于动物肌肉痛、疝痛、风湿症及发热性疾病等。

【用法与用量】以安乃近计。内服：一次量，牛 4~12 克。

【不良反应】长期应用可引起粒细胞减少。

【注意事项】可抑制凝血酶原的合成，加重出血倾向。

【休药期】牛 28 日。

2. 安乃近注射液

【作用与用途】【不良反应】【注意事项】同安乃近片。

【用法与用量】以安乃近计。肌内注射：一次量，牛 3~10 克。

【注意事项】不宜于穴位注射，尤其不宜于关节部位注射。有可能引起肌肉萎缩和关节机能障碍。

【休药期】牛 28 日。

阿司匹林

阿司匹林解热、镇痛效果较好，抗炎、抗风湿作用强。可抑制抗体产生及抗原抗体结合反应，阻止炎性渗出，抗风湿的疗效确实。较大剂量时还可抑制肾小管对尿酸的重吸收，增加尿酸排泄。

其他水杨酸类解热镇痛药、双香豆素类抗凝血药、巴比妥类等与阿司匹林合用时，作用增强，甚至毒性增加。糖皮质激素能刺激胃酸分泌、降低胃及十二指肠黏膜对胃酸的抵抗力，与阿司匹林合用可使胃肠出血加剧。与碱性药物（如碳酸氢钠）合用，将加速阿司匹林的排泄，使疗效降低。但在治疗痛风时，同服等量的碳酸氢钠，可以防止尿酸在肾小管内沉积。

阿司匹林片

【作用与用途】解热镇痛药。用于发热性疾患、肌肉痛、关节痛。

【用法与用量】以阿司匹林计。内服：一次量，牛 15~30 克。

【不良反应】（1）本品能抑制凝血酶原合成，连续长期应用可引发出血倾向。

（2）对胃肠道有刺激作用，剂量大时易导致食欲不振、恶心、呕吐乃至消化道出血，长期使用可引发胃肠溃疡。

【注意事项】（1）奶牛泌乳期禁用。

（2）老龄动物、体弱或体温过高患畜，解热时宜用小剂量，以免大量出汗而引起虚脱。

（3）胃炎、胃溃疡患畜慎用，与碳酸钙同服，可减少对胃的刺激。不宜空腹投药。发生出血倾向时，可用维生素 K 治疗。

（4）解热时，动物应多饮水，以利于排汗和降温，否则会因出汗过多而造成水和电解质平衡失调或虚脱。

（5）动物发生中毒时，可采取洗胃、导泻、内服碳酸氢钠及静脉注射 5% 葡萄糖和 0.9%氯化钠等解救。

【休药期】无须制定。

氨基比林

氨基比林是一种环氧化酶抑制剂,通过抑制环氧化酶的活性,从而抑制前列腺素前体物——花生四烯酸转变为前列腺素这一过程,使前列腺素合成减少,进而产生解热、镇痛、抗炎和抗风湿作用。

复方氨基比林注射液

【作用与用途】解热镇痛药,主要用于牛等动物的解热和抗风湿。用于发热性疾病、关节炎、肌肉痛和风湿症等。

【用法与用量】以氨基比林计。肌内、皮下注射:一次量,牛 20~50 毫升。

【不良反应】剂量过大或长期应用,可引起高铁血红蛋白血症、缺氧、发绀、粒细胞减少症等。

【注意事项】连续长期使用可引起粒性白细胞减少症,应定期检查血象。

【休药期】牛 28 日。

水杨酸钠

水杨酸钠为解热镇痛抗炎药。其镇痛作用较阿司匹林、非那西汀、氨基比林弱。临床上主要用作抗风湿药。对于风湿性关节炎,用药数小时后关节疼痛显著减轻,肿胀消退,风湿热消退。另外,本品还有促进尿酸排泄的作用,可用于痛风。

水杨酸钠可使血液中凝血酶原的活性降低,故不可与抗凝血药合用。与碳酸氢钠同时内服可减少本品吸收,加速本品排泄。

1. 水杨酸钠注射液

【作用与用途】解热镇痛药。用于风湿症等。

【用法与用量】以水杨酸钠计。静脉注射:一次量,牛 10~30 克。

【不良反应】(1) 长期大剂量应用,可引起耳聋、肾炎等。

(2) 因抑制凝血酶原合成而产生出血倾向。

【注意事项】(1) 注射液仅供静脉注射,不能漏出血管外。

(2) 有出血倾向、肾炎及酸中毒的患畜忌用。

【休药期】无须制定。

2. 复方水杨酸钠注射液

由水杨酸钠、氨基比林、巴比妥制得。

【作用与用途】【不良反应】【注意事项】同水杨酸钠注射液。

【用法与用量】静脉注射：一次量，牛 100~200 毫升。

【休药期】无须制定。

六、促进组织代谢药

（一）维生素类

维生素 A

维生素 A 具有促进生长、维持上皮组织（如皮肤、结膜、角膜等）正常机能的作用，并参与视紫红质的合成，增强视网膜感光力。另外，还参与体内许多氧化过程，尤其是不饱和脂肪酸的氧化。

氢氧化铝可使小肠上段胆酸减少，影响维生素 A 的吸收。矿物油、新霉素能干扰维生素 A 和维生素 D 的吸收。维生素 E 可促进维生素 A 吸收，但服用大量维生素 E 时可耗尽体内贮存的维生素 A。大剂量的维生素 A 可能会影响糖皮质激素的抗炎作用。与噻嗪类利尿剂同时使用，可致高钙血症。

1. 维生素 AD 油

【作用与用途】维生素类药。用于维生素 A、维生素 D 缺乏症；局部应用能促进创伤、溃疡愈合。

【用法与用量】内服：一次量，牛 20~60 毫升。

【不良反应】按规定的用法与用量使用，尚未见不良反应。

【注意事项】（1）用时应注意补充钙剂。

（2）维生素 A 易因补充过量而中毒，中毒时应立即停用本品和钙剂。

【休药期】无须制定。

2. 鱼肝油

【作用与用途】【用法与用量】【休药期】同维生素 AD 油。

3. 维生素 AD 注射液

【用法与用量】肌内注射：一次量，牛 5~10 毫升，犊牛 2~4 毫升。

【休药期】无须制定。

维生素 B_1

本品在体内与焦磷酸结合成二磷酸硫胺（辅羧酶），参与体内糖代谢中丙酮酸、α-酮戊二酸的氧化脱羧反应，为糖类代谢所必需。维生素 B_1 对维持神经组织、心脏及消化系统的正常机能起着重要作用。缺乏时，血中丙酮酸、乳酸增高，并影响机体能量供应；幼年家畜则出现多发性神经炎、心肌功能障碍、消化不良、生长受阻等。

维生素 B_1 在碱性溶液中易分解，与碱性药物（如碳酸氢钠、枸橼酸钠等）配伍时，易变质。吡啶硫胺素、氨丙啉可拮抗维生素 B_1 的作用。本品可增强神经肌肉阻断剂的作用。

1. 维生素 B_1 片

【作用与用途】维生素类药。主要用于维生素 B_1 缺乏症，如多发性神经炎；重剧劳役所引起的疲劳或衰弱，尤其是伴有食欲不振、胃肠弛缓等。发热，甲状腺功能亢进，大量输入葡萄糖液时，应适当补充维生素 B_1。本品还可以作为牛酮血病、神经炎、心肌炎等的辅助治疗用药。维生素 B_1 常与其他 B 族维生素或维生素 C 合并应用。

【用法与用量】以维生素 B_1 计。内服：一次量，牛 100～500 毫克。

【不良反应】按规定剂量使用，暂未见不良反应。

【注意事项】（1）吡啶硫胺素、氨丙啉与维生素 B_1 有拮抗作用，饲料中此类物质添加过多会引起维生素 B_1 缺乏。

（2）与其他 B 族维生素或维生素 C 合用，可对代谢发挥综合疗效。

【休药期】无须制定。

2. 维生素 B_1 注射液

【用法与用量】皮下、肌内注射，一次量，牛 100～50 毫克。

其他同维生素 B_1 片。

维生素 B_2

维生素 B_2 是体内黄素酶类辅基的组成部分。黄素酶在生物氧化还原中发挥递氢作用，参与体内碳水化合物、氨基酸和脂肪的代谢，并对中枢神经系统的营养、毛细血管功能具有重要影响。

本品能使氨苄西林、黏菌素、链霉素、红霉素和四环素等的抗菌活性下降。

1. 维生素 B_2 片

【作用与用途】维生素类药。用于维生素 B_2 缺乏症，如口炎、皮炎、结膜炎等。常与维生素 B_1 合并应用。

【用法与用量】内服：一次量，牛 100~150 毫克。

【不良反应】按规定剂量使用，暂未见不良反应。

【注意事项】动物使用本品后，尿液呈黄色。

【休药期】无须制定。

2. 维生素 B_2 注射液

【作用与用途】【不良反应】【注意事项】【休药期】同维生素 B_2 片。

【用法与用量】皮下、肌内注射：一次量，牛 100~150 毫克。

维生素 B_6

维生素 B_6 是吡哆醇、吡哆醛、吡哆胺的总称，它们在动物体内有着相似的生物学作用。维生素 B_6 在体内经酶作用生成具有生理活性的磷酸吡哆醛和磷酸吡哆醇，是氨基转移酶、脱羧酶及消旋酶的辅酶，参与体内氨基酸、蛋白质、脂肪和糖的代谢。此外，维生素 B_6 还在亚油酸转变为花生四烯酸等过程中发挥重要作用。

与维生素 B_{12} 合用，可促进维生素 B_{12} 的吸收。

1. 维生素 B_6 片

【作用与用途】水溶性维生素。用于皮炎和周围神经炎等。临床上在治疗维生素 B_1、维生素 B_2 和烟酸、烟酰胺等缺乏症时，常同时并用维生素 B_6 以提高疗效。

【用法与用量】内服：一次量，牛 3~5 克。

【休药期】无须制定。

2. 维生素 B_6 注射液

【用法与用量】皮下、肌内或静脉注射：一次量，牛 3~5 克。

其他同维生素 B_6 片。

维生素 B_{12}

维生素 B_{12} 为合成核苷酸的重要辅酶的成分，它参与体内甲基转移及叶酸代谢，促进 5-甲基四氢叶酸转变为四氢叶酸。缺乏时，可致叶酸缺乏，并由此导致 DNA 合成障碍，影响红细胞的发育与成熟。本品还促使甲基丙二酸转变为琥珀酸，参与三羧酸循环。此作用关系到神经髓鞘脂类的合成及维持有鞘神经纤维功能的完整。维生素 B_{12} 缺乏症的神经损害可能与此有关。

草食动物胃肠中微生物可借助于饲料中的钴合成维生素 B_{12}，故一般较少发生维生素 B_{12} 缺乏症。

维生素 B_{12} 注射液

【作用与用途】维生素类药。主要用于维生素 B_{12} 缺乏所致的贫血、幼畜生长迟缓等。

【用法与用量】肌内注射：一次量，牛 1~2 毫克，犊牛 0.25~0.5 毫克。一般病例注射 1 次即可。

为了预防围产期的疾病，分娩前 2 周和分娩当日以及分娩后 2 周各注射本品 1 次。

【不良反应】肌内注射偶可引起皮疹、瘙痒、腹泻以及过敏性哮喘。

【注意事项】在防治巨幼红细胞贫血症时，本品与叶酸配合应用可取得更好的效果。本品不得做静脉注射。

【休药期】无须制定。

维生素 C

维生素 C 在体内和脱氢维生素 C 形成可逆的氧化还原系统，此系统在生物氧化还原反应和细胞呼吸中起重要作用。维生素 C 参与氨基酸代谢及神经递质、胶原蛋白和组织细胞间质的合成，可降低毛细血管通透性，具有促进铁在肠内吸收，增强机体对感染的抵抗力，以及增强肝脏解毒能力等作用。

与水杨酸类和巴比妥合用能增加维生素 C 的排泄。与维生素 K_3、维生素 B_2、碱性药物和铁离子等溶液配伍，可降低药效，不宜配伍。可破坏饲料中的维生素 B_{12}，并与饲料中的铜、锌离子发生络合，阻断其吸收。

维生素 C 注射液

【作用与用途】维生素类药。用于维生素 C 缺乏症，也用于各种传染性疾病和高热、外伤或烧伤,还用于贫血、有出血倾向、高铁血红蛋白血症和过敏性皮炎等的辅助治疗。

【用法与用量】以维生素C计。肌内、静脉注射:一次量,牛2~4克。

【不良反应】给予高剂量时,尿酸盐、草酸盐或胱氨酸结晶形成的风险增加。

【注意事项】(1)与碱性药物(碳酸氢钠等)、铁离子、维生素 B_2、维生素 K_3 等溶液配伍,可影响药效,不宜配伍。

(2)与水杨酸类和巴比妥合用能增加维生素C的排泄。

(3)大剂量应用时可酸化尿液,使某些有机碱类药物排泄增加。并减弱氨基糖苷类药物的抗菌作用。

(4)可破坏饲料中的维生素 B_{12},并与饲料中的铜、锌离子发生络合,阻断其吸收。

(5)因在瘤胃内易被破坏,反刍动物不宜使用维生素C片内服。

【休药期】无须制定。

维生素D

维生素D属于调节组织代谢药,主要维持机体内钙、磷代谢正常代谢。

1. 维生素 D_2 胶性钙注射液

【作用与用途】维生素类药。适用于各种因维生素D缺乏所引起的钙质代谢障碍,如软骨病与佝偻病等。

【用法与用量】以维生素 D_2 计。皮下、肌内注射:一次量,牛2.5万~10万单位。

【不良反应】(1)过多的维生素D会直接影响钙和磷的代谢,减少骨的钙化作用,在软组织出现异位钙化,以及导致心律失常和神经功能紊乱等症状。

(2)维生素D过多还会间接干扰其他脂溶性维生素(如维生素A、维生素E和维生素K)的代谢。

【注意事项】(1)维生素D过多会减少骨的钙化作用,软组织出现异位钙化,且易出现心律失常和神经功能紊乱等症状。

(2)使用维生素D时应注意补充钙剂,中毒时应立即停用本品和钙剂。

【休药期】无须制定。

2. 维生素 D_3 注射液

【用法与用量】肌内注射:一次量,每千克体重牛1 500~3 000单位。

其他同维生素 D_2 胶性钙注射液。

维生素 E

维生素 E 可阻止体内不饱和脂肪酸及其他易氧化物的氧化，保护细胞膜的完整性，维持其正常功能。维生素 E 繁殖机能也密切相关，具有促进性腺发育、促成受孕和防止流产等作用。另外，维生素 E 还能提高牛对疾病的抵抗力，增强抗应激能力。

维生素 E 和硒同用具有协同作用。大剂量的维生素 E 可延迟抗缺铁性贫血药物的治疗效应。本品与维生素 A 同服可防止后者的氧化，增强维生素 A 的作用。液状石蜡、新霉素能减少本品的吸收。

1. 维生素 E 注射液

【作用与用途】维生素类药。用于治疗维生素 E 缺乏所致的疾病，如不孕症、白肌病等；用于防治因维生素 E 缺乏导致的犊牛营养性肌萎缩。常与维生素 A、维生素 D、B 族维生素配合使用，预防生长不良、营养不足等综合性缺乏症。

【用法与用量】皮下、肌内注射：一次量，犊牛 0.5~1.5 克。

【注意事项】（1）维生素 E 和硒同用具有协同作用。

（2）偶尔可引起死亡、流产或早产等过敏反应，可立即注射肾上腺素或抗组胺药物治疗。

（3）大剂量维生素 E 可延迟抗缺铁性贫血药物的治疗效应。

（4）液状石蜡、新霉素能减少本品的吸收。

（5）注射体积超过 5 毫升时应分点注射。

【休药期】无须制定。

2. 亚硒酸钠维生素 E 注射液

【作用与用途】维生素与硒补充药。用于犊牛白肌病。

【用法用量】肌内注射：一次量，犊牛 5~8 毫升。

【不良反应】硒毒性较大，单次内服过多，将引起精神抑制、共济失调、呼吸困难、频尿、发绀、瞳孔扩大、臌胀和死亡，病理损伤包括水肿、充血和坏死，可涉及许多系统。

【注意事项】（1）皮下或肌内注射有局部刺激性。

（2）硒毒性较大，超量肌注易致动物中毒，中毒时表现为呕吐、呼吸抑制、虚弱、中枢抑制、昏迷等症状，严重可致死亡。

【休药期】无须制定。
3. 亚硒酸钠维生素 E 预混剂
【作用与用途】【不良反应】同亚硒酸钠维生素 E 注射液。
【用法与用量】混饲：一次量，500~1 000 克/吨饲料。
【休药期】无须制定。

(二) 钙磷与微量元素类

葡萄糖酸钙

1. 葡萄糖酸钙注射液
【作用与用途】钙补充药。用于低血钙症及过敏性疾病，亦可用于解除镁离子引起的中枢抑制。临床上广泛用于母牛产前、产后补钙，防治软脚症及产后瘫痪等。
【用法与用量】静脉注射：一次量，牛 20~60 克。
【注意事项】应用强心苷期间禁用本品。注射宜缓慢。有刺激性，不宜皮下或肌内注射。注射液不可漏出血管外，否则导致疼痛及组织坏死。
【休药期】无须制定。
2. 硼葡萄糖酸钙注射液
【用法与用量】以钙计。静脉注射：一次量，每 100 千克体重 1 克。
【休药期】无须制定。

氯化钙

1. 氯化钙注射液
【作用与用途】钙补充剂。用于低血钙症以及毛细血管通透性增加所致的疾病。
【用法与用量】静脉注射：一次量，牛 5~15 克。
【不良反应】(1) 钙剂治疗可能诱发高血钙症，尤其在心、肾功能不良的牛。
(2) 静脉注射钙剂速度过快可引起低血压、心律失常和心跳停止。
【注意事项】(1) 在应用强心苷、肾上腺素期间或停药 7 日内，禁止注射钙剂。
(2) 注射宜缓慢。

(3) 有刺激性，不宜皮下或肌内注射。5%氯化钙溶液不可直接静脉注射，注射前应以10~20倍葡萄糖注射液稀释。

(4) 注射液不可漏出血管外，否则导致疼痛及组织坏死。若发生漏出，受影响的局部可注射生理盐水、糖皮质激素和1%普鲁卡因。

【休药期】无须制定。

2. 氯化钙葡萄糖注射液

【用法与用量】静脉注射：一次量，牛100~300毫升。

其他同氯化钙注射液。

七、作用于消化系统的药物

（一）健胃和助消化药

龙胆

龙胆为龙胆科植物条叶龙胆、龙胆、三花龙胆或坚龙胆的干燥根茎和根。

【作用与用途】临床主要用于动物的食欲不振、消化不良或某些热性病的恢复期等。

【用法与用量】龙胆末。内服，一次量，牛30~60克。

龙胆酊。由龙胆末100克，加40%乙醇1 000毫升浸制而成。牛50~100毫升。

复方龙胆酊（苦味酊）。由龙胆100克、陈皮40克、草豆蔻10克，加60%乙醇适量浸制而成1 000毫升。牛50~100毫升。

马钱子

马钱子为马钱科植物马钱的干燥成熟种子，冬季采集成熟果实，取出种子晒干而成。

【作用与用途】临床作健胃药和中枢兴奋药时，用于治疗食欲不振、消化不良、前胃弛缓、瘤胃积食等。

【注意事项】(1) 本品安全范围较窄，其所含的士的宁易被吸收引起中枢兴奋，不宜生用、不宜多服久服。应用时严格控制剂量，连续用药不得超过1周，以免发生蓄积中毒。中毒时可用巴比妥类药物或水合氯醛解救，并保持环境安静，避免各种刺激。

（2）孕牛禁用。

【用法与用量】马钱子粉。内服，一次量，牛1.5~6克。

马钱子流浸膏。内服，一次量，牛1~3毫升。

马钱子酊。由马钱子流浸膏83.4毫升，加45%乙醇稀释至1 000毫升制成。内服，一次量，牛10~30毫升。

人工矿泉盐

【作用与用途】临床用于消化不良、胃肠弛缓、慢性胃肠卡他、早期大肠便秘等。

【注意事项】（1）因本品为弱碱性类药物，禁与酸类健胃药配合使用。

（2）内服作泻剂应用时宜大量饮水。

【用法与用量】内服：健胃，一次量，牛50~150克；缓泻，一次量，牛200~400克。

碳酸氢钠

俗称小苏打。

【作用与用途】临床作酸碱平衡药，用于健胃、胃肠卡他、酸血症和碱化尿液等。

【注意事项】本品为弱碱性药物，禁止与酸性药物混合应用。在中和胃酸后，因可继发性引起胃酸过多，因此一般认为碳酸氢钠不是一个良好的制酸药。

【用法与用量】碳酸氢钠片。内服，一次量，牛30~100克。

【休药期】无须制定。

（二）瘤胃兴奋药和胃肠运动促进药

甲硫酸新斯的明

【作用与用途】临床主要用于胃肠弛缓、轻度便秘、子宫收缩无力、子宫蓄脓、胎衣不下以及重症肌无力和尿潴留等。

【注意事项】（1）机械性肠道梗阻的病牛及孕牛禁用。

(2) 发生中毒时，可用阿托品解救。

【用法与用量】甲硫酸新斯的明注射液。肌内、皮下注射，一次量，牛 4~20 毫克。

【休药期】无须制定。

浓氯化钠注射液

【作用与用途】临床用于反刍动物前胃弛缓、瘤胃积食等。

【注意事项】（1）静脉注射时不能稀释，静脉注射速度宜慢，不可漏至血管外。

（2）心力衰竭和肾功能不全患畜慎用。

【用法与用量】浓氯化钠注射液。以氯化钠计，静脉注射，一次量，每千克体重牛 0.1 克。

【休药期】无须制定。

（三）制酵药与消沫药

鱼石脂

【作用与用途】临床用于胃肠道制酵，治疗瘤胃臌胀、前胃弛缓、胃肠臌气、急性胃扩张以及大肠便秘等。

【注意事项】（1）临用时先加 2 倍量乙醇溶解后再用水稀释成 3%~5% 的溶液灌服。

（2）禁与酸性药物（如稀盐酸、乳酸等）混合使用。

【用法与用量】10% 鱼石脂软膏。以鱼石脂计，内服，一次量，牛 10~30 克。

【休药期】无须制定。

二甲硅油片

本品为白色或类白色片。表面张力低，内服后能迅速降低瘤胃内泡沫液膜的表面张力，使小气泡破裂融合成大气泡，随嗳气排出，产生消除泡沫作用。本品消沫作用迅速，用药 5 分钟内即产生效果，15~30 分钟作用最强。

【作用与用途】消沫药。用于泡沫性臌胀。

【用法与用量】内服：一次量，牛 120~200 片（25 毫克/片）。

【不良反应】按规定的用法用量使用，尚未见不良反应。

【注意事项】灌服前后宜灌注少量温水，以减少刺激性。

【休药期】无须制定。

(四) 泻药与止泻药

干燥硫酸钠

本品为白色粉末；无臭；有引湿性。硫酸钠内服后在肠内可解离出 Na^+ 和 SO_4^{2-}，后者不易被肠壁吸收，借助渗透压作用，在肠管中保持大量水分，扩大肠管容积，软化粪便，并刺激肠壁增强其蠕动，而产生泻下作用。临床上小剂量内服可健胃。

【作用与用途】盐类泻药。用于治疗大肠便秘，排出肠内毒物、毒素，或驱虫药的辅助用药。

【用法与用量】内服：一次量，牛 200~500 克。用时配成 3%~4% 水溶液。

【不良反应】剂量过大或连续用药过多可导致脱水、电解质紊乱。

【注意事项】(1) 治疗大肠便秘时，硫酸钠的适宜浓度为 4%~6%。

(2) 因易继发胃扩张，不适用于小肠便秘的治疗。

(3) 脱水动物、肠炎患畜不宜用本品。

(4) 注意补液。

【休药期】无须制定。

硫酸镁

【作用与用途】临床上小剂量内服可健胃，用于消化不良，常配合其他健胃药使用。大剂量用于大肠便秘，排出肠内毒物、毒素，或作为驱虫药的辅助用药。

【注意事项】(1) 在某些情况下（如机体脱水、肠炎等）Mg^{2+} 吸收增多会产生毒副作用。

(2) 中毒时表现为呼吸浅表、肌腱反射消失，应迅速静脉注射氯化钙进行解救。对 Mg^{2+} 中毒引起的骨骼肌松弛，可用新斯的明拮抗。

（3）因易继发胃扩张，不适用于小肠便秘的治疗。

（4）肠炎患畜不宜用。

【用法与用量】内服，一次量，牛200~800克。用时配成6%~8%溶液。

【休药期】无须制定。

大黄

【作用与用途】临床常用作健胃药和泻药，如用于食欲不振、消化不良。

【用法与用量】大黄末。牛50~150克。用于健胃时酌减。外用适量，调敷患处。

大黄流浸膏。由大黄1 000克，加60%乙醇适量浸制而成。牛20~40毫升。

复方大黄酊。由大黄100克、陈皮20克、草豆蔻20克，加60%乙醇浸制而成。牛30~100毫升。

液体石蜡

【作用与用途】临床可用于小肠阻塞、瘤胃积食及便秘。可用于孕畜和患肠炎病畜。

【注意事项】虽然本品作用温和，但亦不宜反复使用，以免影响消化及阻碍脂溶性维生素及钙、磷的吸收等。

【用法与用量】内服，一次量，牛500~1 500毫升。

鞣酸

【作用与用途】临床主要用于非细菌性腹泻和肠炎的止泻。在某些毒物（如铅、银、铜、士的宁、洋地黄等）中毒时，可用鞣酸溶液（1%~2%）洗胃或灌服，以沉淀胃肠道中未被吸收的毒物，但沉淀物结合不牢固，解毒后必须及时使用盐类泻药以加速排出。

【注意事项】鞣酸吸收后对肝脏有毒性。

【用法与用量】以鞣酸计。内服，一次量，牛5~30克。

八、止咳平喘药

氯化铵

本品为无色结晶或白色结晶性粉末；无臭，有引湿性。本品内服后可刺激胃黏膜迷走神经末梢，反射性引起支气管腺体分泌增加，使稠痰稀释，易于咳出，因而对支气管黏膜的刺激减少，咳嗽也随之缓解。此外，本品被吸收至体内后，有小部分从呼吸道排出，带出水分使痰液变稀而利于咳出。本品为强酸弱碱盐，是一种有效的体液酸化剂，可使尿液酸化，在弱碱性药物中毒时，可加速药物的排泄。主要适用于支气管炎初期。

【药物相互作用】（1）本品遇碱或重金属盐类即分解。

（2）与磺胺类药物合用，可能使磺胺药在尿道析出结晶，发生泌尿道损害，如尿闭、血尿等。

【作用与用途】祛痰药。主要用于支气管炎初期。

【用法与用量】内服：一次量，牛 10~25 克。

【不良反应】按规定的用法用量使用，尚未见不良反应。

【注意事项】（1）肝脏、肾脏功能异常的患畜，内服氯化铵容易引起血氯过高性酸中毒和血氨升高，应慎用或禁用。

（2）禁与碱性药物、重金属盐、磺胺药等配伍应用。

【休药期】无须制定。

氨茶碱

【作用与用途】用于缓解动物支气管哮喘等。

【注意事项】（1）内服可引起恶心、呕吐等反应。

（2）静脉注射或静脉滴注如用量过大、浓度过高或速度过快，都可强烈兴奋心脏和中枢神经，故须稀释后注射并注意掌握速度和剂量。

（3）注射液碱性较强，可引起局部红肿、疼痛，应深部肌内注射。

（4）肝功能低下、心衰患畜慎用。

【用法与用量】氨茶碱注射液。肌内、静脉注射，一次量，牛 1~2 克。

【休药期】无须制定。

九、水、电解质及酸碱平衡调节药

氯化钠

【作用与用途】用于脱水症。在大量出血而又无法进行输血时,可输入本品以维持血容量进行急救。

【用法与用量】氯化钠注射液、复方氯化钠注射液。静脉注射,一次量,牛1 000~3 000毫升。

【休药期】无须制定。

葡萄糖

【作用与用途】5%等渗溶液用于补充营养和水分,10%及以上高渗溶液用于提高血液渗透压和利尿脱水。

【用法与用量】葡萄糖注射液。静脉注射,一次量,牛50~250克。
葡萄糖氯化钠注射液。静脉注射,一次量,牛1 000~3 000毫升。

【注意事项】(1) 高渗注射液应缓慢注射,以免加重心脏负担,切勿漏出血管外。

(2) 低钾血症患畜慎用。

(3) 易致肝、肾功能不全患病动物水钠潴留。应注意控制剂量。

【休药期】无须制定。

氯化钾

【作用与用途】主要用于低钾血症,亦可用于强心苷中毒引起的阵发性心动过速等。

【不良反应】应用过量或滴注过快易引起高钾血症。

【用法与用量】氯化钾注射液。静脉注射,一次量,牛2~5克。使用时必须用5%葡萄糖注射液稀释成0.3%以下的溶液。

【注意事项】(1) 高浓度溶液或快速静脉注射可能导致心搏骤停。

(2) 肾功能严重减退或尿少时慎用,无尿或血钾过高时禁用。

(3) 脱水病例一般先给不含钾的液体,等排尿后再补钾。

【休药期】无须制定。

碳酸氢钠

【作用与用途】用于酸血症,调节酸碱平衡;内服治疗胃肠卡他;碱化尿液,加速磺胺类及其代谢物的排泄,防止对肾脏的损害。

【用法与用量】碳酸氢钠片。内服,一次量,牛 30~100 克。

碳酸氢钠注射液。静脉注射,一次量,牛 15~30 克。

【休药期】无须制定。

十、作用于泌尿生殖系统的药物

呋塞米

又名速尿。

【作用与用途】用于各种类型的水肿。

【用法与用量】呋塞米片。内服,一次量,每千克体重牛 2 毫克。

呋塞米注射液。肌内、静脉注射,一次量,每千克体重牛 0.5~1 毫克。

【注意事项】(1)无尿患畜禁用;电解质紊乱或肝损害的患畜慎用。

(2)长期大量用药可出现低血钾、低血钠、低血钙、低血镁及脱水,应与补钾或与保钾性利尿药配伍或交替使用,并定时监测水和电解质平衡状态。

(3)应避免与氨基糖苷类抗生素和糖皮质激素合用。

【休药期】无须制定。

氢氯噻嗪

【作用与用途】适用于各种类型水肿。

【用法与用量】氢氯噻嗪片。内服,一次量,每千克体重牛 1~2 毫克。

【注意事项】(1)严重肝、肾功能障碍,电解质平衡紊乱及高尿酸血症等患畜慎用。

(2)宜与氯化钾合用,以免发生低钾血症。

【休药期】无须制定。

甘露醇

【作用与用途】用于脑水肿、脑炎的辅助治疗。

【不良反应】(1) 大剂量或长期应用可引起水和电解质平衡紊乱。

(2) 静脉注射过快可能引起心血管反应，如肺水肿及心动过速等。

(3) 静脉注射时药物漏出血管可使注射部位水肿，皮肤坏死。

【用法与用量】甘露醇注射液。静脉注射，一次量，牛1 000~2 000毫升。

【注意事项】(1) 严重脱水、肺充血或肺水肿、充血性心力衰竭以及进行性肾功能衰竭患畜禁用。

(2) 脱水动物在治疗前应补充适当体液。

(3) 静脉注射时勿漏出血管外，以免引起局部肿胀、坏死。

【休药期】无须制定。

山梨醇

【作用与用途】用于脑水肿、脑炎的辅助治疗。

【用法与用量】山梨醇注射液。静脉注射，一次量，牛250~500克。

【注意事项】同甘露醇，但局部刺激比甘露醇大。

【休药期】无须制定。

缩宫素

俗称催产素，从牛或猪脑垂体后叶中提取或人工合成。

【作用与用途】用于催产、产后子宫出血和胎衣不下等。

【用法与用量】缩宫素注射液。皮下、肌内注射，一次量，牛30~100单位。

【注意事项】产道阻塞、胎位不正、骨盆狭窄及子宫颈尚未张开时，忌用于催产。

【休药期】无须制定。

卡贝缩宫素

【作用与用途】用于预防母牛胎衣不下。

【用法与用量】卡贝缩宫素注射液。肌内注射，一次量，母牛娩出犊牛后 210~350 微克。

【注意事项】（1）如果宫口未开或有机械原因导致分娩延迟，如产道阻塞、胎位和胎势异常、产时抽搐、子宫破裂、子宫扭转、胎儿相对过大或产道畸形时，严禁用于催产。

（2）两次给药间隔时间不少于 24 小时。

垂体后叶激素

【作用与用途】用于催产、产后子宫出血和胎衣不下等。

【用法与用量】垂体后叶注射液；皮下、肌内注射，一次量，牛 30~100 单位。

【注意事项】（1）临产时，若产道阻塞、胎位不正、骨盆狭窄、子宫颈尚未张开等禁用。

（2）用量大时可引起血压升高、少尿及腹痛。

马来酸麦角新碱

【作用与用途】主要用于产后止血及加速子宫复旧。

【用法与用量】马来酸麦角新碱注射液。肌内、静脉注射，一次量，牛 5~15 毫克。

【注意事项】（1）胎儿未娩出前或胎盘未剥离排出前均禁用。

（2）不宜与缩宫素及其他麦角制剂联用。

丙酸睾酮

【作用与用途】用于雄性激素缺乏时的辅助治疗。

【用法与用量】丙酸睾酮注射液。肌内、皮下注射，一次量，每千克体重种牛 0.25~0.5 毫克。

【注意事项】（1）具有水钠潴留作用，肾、心或肝功能不全病畜慎用。

（2）仅用于种畜。

（3）残留标志物为睾酮。所有食品动物的所有可食组织不得检出。

苯丙酸诺龙

【作用与用途】用于营养不良慢性消耗性疾病的恢复期。也可用于某些贫血性疾病的辅助治疗。

【用法与用量】苯丙酸诺龙注射液。皮下、肌内注射，一次量，0.2~1毫克。每2周1次。

【休药期】牛28日。

【注意事项】（1）可以做治疗用，但不得在动物食品中检出。

（2）禁止作促生长剂应用。

（3）肝、肾功能不全时慎用。

（4）残留标志物为诺龙。所有食品动物的所有可食组织不得检出。

苯甲酸雌二醇

【作用与用途】用于发情不明显动物的催情及胎衣、死胎排出。

【用法与用量】苯甲酸雌二醇注射液。肌内注射，一次量，牛5~20毫克。

【休药期】牛28日。

【注意事项】（1）妊娠早期的动物禁用，以免引起流产或胎儿畸形。

（2）可以做治疗用，但不得在动物食品中检出。

（3）残留标志物为雌二醇。所有食品动物的所有可食组织不得检出。

黄体酮

又名孕酮。

【作用与用途】用于预防流产和控制母牛同期发情。

【用法与用量】黄体酮注射液。预防流产（肌内注射），一次量，牛50~100毫克。

【休药期】牛30日。

复方黄体酮缓释圈（插入阴道内用于控制母牛同期发情）。每一个螺旋形弹性橡胶圈含黄体酮1.55克，含苯甲酸雌二醇10毫克。一次量，每头牛一个弹性橡胶圈，宰前取出。

黄体酮阴道缓释剂（插入阴道内用于控制母牛同期发情）。每一个缓释剂含黄体酮1.38克。每次1个，5~8天后取出。

【注意事项】（1）长期应用可使妊娠期延长。

（2）奶牛在泌乳期不得使用。

（3）使用复方黄体酮缓释圈12天后取出残余胶圈，并在48~72小时配种。

（4）使用黄体酮阴道缓释剂时须戴橡胶手套，阴道畸形禁用。

绒促性素

又名绒毛膜促性腺激素。

【作用与用途】用于性功能障碍、习惯性流产及卵巢囊肿。

【注意事项】（1）不宜长期应用，以免产生抗体和抑制垂体促性腺功能。

（2）本品溶液极不稳定，且不耐热，应在短时间内用完。

（3）使用复方绒促性素后一般不能再使用其他类激素。

（4）用量过大可致催产失败。

【用法与用量】注射用绒促性素。肌内注射，一次量，牛1 000~6 000单位。1周2~3次。

血促性素

又名孕马血清。

【作用与用途】主要用于母牛催情和促进卵泡发育；也用于胚胎移植时的超数排卵。

【用法与用量】注射用血促性素。皮下、肌内注射，一次量，催情，牛1 000~2 000单位。超排，母牛2 000~4 000单位。临用前用灭菌生理盐水2~5毫升稀释。

垂体促卵泡素

又名卵泡刺激素、促卵泡激素。

【作用与用途】用于治疗卵巢静止，持久黄体，卵泡发育停滞等，也用于牛超数排卵。

【用法与用量】注射用垂体促卵泡激素。临用前，以灭菌生理盐水 2~5 毫升稀释。

治疗卵巢静止、持久性黄体、卵泡发育停滞，肌内注射。一次量，奶牛 100~150 单位，隔 2 日 1 次，2~3 次为一疗程。

超排，肌内注射，牛总剂量 450~500 单位，每日 2 次，间隔 12 小时，递减法连用 4 日。每日 2 次，递减法连用 3 日。

【注意事项】（1）用药前，必须检查卵巢变化，并依此修正剂量和用药次数。

（2）禁用于促生长，用药前必须检查生殖功能是否正常，正常者才能使用，并根据母牛体重和胎次修正剂量。

垂体促黄体素（LH）

又名黄体生成素、促黄体素。

【作用与用途】用于治疗排卵延迟、卵巢囊肿和习惯性流产等。

【用法与用量】注射用垂体促黄体素。肌内注射，一次量，牛 100~200 单位。临用前，用灭菌生理盐水 2~5 毫升稀释。

【注意事项】治疗卵巢囊肿时，剂量应加倍。

促性腺激素释放激素（GnRH）

【作用与用途】用于治疗奶牛排卵迟滞、卵巢静止、持久黄体、卵巢囊肿。

【用法与用量】注射用促黄体素释放激素 A_2。肌内注射，一次量，奶牛，排卵迟滞，输精的同时肌内注射 12.5~25 微克；卵巢静止，25 微克，每天 1 次，可连续 1~3 次，总剂量不超过 75 微克；持久黄体或卵巢囊肿，25 微克，每天 1 次，可连续注射 1~4 次，总剂量不超过 100 微克；早期妊娠诊断，配种后 5~8 日，12.5~25 毫克，35 日内无重发情判为已妊娠。

【注意事项】（1）使用本品后一般不能再用其他类激素。

（2）剂量过大时可致催产失败。

第四节　现代肉牛疾病常用中药方剂

一、解表方

1. 麻黄汤（《伤寒论》）

【组成】麻黄 45 克，桂枝 45 克，杏仁 60 克，炙甘草 20 克。

【功效主治】发汗散寒，宣肺平喘。治疗外感风寒表实证，证见发热、恶寒、无汗、咳喘、舌苔薄白、脉象浮紧。

【用量用法】牛 150~300 克。为末，开水冲调，候温灌服，或水煎灌服。

2. 桂枝汤（《伤寒论》）

【组成】桂枝 45 克，白芍 45 克，炙甘草 45 克，生姜 60 克，大枣 60 克。

【功效主治】解肌发表，调和营卫，主治外感风寒表虚证，证见发热、怕风、出汗、鼻流清涕、舌苔薄白、脉象浮缓。

【用量用法】牛 150~300 克。前三味为末，姜枣煮水冲调，候温灌服。

3. 银翘散（《温病条辨》）

【组成】连翘 30 克，金银花 30 克，薄荷 15 克，荆芥穗 25 克，淡豆豉 25 克，牛蒡子 25 克，桔梗 25 克，淡竹叶 30 克，芦根 60 克，生甘草 10 克。

【功效主治】疏散风热，清热解毒。主治风热感冒，温病初起。证见发热无汗或微汗、口渴咽痛、咳嗽、舌苔薄白或薄黄、脉象浮数。

【用量用法】牛 250~350 克。为末，开水冲调，候温灌服，或水煎灌服。

二、清热方

1. 白虎汤《伤寒论》

【组成】知母 45 克，石膏 250 克，炙甘草 15 克，粳米 45 克。

【功效主治】清热生津。主治气分热证，证见高热、大出汗、口干舌红、喜饮冷水、苔黄燥、脉象洪大有力。

2. 黄连解毒汤（《外台秘要》）

【组成】黄连 45 克，黄芩 30 克，黄柏 30 克，栀子 45 克。

【功效主治】泻火解毒，主治三焦热盛疮疡肿毒，证见高热烦躁、发狂、脓毒败血症等。

3. 白头翁散（《伤寒论》）

【组成】白头翁60克，黄连30克，黄柏45克，秦皮60克。

【功效主治】清热解毒，凉血止痢。主治家畜下痢脓血、里急后重。

4. 茵陈蒿汤（《伤寒论》）

【组成】茵陈蒿250克，栀子60克，大黄45克。

【功效主治】清热、利湿、退黄。主治湿热黄疸，证见可视黏膜黄染、鲜明如橘色，小便量少色黄，脉象滑数。

5. 洗心散

【组成】黄连40克，生地黄40克钱，菊花30克，当归30克，木通25克，栀子25克，甘草15克。

【功效主治】心经积热，目眦赤涩痛泪。

此外，还有郁金散、清营汤、龙胆泻肝汤、香薷散、犀角地黄汤、青蒿鳖甲汤等。

三、泻下方

1. 大承气汤（《伤寒论》）

【组成】大黄60克，厚朴45克，枳实60克，芒硝250克。

【功效主治】攻下泻热、破结通肠。主治结症、便秘。

【用量用法】牛400~600克。为末，开水冲调，候温灌服，或水煎灌服（芒硝后下）。

2. 当归苁蓉汤（《中兽医治疗学》）

【组成】当归（麻油炒）120~250克，肉苁蓉90~120克，番泻叶30~60克，瞿麦15克，神曲60克，木香10~15克，厚朴20~30克，枳壳30~60克，香附（醋制）30~60克，通草10~15克。

【功效主治】润燥滑肠，理气通便。主治老、弱、孕畜便秘、结证。

【用量用法】牛400~500克。为末，开水冲调，稍煎，加麻油250毫升，候温灌服，或煎汤候温，加麻油灌服。

3. 大戟散（《元亨疗马集》）

【组成】京大戟25克，滑石60克，甘遂25克，牵牛子45克，黄芪45克，芒硝100克，大黄60克，巴豆霜5克，猪脂150克。

【功效主治】逐水，泻下。主治牛水草肚胀、宿草不转。

此外，还有增液承气汤等。

四、消导方

1. 二陈汤（《和剂局方》）

【组成】半夏45克，陈皮45克，茯苓30克，炙甘草15克。

【功效主治】燥湿化痰，理气和中。主治湿痰咳嗽，证见咳声重浊，痰多而色白，口津滑利，舌苔白润，脉滑。

【用量用法】牛150~250克。为末，开水冲调，候温灌服，或水煎灌服。

2. 麻杏石甘汤（《伤寒论》）

【组成】麻黄30克，石膏（捣碎）250克，杏仁45克，炙甘草45克。

【功效主治】辛凉泻热，宣肺平喘。主治肺热咳喘。

【用量用法】牛150~300克。先煎石膏，再入其他药共煎，去渣，候温灌服。

3. 清肺散（《元亨疗马集》）

【组成】板蓝根90克，葶苈子60克，浙贝母30克，桔梗30克，甘草25克。

【功效主治】清肺化痰，止咳平喘。主治肺热咳喘、咽喉肿痛。

【用量用法】牛200~300克。为末，开水冲调，加蜂蜜120克，候温灌服，或水煎灌服。

五、渗湿利水方

1. 八正散（《和剂局方》）

【组成】木通30克，车前子30克，萹蓄30克，大黄30克，灯心草10克，瞿麦30克，栀子30克，滑石30克，炙甘草30克。

【功效主治】清热泻火，利水通淋。主治湿热下注引起的石淋、热淋，证见尿频、尿痛或闭而不通，或小便赤浊、淋漓不畅，口干舌红，脉象滑数。

2. 五苓散（《伤寒论》）

【组成】猪苓45克，茯苓45克，泽泻75克，白术45克，桂枝30克。

【功效主治】利水渗湿，温阳化气，和胃止呕。主治外有表证、内有水湿的痰饮、水肿和泄泻等证。

3. 平胃散（《和剂局方》）

【组成】苍术80克，厚朴（姜汁炒）50克，陈皮50克，炒甘草30克。

【功效主治】燥湿健脾，理气开胃。主治湿邪困脾，证见食少肚胀，粪便稀软，舌苔白厚而腻。

4. 独活寄生汤（《备急千金要方》）

【组成】独活45克，桑寄生90克，秦艽45克，防风45克，细辛15克，当归60克，白芍45克，川芎30克，熟地黄75克，杜仲45克，牛膝45克，党参60克，茯苓60克，肉桂10克，甘草30克。

【功效主治】益肝肾，补气血，祛风湿。主治痹症日久、肝肾两亏、气血不足，证见腰胯疼痛，四肢屈伸不利，起卧困难，口色淡白，脉象细弱。

5. 藿香正气散（《和剂局方》）

【组成】藿香60克、紫苏叶45克、茯苓30克、白芷30克、大腹皮30克、陈皮30克、桔梗25克、白术30克、姜汁制厚朴30克、半夏20克、甘草15克，研末，生姜、大枣煎水冲调灌服。

【功效】解表化湿，理气和中。

【主治】外感风寒，内伤湿滞。证见发热恶寒，肚腹胀满，泄泻，舌苔白腻，或见呕吐。

【临诊应用】本方适用于内伤湿滞，复感风寒，而以湿滞脾胃为主之证。凡夏季感冒、流行性感冒、胃肠型流感、胃肠不和、急性胃肠炎，证属外感风寒，内伤湿滞者均可用。

六、止血方

1. 桃红四物汤（《医宗金鉴》）

【组成】当归45克，桃仁45克，红花30克，赤芍45克，川芎20克，生地60克。

【功效主治】活血散瘀，补血止痛。主治血瘀所致四肢疼痛，血虚有瘀，产后血瘀腹痛及瘀血所致的不孕证等。

2. 生化汤（《傅青主女科》）

【组成】当归120克，川芎45克，桃仁45克，炮姜10克，炙甘草10克。

【功效主治】活血散瘀，温经止痛。主治产后血瘀、恶露不行，肚腹疼痛。

【用量用法】牛150~250克。为末，开水冲调，候温，加白酒250毫升，灌服，或水煎灌服。

七、涩肠止泻方

乌梅散（《蕃牧纂验方》）

【组成】乌梅（去核）15 克，干柿 25 克，黄连 6 克，诃子 6 克，郁金 6 克。

【功效主治】清热利湿，敛肠止泻。主治犊牛腹泻。

八、安神开窍方

1. 朱砂散（《元亨疗马集》）

【组成】党参 45 克，茯神 45 克，黄连 15 克，朱砂（水飞）10 克。

【功效主治】重镇安神，扶正祛邪。主治心热风邪，证见全身出汗，肉颤头摇，气促喘粗，左右乱跌，口色赤红，脉象洪数。

【用量用法】牛 100~150 克。为末，胆汁适量，开水冲调，候温灌服。

2. 通关散（《丹溪心法附余》）

【组成】细辛、皂角各等份。

【功效主治】通关开窍。主治高热神昏、痰迷心窍，证见猝然昏倒，牙关紧闭，口吐涎沫。

【用量用法】为极细末，和匀，鹅翎管或细塑管吹鼻取嚏。

第三章　现代肉牛常见传染病的防控与治疗

一、口蹄疫

口蹄疫也称"口疮""蹄癀",是由口蹄疫病毒引起的一种急性、热性、高度接触性传染病,农业农村部将其列为一类动物疫病,在我国也是《中华人民共和国进境动物检疫疫病名录》一类传染病。

(一) 诊断要点

1. 流行特点

该病的病原是口蹄疫病毒,属 RNA 型病毒,容易变异,主要有 O 型、A 型、C 型等 7 种血清型。2018 年 1 月 2 日,我国农业农村部宣布口蹄疫亚 1 型正式退出免疫,当前我国口蹄疫流行毒株主要是 O 型中的 CATHAY、Ind-2001e 和 Mya-98 毒株,A 型中的东南亚 Sea-97 等 4 个毒株。牛、羊、猪等偶蹄类动物易感,尤其是黄牛和奶牛;人较少感染,但如果与患病动物接触过多,也可被感染。通过直接接触病畜的排泄物、分泌物,或间接吸入含有口蹄疫病毒的尘埃、飞沫,饮用或食用被口蹄疫病毒污染的水、草料等而直接或间接传播;一年四季均可发病,以春、秋两季易流行。

2. 临床症状

口蹄疫病毒在牛群中的潜伏期为 2~7 天。病牛体温迅速升高至 40~41℃,食欲不振、精神萎靡和流涎。1~2 天后在唇内、齿龈、口腔、颊部黏膜、蹄趾间和蹄冠部柔软皮肤出现黄豆甚至核桃大的水疱,病牛停止采食和反刍。水疱约经一昼夜破裂形成浅表糜烂。水疱破裂后,体温降至正常,水疱糜烂逐渐愈合,全身症状也逐渐好转。如有细菌感染,糜烂加深,发生溃疡,则愈合后形成瘢痕。

在口腔发生水疱的同时或稍后,趾间及蹄冠的柔软皮肤上表现红肿疼痛,迅速发生水疱,水疱很快破溃,出现糜烂或干燥结成硬痂,然后逐渐愈合。若病牛衰弱，或饲养管理不当，糜烂部位可能发生继发性感染化脓、坏死，病牛站立不稳，蹄部疼痛、跛行，甚至蹄壳脱落。

乳房皮肤有时也出现水疱，很快破裂形成红斑，如涉及乳腺可引起乳腺炎，泌乳量显著减少，严重时产奶量减少达75%以上，甚至停乳。

该病一般呈良性过程，经1周后即可自愈；如果蹄部有病变则可延至2~3周或者更久。一般情况下该病对成年牛的致死率不高，一般在1%~3%。

如果对病牛护理不周，病牛在水疱愈合时突然病情恶化，全身衰弱、肌肉发抖、心跳加快、心律失常、食欲废绝、反刍停止、站立不稳，最后因心脏麻痹导致突然死亡，死亡率高达25%~50%，这种病型称为恶性口蹄疫，主要是由于病毒侵害心肌所致。犊牛患病时，水疱症状不明显，主要表现为心肌炎和出血性肠炎，死亡率较高。

3. 病理变化

剖检病死牛可见其咽喉、气管、支气管和胃黏膜都有水疱、溃烂，而且出现黑棕色痂块；病牛胃部和大、小肠黏膜有出血性炎症；肺充血和水肿；心包内有大量混浊和黏稠液体，心包膜弥漫性点状出血，心肌有灰白色或浅黄色如同虎皮状的斑纹，俗称"虎斑心"。

（1）良性口蹄疫。它是最多见的一种病型。其病变分布很有特点，主要在皮肤型黏膜和少毛与无毛部的皮肤上形成水疱、烂斑等口蹄疫病变。其组织学变化主要表现皮肤和皮肤型黏膜的棘细胞肿大、变圆且排列疏松，细胞间有浆液性浸出物积聚，随后随病程发展，肿大的棘细胞发生溶解性坏死直至完全溶解，溶解的细胞形成小泡状体或球形体，故称为泡状溶解或液化。

（2）恶性口蹄疫。剖检主要变化见于心肌和骨骼肌。成年动物骨骼肌变化明显，而幼畜则心肌变化明显。心肌主要表现稍柔软，眼观表面呈灰白色、混浊，于心室中隔、心房与心室面散在有灰白色条纹状与斑点样病灶。镜检见心肌纤维肿胀，呈明显的颗粒变性与脂肪变性，严重时呈蜡样坏死并断裂，崩解呈碎片状。

病程稍长的病例，在病变肌纤维的间质内可见有不同程度的炎性细胞浸润和成纤维细胞增生，并有钙盐沉着。骨骼肌变化多见于股部、肩胛部、前臂部和颈部肌肉，病变与心肌变化类似，即在肌肉切面可见有灰白色或灰黄色条纹与斑点，具斑纹状外观。镜检见肌纤维变性、坏死，有时也有钙盐沉着。软脑膜呈充血、水肿，脑干与脊髓的灰质与白质常散发点状出血，镜检见神经细胞变性，神经细胞周围水肿，血管周围有淋巴细胞和胶质细胞增生围绕而具"血管套"现象，但噬神经细胞现象较为少见。恶性口蹄疫的口蹄部病变常不明显，口腔也多半无水疱与糜烂病变，故诊断较困难。

4. 实验室诊断

要确诊，须进行病毒分离、血清学检测和分子生物诊断等方法。

目前，国家批准用于口蹄疫诊断、检测等使用的生物制品及用途主要有：口蹄疫 3ABC 抗体竞争 ELISA 检测试剂盒，用于鉴别口蹄疫野毒感染血清和疫苗免疫血清；口蹄疫病毒非结构蛋白 2C3AB 抗体检测试纸条，用于检测口蹄疫病毒非结构蛋白 2C3AB 抗体；口蹄疫 O 型病毒抗体胶体金检测试纸条，用于猪、牛和羊血清中口蹄疫 O 型病毒抗体快速检测；口蹄疫病毒 O 型竞争 ELISA 抗体检测试剂盒，用于检测牛、羊、猪等动物血清中口蹄疫 O 型病毒抗体；口蹄疫 A 型病毒抗体胶体金检测试纸条，用于猪、牛和羊血清中口蹄疫 A 型病毒抗体检测；牛、羊口蹄疫病毒 VP1 结构蛋白抗体酶联免疫吸附试验诊断试剂盒，用于检测牛、羊口蹄疫 O 型病毒 VP1 结构蛋白抗体，与牛、羊口蹄疫病毒非结构蛋白抗体酶联免疫吸附试验诊断试剂盒配套使用，用于区分口蹄疫野毒感染动物和疫苗免疫动物。

（二）防控措施

自 2001 年以来，我国一直对口蹄疫实施强制免疫措施。疫苗免疫过程中要遵循 3 个"确实"，即确实接种了疫苗、选择了效果确实的疫苗、接种后确实有效（用抗原含量高、杂蛋白少的疫苗）。

1. 疫情处置

按照 2010 年农业部（现称"农业农村部"）关于《口蹄疫防控应急预案》要求，立即进行疫情监测与预警、应急响应。对疑似疫情上报，划定疫区，扑杀销毁、隔离消毒、无害化处理、紧急接种等综合性扑灭措施。

2. 制定合理的免疫程序

规模化养牛场，犊牛 90 日龄首免，120 日龄二免，以后每隔 4~6 个月免疫 1 次；散养肉牛实行春、秋两季各进行 1 次集中免疫，每月定期补免。发生疫情时，要对疫区、受威胁区域的全部易感牛进行 1 次强化免疫，但最近 1 个月内已免疫的牛可不再进行强化免疫。有条件的牛场和地区，可根据母源抗体和免疫抗体的检测结果，制定相应的免疫程序。

3. 合理选用疫苗

必须选择与当地流行毒株抗原性匹配的疫苗。当前，可供选用的牛口蹄疫疫苗有以下几种。

（1）口蹄疫 A 型灭活疫苗（AF/72 株）。口蹄疫 A 型灭活疫苗（AF/72 株）用于预防牛 A 型口蹄疫，免疫期为 6 个月。肌内注射，6 月龄以上成年牛每头 2 毫升，6 月龄以下牛每头 1 毫升。

（2）口蹄疫 O 型灭活疫苗（OJMS 株）。用于预防牛、羊 O 型口蹄疫。免疫产生期为免疫后 21 日，免疫期为 6 个月。肌内注射，每头健康牛 2 毫升。

（3）牛口蹄疫 O 型、A 型二价合成肽疫苗（多肽 0506+0708）。用于预防牛 O 型、A 型口蹄疫，免疫期为 6 个月。肌内注射，每头健康牛 1 毫升。

（4）牛口蹄疫 O 型病毒样颗粒疫苗。用于预防牛 O 型口蹄疫。免疫期为 6 个月。肌内注射，每头健康牛 2 毫升。

选择其他种类的疫苗时，可在中国兽药信息网国家兽药基础信息查询平台兽药产品批准文号数据中查询。

4. 免疫效果监测

在免疫注射 21 天后，须进行免疫效果监测，存栏牛免疫抗体合格率必须达到 70% 以上判定合格。

二、牛炭疽

（一）诊断要点

1. 病原及流行特点

由炭疽杆菌引起，属多种动物共患的二类动物疫病。呈地方性流行或散发，且以夏季多发。

2. 临床症状及病理变化

最急性型多见于流行初期，突然发病，行走摇摆，全身颤抖，呼吸困难，体温升高，眼结膜发紫，天然孔流血，猛然倒地，几小时死亡。

急性型最为常见，体温升高达 42℃左右，呼吸急促，心跳加快，眼结膜发紫，腹围膨胀，有的兴奋不安，哞叫，天然孔流血，后期精神高度沉郁、体温下降、痉挛而死，病程 1~2 天。

亚急性型症状类似急性型，病情较轻，病程较长，常于颈、胸、腰、直肠、外阴部水肿或发生炭疽痈，颈部水肿波及咽喉时，加重呼吸困难，病程 3~5 天。

疑似和确诊病例一般禁止解剖检查，可耳尖采血涂片、染色镜检，或从尸体左侧最后一根肋骨后侧小心切开取小块脾脏涂片、染色镜检，可见带有荚膜的单个、成双或短链的粗大杆菌。必要时可在防止病菌散布条件下进行剖检，可见尸体迅速腐败、膨胀、尸僵不全、血液呈煤焦油样、凝固不良，皮下及浆膜下有出血性胶样浸润，脾脏显著肿大、松软、青紫色。

详细诊断方法和诊断技术按《动物炭疽诊断技术》（NY/T 561—2015）执行。

(二) 防控

2023 年 8 月 16 日，中国动物疫病预防控制中心（农业农村部屠宰技术中心）、中国疾病预防控制中心联合制定并发布的《炭疽防控技术要点（第一版）》，主要用于指导养殖等从业人员、基层动物防疫和疾控人员做好炭疽防控工作。其主要内容如下。

(1) 畜间疫情监测排查。①开展炭疽疫情监测排查，重点监测疫源地和其他高风险区的家畜，及时发现和处置异常情况，排除疫情隐患。

②对炭疽新老疫区的牛羊养殖、交易、屠宰、无害化处理等场所开展全面排查；对牲畜交易、屠宰等重点场所进行巡查。

③降水较多的地区，要加大排查力度和频次，必要时对重点疫区开展环境监测。

④严格按照《动物炭疽诊断技术》（NY/T 561—2015）要求对病死畜采样送检，坚决防止疫情扩散蔓延。

(2) 畜间疫情报告。①从事动物疫病监测、检测、检验检疫、研究与诊疗以及动物饲养、屠宰、经营、隔离、运输等活动的单位和个人，发现动物感染炭疽或者疑似感染炭疽，应立即向所在地农业农村主管部门或者动物疫病预防控制机构报告。

②有关单位接到疫情报告后应按照农业农村部动物疫情报告管理的相关规定认定和上报疫情，如符合快报情形的按照快报规定进行报告。

(3) 畜间免疫接种。①根据疫情动态和风险评估结果制定重点地区免疫计划，适时开展家畜免疫。开展炭疽免疫接种情况核查，确保易感家畜处于有效免疫保护状态。对疫区内的所有易感动物进行紧急免疫接种。

②使用符合国家质量标准的炭疽疫苗，并按免疫程序进行接种，建立免疫档案。

③怀孕的动物或者 2~3 周要屠宰的动物不适合接种疫苗，动物接种疫苗前以及接种后 1~2 周不得使用抗生素。奶牛接种疫苗后 1~2 周的产奶不能食用，煮沸处理后可用作肥料或其他工业用途。

④疫苗接种后剩余的空瓶、使用的注射器和容器等须经高压灭菌后处理或彻底焚烧处理，严控生物安全风险。

(4) 消毒灭源。①对新老疫区进行经常性消毒，加强养殖环境、畜禽圈舍、污染饲草饲料等消毒灭源工作，及时彻底消除疫情隐患。

②雨季开展重点消毒，扎实做好养殖、运输、屠宰、无害化处理等各环节全链条全方位清洗消毒。

③对病死动物和被扑杀动物及其产品（包括肉、脏器、生皮、原毛、血液、精液和奶等）、排泄物、可能被污染的饲料垫料、污水等严格按照《炭疽防治技术规范》相关要求进行消毒。

（5）病死畜无害化处理。①严格做好病死畜无害化处理，防止污染水源和环境。会同有关部门，及时开展巡查和排查，搜集因灾因病死亡的动物尸体，严格按照《病死及病害动物无害化处理技术规范》要求，做好无害化处理。

②对炭疽确诊病例，严格按照《炭疽防治技术规范》进行无血扑杀和无害化处理，原则上就地焚烧；确须移动，应将死亡动物天然孔塞紧后，严格包裹，以防扩大污染地区。动物尸体焚烧按照《疫源地消毒总则》（GB 19193—2015）有关措施执行，不得对尸体直接进行掩埋处置。无害化处理时，避免使用生石灰。

（6）规范处置畜间疫情。①按照《炭疽防治技术规范》要求，严格落实无血扑杀、无害化处理、消毒、紧急免疫、关闭易感动物交易市场等措施，及时规范处置疫情。

②炭疽病死动物等掩埋点应设立永久性警示标志，禁止在周边放牧，防止家畜饮用野外低洼地蓄积的雨水。

③做好疫情追踪溯源，采集患病动物放牧、饮水场所的土壤、水源和饲料等环境样本，进行炭疽芽孢杆菌鉴定，查找疫情源头。

（7）检疫监管。①严格按照《动物检疫管理办法》和产地检疫、屠宰检疫规程做好动物产地检疫和屠宰检疫工作，检出炭疽阳性动物时，按《炭疽防治技术规范》要求处理。

②加强运输环节和屠宰环节检疫监管，严格查验动物检疫合格证明和运载车辆备案情况，防止染疫或疑似染疫的家畜进入流通环节。

③严格执行不准宰杀、不准食用、不准出售、不准转运病（淹）死动物，对死亡动物进行无害化处理的"四不准一处理"措施。

（8）人员防护。①动物防疫、检疫、实验室检测和饲养场、屠宰场、畜产品及皮张加工企业工作人员应注意个人防护。

②疑似炭疽病料标本的涂片、染色和镜检，以及灭活材料的 PCR 试验和沉淀试验操作应在 BSL-2 实验室进行。病原分离培养操作应在 BSL-3 实验室进行。实验室操作人员按照相应生物安全级别实验要求开展个人防护，长期从

事炭疽诊断的专业人员建议接种炭疽疫苗。

③参与疫情处置的有关人员,应穿防护服和胶靴,戴口罩、手套、护目镜,采取有效的卫生防护、医疗保健措施,做好自身防护。处置完毕后,应及时对个人及环境进行消毒,接受健康检查,出现不良症状时及时就医。

(9) 人间炭疽疫情报告。①病例报告。各级各类医疗机构、疾病预防控制机构、卫生检疫机构发现肺炭疽病例(包括疑似、临床诊断或实验室确诊)后,应在诊断后 2 小时内进行网络直报;其他类型的炭疽病例应在诊断后 24 小时内进行网络直报。

②突发公共卫生事件报告。炭疽疫情达到突发公共卫生事件级别时,应按规定进行突发公共卫生事件信息报告。

(10) 健康教育和能力培训。①对养殖、屠宰加工等相关行业从业人员、消费者,重点宣传病死、死因不明、来源不清动物的潜在危害和相关处理规定,引导消费者购买和食用检疫合格的动物及动物产品,发现牲畜异常死亡要及时报告。

②炭疽新老疫区和高风险地区要加强疫病流行特点、临床特征、危害等知识宣传,教育易感人群做好日常防护,不要在疫点、疫区、江河流域、洪水侵袭过的草场牧地等炭疽芽孢污染高风险区域放牧、割草,增强群众疫病防控意识和自我保护意识。

③加强对基层动物防疫人员动物炭疽临床症状、诊断监测、疫情处置、无害化处理、人员防护等防治知识培训,提高"早发现、快反应、严处置"的能力和水平。

④加强对基层医疗机构医务人员炭疽诊疗知识培训,提高诊断意识和诊治能力,做到早诊断、早治疗、早报告。提高基层疾控机构疫情处置能力,加强监测,及时发现并规范处置疫情,降低扩散风险。

(11) 联防联控。①各级动物疫病预防控制机构和疾病预防控制机构建立炭疽联防联控机制,第一时间相互通报疫情信息,定期会商疫情形势。

②根据防控工作实际需要,联合处置疫情和开展流行病学调查,联合开展炭疽防治知识宣传教育,重点指导高危人群做好个人防护、及时就诊、正确处理病畜及其产品。

③密切配合当地宣传部门做好媒体风险沟通,避免群众恐慌,加强防护意识,减少舆情风险。

三、布鲁氏菌病

布鲁氏菌病简称"布病",是由布鲁氏菌引起的一种急性或慢性、多种动物共患的人畜共患传染病,在我国属二类传染病和优先控制净化病种。临床上以流产和发热为主要特征,主要影响家畜的生殖系统,致生殖器官和胎膜发炎,引起流产、不孕不育、关节炎、睾丸炎和各种组织的局部病灶。

(一) 诊断要点

1. 病原及流行特点

由布鲁氏菌引起。多发于成年牛,犊牛有一定抵抗力。

2. 临床症状及病理变化

妊娠母牛主要表现流产,且多发生于妊娠6~8个月,流产前可发生阴道炎、排出污红色黏液,流产后多伴发胎衣不下或子宫内膜炎;流产胎儿多为死胎,若为活胎,则体质虚弱,行动不便,不久死亡;公牛常见睾丸炎、附睾炎。此外,也可见乳腺炎、关节炎和滑液囊炎。

剖检,可见胎盘呈淡黄色胶样浸润,表面有豆腐渣样絮状物和脓汁;胎儿真胃中有黄色或白色絮状黏液,胸、腹腔积液,脾、淋巴结肿大、坏死;公牛精囊、睾丸、附睾可见坏死、化脓灶;关节肿胀,内有积液。

3. 实验室诊断

取母牛阴道分泌物、胎衣、羊水,最好是胎儿胃内容物涂片,柯兹洛夫斯基(沙黄-孔雀绿)染色,镜检可见红色的球杆菌;也可取可疑牛的血清作凝集试验、补体结合反应及全乳环状试验等进行确诊。

(二) 防控与治疗

农业农村部《全国畜间人畜共患病防治规划(2022—2030年)》中对布病的防治目标是:到2025年,50%以上的牛羊种畜场(站)和25%以上的规模奶畜场达到净化或无疫标准;到2030年,75%以上的牛羊种畜场(站)和50%以上的规模奶畜场达到净化或无疫标准。

2022年12月29日,中国动物疫病预防控制中心、中国疾病预防控制中心联合下发《布鲁氏菌病防控技术要点(第一版)》,从加强饲养卫生管理、规范免疫措施、畜间布病监测、畜间疫情报告和处置、开展布病净化和无疫建设、及时清理和消毒、严格报检和检疫、加强生物安全管理、做好人员防护、强化宣传教育、人间布病监测、人间布病疫情调查和处置、联防联控等13个方面,指导牛羊(牦牛、骆驼等易感动物)养殖等从业人员、基层动物防疫和疾控人员布病防控工作。

1. 规范免疫措施

《国家动物疫病强制免疫指导意见（2022—2025年）》中规定的布鲁氏菌病免疫范围为：对种畜以外的牛羊进行布鲁氏菌病免疫，种畜禁止免疫。各省份根据评估情况，原则上以县为单位确定本省份的免疫区和非免疫区。免疫区内不实施免疫的、非免疫区实施免疫的，养殖场（户）应逐级报省级农业农村部门同意后实施。各省份根据评估结果，自行确定是否对奶畜免疫；确须免疫的，养殖场（户）应逐级报省级农业农村部门同意后实施。免疫区域划分和奶畜免疫等标准由省级农业农村部门确定。

《布鲁氏菌病防控技术要点（第一版）》对牛布鲁氏菌病的免疫及免疫程序，可选用布鲁氏菌基因缺失活疫苗（A19-ΔVirB12株）或布鲁氏菌活疫苗（A19株）对3~8月龄牛进行免疫，皮下注射，必要时可在12~13月龄（即第1次配种前1个月）再低剂量接种1次；以后可根据牛群布鲁氏菌病流行情况决定是否再进行接种。不可用于孕畜。

对羊的免疫，布鲁氏菌活疫苗（S2株）推荐皮下或肌内注射免疫，口服（灌服）免疫也可，不推荐饮水免疫。口服（灌服）免疫可用于孕畜（包括牛），注射免疫不能用于孕畜（包括牛），小尾寒羊、湖羊等四季配种产羔的羊种慎用。每年对3~4月龄健康羔羊实施免疫，以后每年可视免疫效果加强免疫1次。对于调入调出羊只频繁的育肥场（户）、阳性率较高的自繁自养场（户）剔除阳性家畜后，可每年春季或秋季对所有存栏羊只实施整群免疫。布鲁氏菌基因缺失活疫苗（M5-90Δ26株）或布鲁氏菌活疫苗（M5株），用于3月龄以上的羊免疫，母羊可在配种前2~3个月接种，腿部或颈部皮下注射。以后每年接种1次。不可用于孕畜。

2. 畜间布病监测

动物疫病预防控制机构按照《国家动物疫病监测与流行病学调查计划》要求，规范开展家畜布病监测。对于免疫群，需要记录背景信息（包括动物种类、年龄、免疫时间、免疫途径、疫苗名称、疫苗厂家、调运情况等），牛免疫A19疫苗12个月后、羊免疫S2疫苗6个月后，可按监测要求进行疫病监测。对非免疫群，对大于2岁的所有牛群和大于6月龄的所有羊群，可按监测要求进行疫病监测。

同时，养殖场（户）要严格落实动物防疫主体责任，做好日常巡查，积极配合当地动物疫病预防控制机构做好布鲁氏菌病监测工作。有条件的场户，可自行或委托兽医社会化服务组织对本场开展布鲁氏菌病监测。

3. 畜间疫情报告和处置

规模养殖场（户）制定布病疫情报告和应急处置预案，当发生疑似病例时，根据规定向所在地农业农村主管部门或动物疫病预防控制机构报告。散养户发现流产等疑似病例时，及时报告村级防疫员或乡镇动物防疫人员，由其向当地动物疫病预防控制机构报告，或直接报告当地动物疫病预防控制机构。

接到报告后，相关机构应及时派专业技术人员到现场进行诊断和流行病学调查。确认畜间布病疫情的，按《布鲁氏菌病防治技术规范》要求严格处置，扑杀患病动物。开展流行病学调查，隔离饲养同群畜和有流行病学关联的畜群，加强临床排查，必要时开展应急监测。连续2次间隔30天检测为阴性的，解除隔离。

在养殖场生产区域下风口用2道栅栏或实体围墙隔离，设置阳性动物隔离区，与健康牛羊舍保持至少5米距离。隔离区内工作人员、车辆、用具等要相对固定，进出口设置专门消毒设施，对进出的人员和车辆等进行严格消毒。奶畜隔离区配备专门的挤奶设备和全密封巴氏高温杀菌设备，分区挤奶并对阳性动物产的鲜奶进行巴氏高温杀菌。

按照病死及病害动物无害化处理相关技术规范要求，或按照地方兽医管理部门规定，对病死、扑杀牛羊进行无害化处理，对日常检疫中发现的患病牛羊及其流产胎儿、胎衣、排泄物、乳、乳制品等进行严格彻底的无害化处理，对患病动物污染的场所、用具、物品严格进行消毒。由无害化处理公司统一处理的，一律收集后交由其进行处理；无统一处理条件的，设立专门的无害化处理池。污染的饲料、垫料和阳性动物粪便等，可采取深埋发酵或焚烧的方式无害化处理。

对阳性动物污染的牛羊舍、运动场、挤奶厅、运输设备、用具、物品等，要每天至少2次严格消毒，持续2周以上。阳性动物隔离区每天至少全面彻底消毒2次，直到隔离的阳性动物全部处置完毕为止。牛羊产后要对产房进行全面彻底消毒，对流产物污染的地方进行严格彻底消毒。

4. 开展布鲁氏菌病净化和无疫建设

（1）开展布鲁氏菌病场群净化和无疫建设。牛羊养殖场依据《动物疫病净化场评估技术规范》《无布鲁氏菌病小区标准》等技术指导文件，在各级动物疫病预防控制机构和相关机构的指导和帮助下，针对本场布鲁氏菌病本底调查情况，并考虑自身条件和本场实际，"一场一册"制定相应净化或无疫小区建设方案。建立完善的防疫和生产管理等制度，优化生产结构和建筑设计布局，构建可靠的生物安全防护体系。采取严格的生物安全措施，加强人流、物流管控，实行"自繁自养"生产模式，降低疫病水平传播风险。强化对引入种用动物和本场留种动物监测，降低疫病垂直传播风险。持续开展病原学监测和感染抗体监测，通过淘汰带菌动物、分群饲养等方法建立健康动物群，以布鲁氏菌病阴性的生产核心群为基础，逐步扩大健康群，最终实现全场净化和无疫。

（2）开展布鲁氏菌病区域净化和无疫建设。有条件的地区，可集中连片推进布鲁氏菌病场群净化或无疫小区建设，以点带面，积极推广疫病监测、风险评估、分级防控、调运监管、生物安全管理等布鲁氏菌病区域净化技术，在区域内开展本底调查和风险评估，制定实施监测净化或无疫建设方案，建立区域生物安全综合防控体系，强化家畜流动监管措施，统筹规模场和散养户，统筹畜间防控和人间防控，推进区域内养殖、运输、屠宰全链条防控，全方位强化区域内布鲁氏菌病系统治理水平，实现区域布鲁氏菌病净化和无疫。

四、牛结核病

牛结核病是由牛型结核分枝杆菌引起的一种慢性消耗性传染病，是《全国畜间人畜共患病防治规划（2022—2030年）》确定须重点防治的畜间人畜共患病之一，农业农村部将其列为二类动物疫病。近年来，由于奶牛饲养量大、调运频繁等原因，我国牛结核病在奶牛群体中仍有一定程度的流行，奶牛结核病防控形势不容乐观。

（一）诊断要点

1. 流行特点

牛结核病的病原为结核分枝杆菌，有牛型、人型以及禽型3种类型，以牛型结核分枝杆菌的致病力最强。奶牛结核病的流行特点是传染源广、传播速度快、疾病治愈率低。奶牛最易感，水牛、黄牛、牦牛、鹿等多种动物也易感，人也有易感性。通过病牛、病畜及病人，经排出的痰液、乳汁、粪尿等污染的饮水、草料、空气及环境等传播，人食用了带有结核分枝杆菌的奶、肉时，易感染。该病无明显的季节性和地域性，若检疫不严格、没有及时消灭阳性牛，则会导致较大面积的交叉感染。

2. 临床症状

自然感染的牛结核病潜伏期一般为16~45天，甚至更长达数年，呈慢性经过，以泌乳量减少、逐渐消瘦和干咳为主要临床特征。临床上常见的类型如下。

(1) 肺结核。病初无明显临床症状,只有短干咳,渐变为湿咳;随之咳嗽加重,呼吸增数,轻微气喘,肺部听诊有摩擦音;有淡黄色黏液或脓性鼻液;午后、夜间低烧。贫血,但体温一般正常或稍高。病程顽固,经久不愈。

(2) 淋巴结核。可见于各型结核病的各个时期,体表淋巴结肿大明显,如咽喉淋巴结核肿大,可引起吞咽、嗳气障碍。

(3) 乳房结核。以后方乳腺区的乳房上淋巴结肿大最常见,两乳病区发生局限性或弥漫性硬结,乳房表面有局限性或弥漫性硬结,呈现大小不等、凹凸不平的硬结,无热痛,乳汁变稀,有时混有脓块。

(4) 肠结核。多见于犊牛,以腹痛、下痢和便秘交替发生,后期顽固性下痢,粪便粥样带血或脓汁,腥臭粪便。

(5) 神经结核。中枢神经系统受结核分枝杆菌侵害时,在脑和脑膜等处可发现粟粒状或干酪样结核而表现神经症状,多呈癫痫样发作、转圈运动或运动障碍等。

3. 病理变化

病畜的肉尸通常比较消瘦。器官或组织形成结核结节是结核病的特征病变。单个的结核结节其大小如帽针头至粟粒大,呈半透明灰白色圆形,随着病程发展,其中心区多陷于坏死,因而变成混浊的微黄色干燥物。最后发生钙化。结核结节也可能继续增长变大,或几个相互融合成外形和大小不一的结核病变。这种增生型的结核结节多呈局灶性,但有时也表现为灰白色、多汁、半透明、软而韧的绒毛状肉芽组织的弥漫性增生,其间散布着黄色小结节,部分为坚硬的圆形构造,犹如葡萄状肉疣。随后在部分结节或肉疣的组织中也形成干酪样或灰浆状物质,此种现象多见于浆膜,称为"珍珠病",对诊断有一定的价值。该病变可发生在任何器官和淋巴结,以牛的胸膜、支气管和纵隔淋巴结最为多见,消化器官的淋巴结、腹膜和肝也常发病。

(1) 肺结核。常发生于胸腔器官,尤其是肺。肺粟粒性结核具有多数如粟粒大的小结节,呈黄白色,坚硬而透明。后期结节增大,并被覆纤维素性包膜。肺部病灶如与支气管连接,则有脓样内容物随痰液咳出,而病灶处留有空洞。肺结核结节的内容物也可形成黄色干酪样坏死物。

(2) 胸、腹膜结核。胸、腹膜的浆膜上常出现特殊的结核性增殖,形成许多灰白色至粉红色且有光泽的坚硬结节,切面有干酪样或石灰样变性。珍珠样小结节常集合成丛,形似葡萄状或疣状团块。

(3) 乳房结核。常见于乳房后部,一侧或两侧乳房增大;乳腺内有坚硬结节,含干酪样或钙化内容物。乳房上淋巴结肿大、硬化。

（4）肠结核。多见于小肠和盲肠，形成大小不一的外口狭窄内腔膨大的囊形溃疡，内有黏液脓状物，底部有细小的肉眼可见的小结节。

（5）淋巴结核。淋巴结肿大多汁，内含灰白色、半透明、结节状的结核灶及各种大小的干酪样变性和钙化灶。

4. 实验室诊断

按国家规定，实验室细菌学诊断必须在相应级别的生物安全实验室进行。可通过细菌学免疫学（结核菌素皮试法、酶联免疫吸附试验、体外 γ-干扰素检测方法、淋巴细胞增生试验等）、分子生物学、噬菌体测定等诊断方法确诊。

（二）防控措施

农业农村部发布的《全国畜间人畜共患病防治规划（2022—2030 年）》对牛结核病防治目标是：到 2025 年，25%以上的规模奶牛养殖场达到净化或无疫标准；到 2030 年，50%以上的规模奶牛场养殖场户达到净化或无疫标准。为此，必须严格落实监测净化、检疫监管和无害化处理等综合防治措施。

1. 监测净化

当前，规模化奶牛场对结核病的监测比较重视，但部分肉牛养殖场（户）户却忽视了对该病的监测，或监测的积极性不高，或监测能力不足，尤其是在春、秋季节，可能会导致因阳性牛未被及时检出而出现结核病传播、扩散，伪阳性、假阴性状况的发生，给结核病的有效防控带来隐患。

建立健全并认真实施奶牛的防疫制度。各地动物疫病监督机构要不断强化和加大对牛结核病疫情的监测力度，加强对奶牛场结核病防治工作的指导和监督，及时准确把握当地养殖场、屠宰场、交易市场等场所的牛结核分枝杆菌分布和结核病疫情动态，在科学监测和评估结核病疫情风险的同时，及时发布预警信息，提高应对的时效性。

要逐步建立奶牛个体健康档案和追溯标识。规模化奶牛场要逐步完善奶牛的系谱、产奶等基础信息，饲料及饲料添加剂购买、饲喂信息，消毒信息，免疫和诊疗记录等内容为主的健康档案。对规模化奶牛场的每一头奶牛都要实行"一牛一标"的可追溯标识，发现感染奶牛要及时进行追踪溯源并持续跟踪监测。在此基础上，根据"一场一策"的要求，对规模化奶牛场实行分类指导，分别制定切实可行的净化计划和净化方案，统筹推进对结核病的防治工作。

在非结核病疫区，对结核病监测发现的阳性牛和临床发现的患病牛，发现一头淘汰一头，加速对牛场结核病的净化。

2. 检疫监管

加强对奶牛的产地检疫和屠宰检疫。奶牛跨省调运过程中,必须切实加强产地检疫和流通监管,严格落实《跨省调运乳用种用家畜产地检疫规程》,按标准、按程序检疫并做好检疫记录和检疫结果处理。规范牛的屠宰检疫,对淘汰的奶牛,要严格按照《牛屠宰检疫规程》要求进行屠宰检疫,坚决杜绝已经染上结核病的奶牛和奶牛产品包括牛奶、牛肉、皮张等产品流入百姓市场。

3. 无害化处理

要加大推进奶牛标准化规模养殖的力度,提高饲养管理水平。努力构建以科学选址与规划、规范引种和生产管理、严格防疫、隔离和定期消毒、对病死奶牛和粪污进行无害化处理等为主要内容的、持续有效的生物安全防御体系,促进奶牛养殖业转型升级。结核病阳性奶牛要坚决扑杀,积极培育奶牛结核病阴性群。

五、牛流行热

(一) 诊断要点

1. 病原及流行特点

牛流行热病原为弹状病毒科、流行热病毒。通常情况下,认为这种病毒仅有1种血清型,流行热病毒能够在脊椎动物体内生长,一些昆虫也会感染流行热病毒,如蚊蝇等。流行热病毒有着较强的耐低温性,在-20℃环境下可以长期保持毒性。在-40℃环境下,从冻干血样中依然可以发现存活的牛流行热病毒。在抗凝牛血样本中,将其置于2~8℃环境下8天,牛血液样本中的流行热病毒依然具有传染性。但该病毒对高温比较敏感,在56℃环境下10分钟即可灭活。该病毒对酸碱环境也较为敏感,一般pH值2.5以下、pH值10以上环境中10分钟即可灭活。同时,一般的消毒剂也能够起到有效杀灭流行热病毒的作用。

牛属于牛流行热易感群体。其中,奶牛、黄牛最易感染。

病牛是流行热病的主要传染源。病毒主要存在病牛的血液中,可以通过针头进行传播。吸血蚊虫叮咬也是重要的传播途径,能够造成大范围牛流行热感染。除此之外,在牛的鼻涕、粪便及其他排泄物中也会存在一些流行热病毒。因此,一旦发现牛患有流行热疾病,需要及时隔离。

牛流行热病毒主要存在于牛的血液中,能够通过吸血蚊虫叮咬进行传播。因此,该疾病具有明显的流行季节性特征。在北方甘肃地区,牛流行热常见于

7—9月。此外，牛流行热还具有跳跃式流行特点，即同一个牛舍内的牛不一定同时发病。但该疾病流行带有一定的周期性，一般3~5年1次大流行，在此之后还会有1次小流行。

2. 临床症状

（1）肺炎型。该类型牛流行热发病比较突然，病牛主要表现为精神萎靡不振，低头呆立，反应迟钝，活动意愿明显下降，食欲减退，严重时食欲废绝。病牛的体温异常升高，一般在41~42.5℃。2~3天后，体温恢复正常；也会导致体温反复升高，病牛的心率加快，呼吸频次增加，呼吸时带有明显的喘息。如果不及时进行治疗，病牛的呼吸症状会逐渐加重，在呼吸时腹部随之煽动，鼻孔开张，因缺氧导致舌头呈异常的紫色。病牛开始张口呼吸，在鼻孔中可以发现黏性分泌物，分泌物内还带有血丝。肺炎型牛流行热还会导致病牛的眼球外凸，目光变得呆滞。在发病后期，病牛的上、下眼睑有明显的肿胀，眼结膜潮红，经常性流泪。受疾病影响，病牛情绪变得烦躁不安。因呼吸愈发困难，病牛的颈部变得肿大，胸前皮下存在气肿，轻轻按摩有捻发音。在病程进入后期，病牛行走变得僵硬，肌肉震颤，跛行，容易摔倒，且摔倒后病牛无法独立站起，最终身体衰竭而亡。

（2）神经型。该类型的牛流行热主要表现为一些神经症状，如病牛变得异常亢奋，脾气愈发暴躁，还伴有一些痉挛、抽搐等症状。

（3）瘫痪型。该类型的牛流行热主要临床症状为运动能力明显下降，病牛行走困难，走路容易摔倒。在初期，病牛的体温升高，随后会卧地不起。随着病程推进，病牛四肢变得僵硬或者后肢麻痹，无法站直。有的病牛平躺于地，眼紧闭，呼吸微弱，甚至会出现瘫痪情况。

（4）消化型。该类型的牛流行热主要表现出一些典型的胃肠炎症状。除了体温升高以外，病牛的食欲下降，消化不良，严重时食欲废绝。病牛在站立时，还会存在踢腹现象，口角有清亮色的口水流出，口水拉丝；或者病牛口角流出泡沫样液体。病牛粪便颜色异常发黑，粪便量减少，粪便质地较干燥。

（二）防控与治疗

1. 防控

（1）做好卫生预防。从生产实践来看，患有牛流行热的养牛场中均发现牛舍卫生条件较差，大量牛粪堆积，空气闷热潮湿。因此，必须加强卫生管理，做好牛舍日常清洁工作，定期打扫粪便，清除垃圾杂物。对牛舍地面、饲槽定期用2%氢氧化钠溶液消毒。依据流行热病毒有蚊蝇传播的特点，可每周2次用5%敌百虫溶液喷洒牛舍和周围排粪沟，以杀灭吸血蚊蝇、切断病毒传播途径。

（2）做好中药预防。在牛流行热易发季节，建议在每吨饲料中加入黄芩100克，大青叶80克，蒲公英90克，连翘70克，金银花65克，能够有效提升牛的免疫力，起到抗菌和抗病毒的效果。

（3）加强牛群监测，及时淘汰病牛。牛流行热疾病早期发病症状并不明显。因此，在日常养殖过程中还应注意加强监测，及时发现存在流行热疾病的病牛。如在一些大型养牛场应配置专门的执业兽医师，定期加强对牛的检查，及时发现牛的疾病症状，并将病牛隔离，同时对健康牛采取一些紧急防疫措施，可以避免牛流行热疾病在牛群中蔓延。

（4）严格引种。牛的品种不同，批次不同，禁止混合饲养。尽量不从外地引入新的牛品种。如果从外部引入新的牛品种，需要先进行隔离观察，在确保不存在牛流行热以及其他传染性疾病后再进行混养。

（5）疫苗接种预防。使用牛流行热灭活疫苗，颈部皮下注射2次，每次4毫升，中间间隔21天；6月龄以内的犊牛注射剂量减半，用于预防牛流行热，第2次免疫接种后21天产生免疫力，免疫持续期为4个月。在流行热暴发地区，可使用该疫苗对牛群进行紧急免疫接种。

（6）科学规范的饲喂管理。严禁健康牛与病牛接触，禁止其到病牛活动过的场地逗留，避免交叉感染的发生。根据病牛的病情和牛场疫情随时调整用药。因为该病没有特效药物，所以只要能对症用药和治疗，预防继发感染，最后该病就会得以治愈。因此，在治疗过程中要严密观察和监测病牛的病情发展情况，便于根据病情适当调整治疗方法和处方用药，使得病牛在最短的时间内恢复健康。

2. 治疗

（1）药物治疗。用青霉素钠，注射量为485万单位，同时还应搭配5克硫酸链霉素。注射用水40毫升，采用肌内注射方式，每天注射2次，连用3~5天。如果病牛在发病期间伴有高热症状，在上述药物基础上还应加入30%安乃近注射液30毫升，帮助病牛恢复体温。或注射采用青霉素钠药物，注射量为800万单位，搭配15%氯化钙注射液200毫升与50%葡萄糖注射液500毫升，20%安钠咖注射液30毫升与1%氢化可的松注射液，5%葡萄糖注射液2 000毫升。注射方式为一次性静脉注射。每12小时注射1次，连用2~3天，可起到良好的效果；或采用20毫升硫酸头孢噻呋钠注射，2.5%氟尼辛葡甲胺注射液，维生素A、维生素D、维生素E注射液，肌内注射，每天1次，连用3~5天。在进行上述治疗时还应注意，由于病牛血液中存在流行热病毒，因此每头病牛都需要配置专用针头,避免交叉传染。

(2)中兽医治疗。中药可以采用金银花、连翘、芦根各45克,桔梗、薄荷、竹叶、荆芥、牛蒡子、淡豆豉、甘草各30克,先水煎去渣,然后喂病牛灌服。该药方辛凉解表,可以有效缓解病牛高热、咳嗽、口干舌燥等症状。如果病牛肺热、咳嗽重,还可以采用桑菊饮药方。具体配方为桑叶25克,连翘15克,杏仁、芦根、桔梗、菊花各20克,薄荷、甘草各10克。通过水煎去渣,喂病牛灌服;还可以采用羌活、防风、苍术各50克,黄芩、白芷、川芎、生姜、甘草各45克,细辛30克,大葱3根,将药材水煎去渣,给病牛灌服,可以起到良好的祛湿、清热作用。如果病牛跛行严重,可以在上述药材基础上加入木瓜、牛膝、千年健等,可有效缓解跛行症状。如果病牛腹胀,还可以加入青皮、枳壳、青果等,能够有效缓解腹胀症状。如果病牛粪便干燥,可以加入大黄、芒硝等,同样可以起到良好的效果。

(3)对症治疗。病牛如果表现高热症状,可采用复方氨基比林注射液40~50毫升,或者采用安痛定注射液50~60毫升,一次性肌内注射,2次/天,连用3~5天。如果病牛呼吸急促,肺音粗粝,可采用四环素注射液1.5~2克,并搭配葡萄糖氯化钠注射液1 500毫升、樟脑磺酸钠注射液20毫升、25%维生素C注射液6~10毫升,静脉注射,每12小时注射1次,连用2~3天,可起到良好的效果。如果病牛跛行或者后肢麻痹,可采用10%水杨酸钠注射液100~150毫升、40%乌洛托品注射液50~55毫升、20%安钠咖注射液30~35毫升,并搭配10%葡萄糖注射液500毫升,每天注射1次,连用2~3天,有良好的效果。如果病牛出现了继发感染,可采用青霉素注射液300万~320万单位,链霉素注射液200万~300万单位,二者混合,进行肌内注射,2次/天,可起到良好的治疗效果。如果病牛出现了肺水肿症状,可采用20%甘露醇注射液1 000毫升,静脉注射,每12小时注射1次,连用2天,可起到良好的治疗效果。如果病牛的四肢关节较为疼痛,可采用10%水杨酸钠注射液150~250毫升,静脉注射,2次/天,连用2~3天,可以起到良好的治疗效果。如果病牛因食欲不振,导致自身营养不良,可采用5%葡萄糖氯化钠注射液1 500~2 000毫升,配合20%安钠咖注射液20毫升、维生素B_1注射液和维生素C注射液各20毫升,静脉注射,2次/天,连用2~3天,可有效缓解营养不良症状。

六、牛恶性卡他热

牛恶性卡他热是一种急性、热性、致死性的传染病,其病原是恶性卡他热病毒，该病常在春季或冬季发生，患病牛的死亡率很高，治疗缺乏特效药物。又因其流行方式为散发，故疫苗接种意义不大，而且目前尚无商品化的疫苗可供选择。该病在美洲、欧洲、非洲以及澳大利亚等多个国家和地区均有发生，我国农业农村部将其定为三类动物疫病。

（一）诊断要点

1. 病原及流行特点

牛恶性卡他热的病原为恶性卡他热病毒，这是疱疹病毒科、疱疹病毒丙亚科的成员之一，该病毒对外界的抵抗力较弱，冷冻处理或腐败均能杀灭该病毒，干燥环境中该病毒也不易存活，因此在采集样品时，含毒血液通常保存在5℃的环境下。该病毒在侵入动物机体后，通过血流进入组织器官，在皮肤、黏膜、中枢神经系统以及血管中发生变性、坏死和单核细胞浸润，从而引发疾病。

该病的主要传染源是绵羊，绵羊既是宿主，也是传播媒介，妊娠母羊分娩时最容易传播该病。牛接触到被污染的环境或直接接触带菌动物后发病，任何品种、任何性别、任何年龄阶段的牛均可发病，其中以1~4岁的牛最为易感，12月龄以内的牛发病率较低。

2. 临床症状及病理变化

病牛突然高热稽留（41~42℃），全身迅速虚弱。不久口、鼻、眼出现炎症，口腔流出带臭味的涎液；鼻腔流出脓样鼻液；羞明流泪，眼睑肿胀，有脓性分泌物，角膜混浊甚至溃疡，最终导致失明；额窦、角窦、鼻窦发炎，角根松动或角脱落；鼻镜干裂、糜烂或坏死。少数病例伴发神经症状，沉郁或昏迷，有时兴奋，鸣叫，磨牙，攻击人、畜。

剖检可见鼻腔、喉头、气管、支气管、口腔、食道、真胃和小肠等部位的黏膜充血水肿、糜烂或溃疡；肝、脾、肾肿胀变性；心包及心外膜出血，心肌变性；全身淋巴结充血、出血和水肿。

确诊须进行实验室检查。

（二）防控与治疗

1. 防控

预防牛恶性卡他热首先应当加强饲养管理，给牛只创造较为洁净的生活环境，提供充足的营养，使牛只有较强的抵抗力，降低疾病的发生概率，还要保证牛舍的通风，保证牛处于干燥的环境中。由于该病的主要传染源是绵羊，牛羊混养的养殖场更容易造成该病的发生，所以应当牛羊分群饲养。当养殖场中有患病的牛后,按照相关规定应当严格控制、隔离扑杀、防止扩散,患病动物污染的环境、用具应当严格消毒,避免因环境的接触使健康动物患病。

2. 治疗

该病的治疗没有特效药物,并且没有商品化的疫苗可供养殖户选择。治疗该疾病可以使用磺胺类药物,如注射磺胺二甲嘧啶等,也有学者探究了中草药对该病的治疗效果,结果表明,龙胆泻肝散对牛恶性卡他热有一定的治疗效果。另外,对结膜—角膜病变严重的牛,可以用2%硼酸溶液冲洗,以缓解症状。如果患病牛出现排便困难,也可以用通肠泻热的通肠散进行治疗。

七、牛流行性感冒

牛流行性感冒属呼吸道疾病,具有传染性,也被称为牛流感,传播过程不受牛品种、年龄等因素的制约,其中乳牛、黄牛是该病的高发群体。牛流行性感冒一年四季均可发生,但在春秋两季发病率最高。牛流行性感冒虽然发病率及感染风险较高,但疾病导致牛死亡的风险相对较低,为此,养殖户应注重该病的防控,落实有效的预防措施,将牛流行性感冒风险降至最低,保障养殖效益。

(一)诊断要点

1. 发病原因

诱发牛流行性感冒的因素主要是热病毒,如果牛日常生长环境发生了较大的变化,会加大牛流行性感冒发生风险,在季节交替阶段发病率较高,主要是因为季节的改变会出现温度上升、下降或降雨等现象,在风吹雨淋的环境下,牛抵抗力会降低,导致牛流行性感冒发病风险提升。

养殖户应注重饲养环境卫生,保持牛舍干燥整洁,若牛舍潮湿,会为细菌滋生提供有利条件,最终导致牛发生流行性感冒。此外,牛流行性感冒与牛品种及性别等因素没有过多的联系,病牛是主要的传染源,康复后通常会有一个排毒过程,该时间段细菌极易感染其他健康牛,致使牛流行性感冒在牛群蔓延,在给牛生长及健康带来影响的同时,还会给养殖人员带来一定的经济损失。

2. 流行特点

牛流行性感冒发病率相对较高,具备传染性,春秋季节发病率相对较高,温度变化较大会使牛免疫力降低,导致病毒更加容易侵入牛体内,从而引发疾病,特别是在气温骤降的环境下,牛流行性感冒会出现大范围暴发。乳牛和成年黄牛发病率偏高，主要以患牛及携带病毒的牛为传染源，呼吸道是该病的重要传播途径。此外，接触被污染的饲养工具也是传播途径之一。若气温突然下降或更换饲料，会导致牛免疫力降低，使病毒进入牛体内，而一些年老体弱的牛发生牛流行性感冒的风险更高。

3. 临床症状

牛流行性感冒通常会有潜伏期，最短潜伏期3天左右，最长可达7天，发病起初阶段一般不会出现明显的症状，患牛往往会出现轻度失调，因症状不显著极易延误治疗，随着疾病进展，患病牛会出现一系列症状表现，如体温上升、精神萎靡、食欲不佳、呼吸急促等，并且体温可超过40℃，用手触摸患牛身体的各部位，会明显感到各部位温度不同，例如耳部及四肢末端温度较低，其他部位体温较高。若疾病没有得到有效的控制，患牛会出现呼吸受阻以及呻吟等表现，情况严重可能会导致牛出现窒息死亡，若妊娠期母牛发生流行性感冒，可能会引发其流产，但通常情况下，牛流行性感冒为良性，在没有其他严重并发症出现的状况下，患牛的死亡率不高。

(1) 风寒型。冬季是风寒型牛流感的高发期，因为冬季天气寒冷，牛极易受到寒气的侵袭，从而导致风寒型牛流感的出现。当牛发生风寒型流感后，通常会有怕冷的表现，并且触摸牛鼻尖以及四肢部位，可以发现这些部位温度较低，疾病不仅会导致患牛精神萎靡，并且还会出现咳嗽、流涕等表现，观察鼻液可以发现，鼻液多为透明或混浊样，与此同时，患病牛排便量也会逐渐减少，排出的粪便稀薄且恶臭。

(2) 风热型。主要发生在夏季，因为夏季天气炎热，牛会受到风热的侵袭，从而导致该类型的牛流感出现。当牛出现风热型牛流感后，通常会有体温升高的表现，在疾病的影响下，牛会出现畏风、精神不振等症状。风热型牛流感相较于风寒型牛流感而言，后者咳嗽表现更加明显，但风热型牛流感会导致患病牛全身疼痛、四肢无力以及排便干燥等表现，不仅如此，随着疾病的加剧，患牛呼吸受阻表现会更加明显。

(3) 混合型。不会受季节的限制，一年的每个季节均会出现混合型牛流感，该类型牛流感主要包括两种症状：一是风寒型牛流感症状；二是风热型牛流感症状。患有混合型牛流感的病牛通常会有怕冷、流鼻涕以及咳嗽等症状表现，若疾病严重，牛可能会出现行走受阻以及跛行的现象，并且牛的精神状态较差。

(二) 防控与治疗

1. 防控

牛流行性感冒具有较强的传播性，当发现牛患有该种疾病后，应第一时间将牛隔离喂养，避免疾病蔓延至整个牛群，给养殖人员带来严重的经济损失。养殖户应加大对预防牛流行性感冒工作的重视度，确保防控工作落实到位，阻断牛流行性感冒病毒传播途径，将该种疾病带来的影响降至最低。

（1）做好养牛场消毒清洁工作。在预防牛流行性感冒防疫措施中，落实牛场消毒清洁工作是不可或缺的环节。在养殖过程中，将牛场消毒清洁工作落实到位可大幅度降低牛流行性感冒发生风险，阻断传播途径。在进行牛养殖场消毒清洁工作过程中，应重视牛舍卫生，每日对牛舍进行全方位的清扫，对于牛排出的粪便给予及时清理，不可使粪便长时间在牛舍，防止病毒通过粪便传播。

同时，还应注重牛舍的通风情况，确保牛舍合理通风，使牛舍保持干燥状态。落实消毒工作，合理选用消毒液，在通常情况下，可以使用适当浓度的漂白粉和草木灰水进行消毒。此外，在消毒过程中，还可以应用强力消毒灵，按照说明书将强力消毒灵与水进行合理配比，待两者充分混匀后，开始对牛舍进行消毒。在对牛舍全面消毒后，还应注重牛舍其他区域的消毒工作，如牛舍出入口、通道等，在该些区域可以喷洒生石灰，这样也可达到消毒的效果。对牛养殖场进行全方位的消毒可以将牛流行性感冒发病风险最小化，阻断细菌传播途径。此外，若处于该种疾病的高发期，养殖人员可以在牛饮用水中加入适当浓度石膏，按照相应的比例将其与水混合，待混匀后让牛饮用。此种方式不会给健康牛带来负面影响，并且还可更好地预防牛流行性感冒的发生。牛养殖人员在日常养殖中须重视和妥善落实牛场消毒工作，保证牛群处于干净整洁的环境下生长，如此不仅可减少细菌滋生，还可有效阻断病毒传染源。

（2）加强免疫疫苗接种。免疫疫苗接种也可对牛流行性感冒疾病起到积极的防控作用，春季及秋季是牛流行性感冒的高发阶段，在此期间牛养殖人员应意识到牛群接种免疫疫苗的重要性，并通过正规的渠道购买疫苗，确保所购买的疫苗质量与有关规定相符合。流行性感冒病毒裂解疫苗应用率较高，接种该疫苗后可显著提升牛自身抵抗力，使其更好地抵御病毒侵袭，有效防控牛流行性感冒的发生。在免疫疫苗接种时间方面，可以在蚊虫滋生前30天接种，为了进一步强化疫苗抗病毒功效，在首次接种疫苗20天后可对牛群进行二次接种。倘若牛流行性感冒突然暴发，应第一时间给未患病的牛接种疫苗，可接种高免血清，这样可使牛更好地抵抗病毒入侵。

（3）做好日常饲养管理工作。在日常养殖中，养殖人员应重视饲养管理，采用有效的方式增强牛免疫能力，在饲养管理过程中可从以下方面着手。

第一，对饲料配方进行科学合理的规划，不仅要为牛提供营养丰富的饲料,并且还需要给牛提供草类植物,主要是因为草类食物易消化、新鲜且营养价值高,牛食用后可有效提升其免疫能力,在使牛提升抵御病毒能力的同时,对牛健康成长还可起到积极的促进作用。

第二,重视牛饮用水卫生,确保提供给牛的水未被污染,倘若牛饮用了被污染的水,那么污染的水中很有可能存在大量的致病菌,这些病原体通过水进入牛体内后,便会导致牛发生细菌感染或病毒感染,从而加大牛流行性感冒发生风险。

第三,养殖人员应结合牛不同的生长阶段,合理调整饲料配伍,确保牛在生长过程中有充足的营养摄入,提升牛自身免疫能力,这样可降低牛流行性感冒发生风险,使牛健康成长,从而使养殖人员获得可观的经济收益。

(4) 定期体检。在防控措施中,对牛进行体检也是非常重要的环节,因为牛流行性感冒疾病有潜伏期,再加上在发病的起初阶段不会有显著的症状表现,发现牛患病的难度较高,致使错失疾病治疗的最佳时期,在疾病加剧的状况下,牛会出现体温升高等现象,而此时表明患病牛的病情比较严重,加大了治疗难度。因此,若想将疾病遏制在发病初期阶段,应让牛定期接受体检,通常情况下间隔半个月接受1次体检。

定期体检可以及时发现牛的健康问题,明确牛是否患有相关疾病,在对牛体检过程中,需要对牛的基础情况进行严密观察,例如饮食量、呼吸及情绪状态等,如果发现牛饮食量降低、脾气暴躁或呼吸急促、精神不佳等现象,通常可以明确牛发生了牛流行性感冒。此时,应对牛进行及时的治疗,并将患牛隔离,全面落实牛场消毒工作,阻断病菌传播途径,避免整个牛群发生牛流行性感冒,给养殖人员的经济收益带来影响。

2. 治疗

(1) 中药治疗。在对牛流行性感冒治疗过程中,应用中药药物可获得理想的治疗效果,在实施中药治疗过程中,主要是对患病牛灌服中药药物,从而实现清热解毒、祛风除湿以及消肿止痛的目的,使患病牛症状得到改善,加速患病牛康复速度。中药治疗该病的药方较多,介绍几种比较常用的中药方剂。

①风寒型牛流感。可用辛温解表类药物,每500千克体重牛,取麻黄25克、羌活、防风、当归、陈皮、苏叶各30克,桂枝、木香各20克,砂仁、细辛各15克,再加姜片50克,葱白30克。将上述中草药加入适量水浸泡2小时,文火煎熬3次,混合药液后再加入100克红糖,灌服给病牛,每天1剂,连续服用3~5天。也可直接购买国标中药荆防败毒散,按照30~100克/头的剂量用沸水冲泡后,调和呈粥状灌服,1次/天,连用3~5天。

②风热型牛流感。可用辛凉解表类药物治疗,每500千克体重牛,取连翘、生地、板蓝根、大青叶各30克,金银花、黄柏、滑石粉、蒲公英各25克,薄荷叶、炙神曲各35克,僵蚕、香薷各10克,蝉蜕、桔梗、丹皮各15克,木通20克,再加甘草10克。将上述药物研碎后直接拌入饲料中采食。若病牛有食欲不振的表现,则可加入5~6倍量清水熬制成药液灌服。风热型感冒发病周期为5~7天,建议用药1次/天,直至症状完全消失。

③混合型牛流感。每500千克体重牛,取桂枝30克,山楂、陈皮、厚朴、牛子、枳实各45克,川芎、天花粉各50克,麦冬55克,薄荷、羌活、知母、柴胡、防风、桔梗、黄芩各60克,再加甘草20克、生姜500克。将上述中草药加入适量水浸泡2小时,文火煎熬3次,混合药液后灌服给病牛,每天1剂,连续服用3~5天。

（2）西药治疗。西药治疗可有效降低患病牛再次感染的风险,使患病牛症状得到缓解,获得良好的治疗效果。①链霉素注射液每千克体重10毫克,青霉素750万单位,复方氨基比林注射液20毫升或30%安乃近30毫升,肌内注射,每日注射1次,持续治疗2天。②复方氨基比林注射液,一次量,20~50毫升,肌内注射。③生理盐水1 500毫升,25%葡萄糖注射液1 500毫升,25%安钠咖注射液40毫升,30%的安乃近注射液30毫升,静脉注射,1次/天,治疗3天。

八、牛副流感

牛副流行性感冒简称牛副流感,临床上又称为运输热、运输性肺炎、牲畜围场热等,是一种急性接触性病毒性传染病。该病以呼吸器官受侵害为主征,通常只引起轻微的呼吸道疾病或血清转阳的亚临床性感染。

该病目前主要发生于许多国家的奶牛场或经过长途运输后集中的育肥牛群。其发生多与一些病毒或细菌的继发性感染,或环境和气候改变、饲养管理不当、机体抵抗力下降和应激因素的诱发有关。因此,目前认为牛副流感是病毒、细菌、诱因三者联合作用的结果,如缺少其中一种因素,常不能发生典型的疾病。

（一）诊断要点

1. 病原及流行特点

牛副流行性感冒的病原微生物为牛副流感病毒3型,该病毒不仅能独自致病,还可与其他溶血性巴氏杆菌、丝状支原体、牛传染性鼻气管炎病毒或牛腺病毒一起引发宿主感染，加剧病情恶化。牛副流感病毒 3 型耐冷不耐热，在低温条件下可长期存活，但加热至 55℃，数分钟后可杀灭病毒。牛副流感病毒 3 型对紫外线、酸、碱、氧化剂等具有较高的敏感性，0.3% 过氧乙酸溶液、2%~5% 氢氧化钠溶液、5%~10% 漂白粉溶液、3% 来苏儿溶液均可杀灭该病毒。

该病毒对牛的致病力不强，单独用此病毒感染牛，只产生轻微的症状，甚至呈亚临床反应，但在其他继发细菌（特别是多杀性巴氏杆菌或溶血性巴氏杆菌）以及外界诱因（特别是长途运输中受寒、饥饿、拥挤、气候恶劣等）的联合作用下，则可产生严重的呼吸道症状，无并发症的感染罕见。

该病毒的抵抗力不强，对乙醚、氯仿敏感，pH 值为 3 时不稳定，一般常规的化学消毒药均可将之杀灭。

在自然条件下，该病仅感染牛，多见于舍饲的奶牛和育肥牛，放牧牛较少发生。病牛及带毒牛是该病的主要传染源；呼吸道与接触感染是该病的主要传播途径，同时也可发生子宫内感染。敏感动物接触病畜排出的病毒后，7~8 天可在鼻分泌物中、17 天可在肺组织中分离到病毒。此时的动物又可作为新的传染源进一步扩散感染。经气溶胶感染，潜伏期约为 2 天，随后出现 6~10 天的发热期。呼吸道黏膜上皮细胞是病毒最初侵犯的靶细胞。此后病毒在肺泡巨噬细胞、肺泡 II 型上皮细胞、基底膜定位与增殖，引起细胞和组织损伤，为继发感染创造有利条件。副流感病毒 3 型与多杀性巴氏杆菌混合实验感染时，由于病毒损伤了呼吸道黏膜上皮细胞和肺巨噬细胞，从而抑制了肺巨噬细胞对巴氏杆菌的清除率。在这 2 种病原或其代谢产物的协同作用下，导致肺组织严重损伤。该病虽可一年四季发生，但常见于晚秋和冬季。

2. 临床症状与病理变化

该病的潜伏期一般为 2~5 天，通常根据病毒感染犊牛和成牛所表现的临床症状的不同，而将之分为犊牛型和成牛型。

（1）犊牛型。又称犊牛地方性肺炎，是 2 周至数月龄犊牛易感的一种急性接触传染性疾病。原发病因为副流感病毒 3 型，常并发多杀性巴氏杆菌感染。临床特征为低热或中度发热，沉郁，流泪，具轻度浆液、黏液至脓性鼻漏。病犊常因出汗而被毛潮湿，粗乱，无光泽。这些症状在感染 2~4 天时最为明显。严重的病例出现咳嗽、呼吸困难、头颈伸直、张口呼吸并发出呼噜声。该病牛一般在数小时内死亡，或在出现症状后 3~4 天死亡。

（2）成牛型。多见于奶牛和育肥的成年牛，通常为一种或多种病毒与巴氏杆菌属细菌、霉形体混合感染（霉形体、巴氏杆菌、腺病毒、黏膜病病毒、鼻支气管炎病毒、呼吸合胞病毒等是该病常见的继发或并发病原）引起的纤维素性肺炎。病牛咳嗽，高热（41℃以上），鼻镜干燥，继而流出黏脓性鼻液。眼睛最初流出大量浆液性分泌物，眼角的被毛潮湿，继之变为黏液性分泌物，或伴发黏液—脓性结膜炎，很快出现严重的呼吸障碍。病牛前肢外展式站立，颈部伸直，张口呼吸并伴发鼾音，流泡沫状唾液。听诊，常可闻及水泡音、捻发音，甚至支气管呼吸音和胸膜摩擦音。叩诊可听到鼓音和浊音等变化。通常在第1个症状出现后3~4天或严重呼吸障碍出现后几小时内死亡。该病在牛群中的发病率一般不超过20%，病死率为1%~2%。

剖检病死牛发现，其病变主要局限于呼吸道，其他器官的病变均为继发性。眼观，鼻腔和副鼻窦积聚大量黏脓性渗出物，呼吸道黏膜上有黏液—化脓性渗出物被覆。肺脏明显淤血，呈暗红色，间质水肿而增宽，实质中有灰白色岛屿状或融合性病灶，充满整个胸腔，肺胸膜表面被覆易剥脱的纤维素性渗出物。肺尖叶、膈叶出现暗红色实变区。切面见病变累及肺脏深部，呈暗红色和灰白色，小叶间质因有渗出物浸润而极度增宽，呈现大理石样外观。严重的病例有时侵犯整个肺叶或肺叶的大部分，出现较多融合性大面积病灶。继发巴氏杆菌时，肺内常见淡黄色化脓性病灶，胸膜表面有纤维素附着。肺支气管淋巴结、纵隔淋巴结肿大、出血。另外，心内外膜下、胸膜、胃肠道黏膜有出血斑点，有些病例，其骨骼肌可对称地发生5~10厘米大小的灰黄色病灶。

（二）防控与治疗

1. 防控

该病多是在病毒、细菌和各种诱因的相互作用下才发生的。因此，在国内还没有特异性预防疫苗的情况下，预防该病的最好方法是控制好诱发因素，如严禁连续长途运输、避免奶牛受寒、饥饿和牛群过度拥挤等；定期严格地消毒，防止感染等。

肉牛4月龄时接种牛副流感3型弱毒疫苗，奶牛在7月龄时接种，并在其接种后的1个月复种1次，这样可提高牛免疫力，减少牛副流感病毒3型感染概率。

2. 治疗

对病牛进行隔离观察和治疗，对其污染的牛舍、用具用10%石灰乳胶进行彻底喷洒消毒，减少病毒扩散感染。病牛所在的隔离舍要做好保暖措施，并准备干净、柔软的垫草，白天做好通风换气，并每天用3%氢氧化钠溶液或10%漂白粉溶液消毒牛舍。

若病牛病情较轻，可肌内注射氨苄青霉素（使用剂量为每千克体重20毫克)，清开灵（使用剂量为 0.1 毫克/千克体重），2 次/天，连续注射 3 天；或肌内注射链霉素 3 克，氨苄青霉素（使用剂量为每千克体重 20 毫克），双黄连注射液 30 毫升。若病牛病情严重，可静脉注射 5% 葡萄糖生理盐水 1 升，注射用头孢噻呋钠每千克体重 1.1~2.2 毫克，安钠咖注射液 20 毫升，维生素 C 注射液 40 毫升，地塞米松磷酸钠注射液 15 毫克，双黄连注射液 80 毫升，1 次/天，连续注射 3~5 天。

九、牛流行性乙型脑炎

牛流行性乙型脑炎简称牛"乙脑"，该病是由日本脑炎病毒引起的一种人兽共患的传染病，临床以高热为体征，以狂暴或沉郁等神经症状为主要特征。

（一）诊断要点

1. 病因及流行特点

在自然情况下，马、猪、牛、羊都可以感染日本脑炎病毒，其中马为最易感者，其次是牛。该病主要通过蚊子叮咬而传播，蚊子不仅是该病的传播媒介，同时还是病毒的贮存、繁殖宿主。因此，该病季节性较为明显，主要在 7—9 月蚊类大量滋生的季节发生流行。

流行性乙型脑炎病毒属于黄病毒科、黄病毒属。呈球形，20 面体对称，为单股 RNA。病毒对外界环境抵抗力不强，在 56℃ 30 分钟即可灭活，但在 -70℃ 低温或冻干状态下保存可存活数年。在 -20℃ 环境下可保存 1 年，但其毒价明显降低，常用消毒药都有良好的灭活作用。

2. 临床症状

牛感染发病后呈现脑炎症状，无精打采，反应迟钝，食欲消失，呻吟磨牙，惊恐，牙关紧闭，四肢强直、失去整体平衡、走路出现摇晃，严重者发生跌倒。呈兴奋型的患牛狂躁不安，冲撞、顶人，也有的病例发生痉挛，随机出现兴奋和沉郁交替的现象，有时因昏迷而死亡。

根据发病季节，结合临床特殊症状，可作出初步诊断。确诊需要取病牛血液、脊髓液和脑神经组织材料做病毒分离、血清学试验等实验室诊断。

（二）防控与治疗

1. 防控

（1）免疫接种。是较为稳妥的防治手段，一般可接种乙脑疫苗。通常情况下预防注射应根据当地气候、温度以及蚊虫滋生期前 1 个月内完成。对 4~12 月龄的犊牛用乙型脑炎弱毒苗预防接种。时间应在 5 月份蚊子活动之前，每次皮下或肌内注射2毫升。

（2）消灭传播媒介的侵袭。该病的传播媒介主要是蚊子，因此，防蚊灭蚊是预防该病的主要措施。蚊子多的季节用药物灭蚊，疫区可用杀蚊药喷洒牛体以防止蚊子叮咬。

（3）加强牛群的综合管理。从源头上降低该病发生的概率，因该病为传染病，应重点管理好未经过夏秋季节的幼龄动物和从非疫区引进的动物，一旦引入动物首先要做好隔离观察，因为这类动物大多未感染过乙脑，但凡感染则极易产生病毒血症，成为传播源，确保未感染后再混群饲养。应在乙脑流行前完成疫苗接种，并在流行期间杜绝蚊虫叮咬。

2. 治疗

对重症或狂暴病牛，可适量放血，而后静脉注射山梨醇或甘露醇以降低颅内压。同时配以强心、利尿解毒药，防止并发症（青霉素、链霉素）等综合治疗措施，治疗越早效果越好。

可用1%硫酸阿托品注射液4~6毫升，25%葡萄糖注射液350毫升，混合一次静脉注射。2天注射1次，连续注射3~4次。或用青霉素80万~100万单位，链霉素0.5~1克，蒸馏水15~20毫升，一次肌内注射。每天注射2次。

准备25%葡萄糖溶液800毫升左右，10%浓盐水400毫升，4%乌洛托品注射液60毫升，一次静脉注射；用25%山梨醇液，用量为每千克体重用2克左右，静脉注射，经首次治疗后12小时再注射1次。

中药可用海金沙、钩藤各20克，菊花22克，双花18克，紫花地丁、石膏各35克，先将石膏研成末煮20分钟，再加入其他药共煎内服。或用知母、龙胆草、大黄、茵陈各37克，厚朴25克，黄连、桔梗、黄芩、木通各20克，黄柏、木香各12克，石膏、芒硝各150克，甘草20克，共研为细末，加食用油300克，鸡蛋清8个，再用水调和后，一次灌服。如果病牛为狂躁型，去厚朴、甘草加琥珀11克，朱砂10克，天竺4克，连翘37克；如为沉郁型，去厚朴、大黄、芒硝，加菊花17克，党参19克，菖蒲18克，当归24克，石决明23克。

十、牛海绵状脑病（疯牛病）

牛海绵状脑病俗称疯牛病，是由朊病毒引起的一种慢性、传染性、致死性的人畜共患病，是众多动物传染性海绵状脑病的一种，属于WOAH疫病名录病种，我国农业农村部规定该病为一类传染病。该病以潜伏期长、病情逐渐加重、中枢神经系统退化、最终死亡为特征。临床症状主要表现为行为反常，神经紧张或焦躁不安、恐惧，惊跳反射加强，具有攻击性，肌肉震颤、共济失调等神经症状。剖检可见脑灰质海绵样水肿和神经元空泡。

（一）诊断要点

1. 病原特征

该病的病原体为一种被称为朊病毒的具有传染性的蛋白质颗粒，也称为朊粒、朊蛋白、朊毒体。朊病毒属于一种亚病毒因子，它既不同于一般病毒，也不同于类病毒，即不含任何种类的核酸，是一种特殊的具有致病能力的糖蛋白。

朊毒体的理化性质极其稳定。对核酸酶、蛋白酶有抗性；对乙醇、氯仿、丙酮、过氧化氢、甲醛、戊二醛、EDTA等一般化学消毒剂均不敏感；对紫外线照射、离子辐射、超声波、煮沸等物理消毒有抵抗力，134~138℃高压蒸汽1小时只能降低其传染性，而不能将其完全灭活。

2. 临床症状与病理变化

海绵状脑病有2种类型，一种是经典型海绵状脑病，是由摄取了由朊病毒污染的饲料所致，平均潜伏期5年；另一种是非典型性海绵状脑病，目前认为所有牛群均可自发、低频率出现的疯牛病，是由正常朊蛋白突变成异常的致病性朊蛋白所致。

有证据表明，牛海绵状脑病病原无宿主特异性，除牛以外，也可使其他反刍动物以及部分灵长类动物发病。牛通常在2~5岁感染，4~6岁发病，2岁以下和6岁以上牛很少发生。奶牛发病率显著高于肉牛，品种、性别和遗传因素与海绵状脑病的感染性无关。传染源为患病动物的下脚料及肉骨粉饲料。该病不仅可经消化道或经脑内接种发生水平传播，还可以通过妊娠牛的胎盘垂直传播给子代。发病无季节性，病死率可达100%。

病牛食欲正常，体温升高，呼吸频率增加。最常见的神经症状是精神失常、运动障碍和感觉障碍。表现为焦虑不安、恐惧、神志恍惚、磨牙；耳对称性活动困难，经常一只耳伸向前，另一只耳伸向后或保持正常；运动异常，步态呈鹅步状，共济失调，四肢伸展过度，低头伸颈呈痴呆状；病牛由于胆怯恐惧而攻击靠近它的人，对触摸和声音过度敏感而表现惊恐甚至跌倒。绝大多数病牛食欲良好，但有约80%的病例膘情下降或体重减轻，最后衰竭死亡，血液学和生化检查无异常。

病牛脑干灰质两侧呈对称性病变，中枢神经系统的脑灰质部分出现大量的海绵状空泡，神经纤维网出现不连续的中等数量的球形和卵形空洞，细胞质减少，神经细胞肿胀呈气球状。此外，还出现明显的神经细胞变性及坏死状况。

（二）防控

对于牛海绵状脑病，目前尚无有效的治疗方法，也无疫苗。为了防控该病，主要采取以下综合防控措施。

1. 禁止从发病国家或地区进口活牛以及反刍动物源性肉骨粉、骨粉和饲料等风险物质

这是防范疯牛病传入的首要关口。

英国发生疯牛病后，正是由于英国向许多国家输出了感染的肉骨粉，才导致疯牛病在欧洲蔓延。随后，欧盟规定禁止英国的活牛及其产品进入其他欧盟成员国或第三国。目前，全球各国的做法是，在进口风险分析的基础上，根据《OIE 陆生动物卫生法典》要求进口相关动物及其产品，并进行严格的入境检疫。

2. 发布并严格执行饲料禁令

自调查表明饲喂反刍动物肉骨粉是疯牛病传播的基本途径后，不论是疯牛病发病国家还是未发病国家，对屠宰牛的检测月龄不断调整。从 2013 年开始，已不对正常屠宰的牛进行疯牛病检测，而是计划开展疯牛病的主动监测和被动监测。

3. 剔除特殊风险物质

这也是防控疯牛病的主要措施之一。WOAH 规定的风险物质范围为：扁桃体、回肠末端、脑、眼、脊髓、头颅、脊柱等，且根据国家的疯牛病风险等级不同，范围也略有不同。欧盟从 2001 年 10 月起，要求剔除和销毁风险物质，不准其进入食品和饲料链。目前，欧盟规定牛科动物的风险物质包括：12 月龄以上动物的颅骨（不包括下颌骨）、脑、眼睛和脊髓，30 月龄以上动物的脊柱（背根神经节），以及所有年龄动物的扁桃体、肠（从十二指肠至直肠）及肠系膜。

4. 开展疯牛病监测

监测是发现、控制和扑灭疯牛病的基础。世界动物卫生组织在 20 世纪 90 年代就制定了疯牛病监测指南，并不断修订，目前已经建立了以疯牛病风险状态为基础的监测体系，将监测牛群分为正常屠宰牛、临床疑似牛、死牛和紧急屠宰牛 4 类。全球各国都是以 WOAH 关于疯牛病的监测要求为基础来制定本国疯牛病监测计划，开展疯牛病的主动监测和被动监测。

十一、牛冠状病毒感染

(一) 诊断要点

1. 病原及流行特点

冠状病毒是一种严重危害人类和动物健康的病原,主要引起宿主的呼吸道和消化道感染。

牛冠状病毒是引起新生犊牛腹泻、冬季痢疾和牛呼吸道感染的重要病原之一。冬季痢疾通常发生在较冷的地区,但最新研究显示在较暖的季节和热带地方也曾发生该病,如韩国的夏季,以及泰国、巴西和古巴等。牛感染牛冠状病毒可导致幼畜死亡、生长迟缓、产奶量减少和奶品质降低,给养牛业造成严重的经济损失。除了感染牛外,牛冠状病毒也可以感染野生反刍动物,如驯鹿、非洲大羚羊、麋鹿、羊驼和长颈鹿等。

根据临床症状,可将牛冠状病毒引起的疾病分为肠道型和呼吸道型。牛冠状病毒感染途径是粪—口或气溶胶等传播,感染牛是主要的传染源。研究表明,病毒在亚临床感染的成年牛体内可持续存在。

牛冠状病毒在世界各地广泛存在,具有较高的流行性和广泛的传播范围。

2. 临床症状

(1) 新生犊牛腹泻。能引起小肠绒毛发育迟缓,同时导致大肠的结肠嵴萎缩。犊牛的日龄和免疫力决定了发病率和病死率。被感染母牛所生的犊牛患腹泻的风险则更高。新生犊牛对疾病的保护依赖于肠腔中存在的特异性初乳抗体。血清中的初乳抗体不是直接保护黏膜,而是取决于再分泌进入肠腔内的免疫球蛋白数量。只有肠腔中有大量初乳抗体,才能有效防止牛冠状病毒的感染。通过给怀孕母牛注射疫苗可以诱导初乳中产生抗体,供给犊牛被动免疫保护,有效地预防牛冠状病毒病。病毒感染可引起犊牛出血性腹泻,大多数犊牛伴有黄色稀便、脱水、体温降低和精神沉郁等症状。患病犊牛食欲不振和电解质损失,可引起代谢性酸中毒和低血糖。严重者还会引起发热、倒地不起和死亡等。一些犊牛还会伴有呼吸症状。大多数感染为3~21日龄,潜伏期为1~7天,临床症状持续3~6天,犊牛通过粪便和鼻腔分泌物进行传播。健康犊牛和患病犊牛均可检测到牛冠状病毒。

(2) 冬季痢疾。特点是成年牛突然腹泻,通常在冬季流行,由牛冠状病毒引起,在世界各地的牛群中发生。冬季痢疾的临床症状有血便、发热、精神沉郁、脱水、厌食和产奶量下降等,严重时,会导致贫血。该病毒可在粪便和鼻腔分泌物中检测到牛冠状病毒，一般潜伏期为 2~8 天，发病率高达 100%，但病死率很低。对患病动物支持性治疗效果良好，一般在 2~3 天恢复健康，发病通常会在 1~2 周结束。冬季痢疾造成的经济影响巨大，特别是对奶牛产后影响最大，研究表明，与感染前的日产奶量相比，每次暴发的产奶量下降幅度可能在 1%~70%；牛奶中游离脂肪酸增加约 11%，脂肪蛋白质比小幅增加，冬季痢疾可能使奶牛进入负能量平衡；奶牛冬季痢疾同时可伴有呼吸道症状。

（3）牛呼吸道冠状病毒。可感染不同年龄段的牛，临床表现为流鼻涕、呼吸困难、咳嗽和发热等，并伴有间质性肺炎和 II 型肺细胞增生。

（二）防控

由于目前对病毒性疾病没有有效的治疗方法，一般常用支持性治疗。犊牛腹泻的治疗包括补充体液、葡萄糖和电解质等，以对抗脱水、低血糖、电解质失衡和酸中毒等病症。同时将犊牛置于温暖和干燥的畜栏中饲养。冬季痢疾通常是一种自限性疾病，然而，在晚期的病例中需要口服或静脉输液治疗，严重的痢疾则须输血治疗，也可配合使用非甾体抗炎药和抗出血药物。对于呼吸道牛冠状病毒病，由于继发性细菌感染很常见，仍建议抗菌治疗，配合使用非甾体抗炎药效果更好。

牛冠状病毒是牛常见的感染性病原诱发因素，在宿主、病原体和环境相关的复杂因素之间发展。治疗牛冠状病毒诱发疾病的有效方法是使用抗菌药物和抗病毒中药，但过量使用抗菌药物会使牛产生耐药性，在机体残留，危害人类健康。只有提前预防牛冠状病毒的感染，才能有效减少抗菌药物的使用，进而提高动物产品质量。预防牛冠状病毒病最有效的方法就是疫苗接种，目前已有预防犊牛腹泻和冬季痢疾的疫苗。研究人员为妊娠母牛开发了一种灭活病毒疫苗，以通过初乳增强犊牛的被动免疫，预防犊牛腹泻。另一种是改良的犊牛口服活疫苗，也可预防犊牛腹泻。冬季痢疾可以使用富含血凝素抗原的灭活疫苗来预防。牛冠状病毒还经常与其他病原体混合感染，可导致呼吸道疾病，如犊牛肺炎和牛败血症。预防牛呼吸道冠状病毒可使用鼻内注射多价灭活疫苗或减毒活疫苗。但是现在使用的商业疫苗中冠状病毒的基因型与牛流行毒株的基因型之间有差异，这种差异可能使疫苗对流行毒株没有保护作用。为了提供最佳的免疫力，疫苗的抗原应尽可能与流行毒株相近。

良好的饲养管理、干净的牛舍环境和生物安全都对预防牛冠状病毒病起着至关重要的作用。牛冠状病毒对温度和消毒剂敏感，如次氯酸钠、75%的乙醇和甲醛等。冠状病毒在低温和相对高湿度下存活良好，可在地面存活 120 小时，在有机介质中存活时间更长。因此，应加强饲养管理，完善各项生物安全措施，定期对牛舍进行打扫、消毒、通风并保持干燥的牛舍环境。

十二、牛地方流行性白血病

牛地方流行性白血病又称牛白血病、牛淋巴肉瘤、牛白细胞增生病等，是由牛白血病病毒感染引起的以淋巴样细胞恶性增生、进行性恶病质和全身淋巴肿大为特征的牛慢性、接触传染性肿瘤疾病。分布极为广泛，几乎遍及全世界养牛国家，在东欧、北美洲、南美洲以及亚洲部分地区常见流行。1974年我国首次发现该病，但目前我国已很少见到临床型病例，只在鲜奶或血清中零星检出牛白血病病毒基因。该病具有公共卫生学意义，是《OIE陆生动物卫生法典》病种之一，也是《中华人民共和国进境动物检疫疫病名录》中的二类传染病。目前尚无治疗方法，也无适用的疫苗。

（一）诊断要点

1. 病原及流行特点

牛白血病病毒属于反转录病毒科、肿瘤病毒亚科、δ反转录病毒属，具有独特的抗原性。由包膜基因编码的囊膜糖蛋白对病毒生命周期起到至关重要的作用，并且是中和抗体的主要靶标。基于包膜基因的遗传多样性研究表明，目前世界范围内已分离到10种牛白血病病毒基因型，但无变异株，即使传入我国，发生病毒变异的可能性也非常小。牛白血病病毒在自然条件下，仅对牛易感，一旦传入我国并发生疫情，将对我国养牛业带来较大影响。但不同毒株间无明显抗原性差异，且病毒不含变异株。牛白血病病毒对外界抵抗力较差，对温度和有机溶剂等敏感，常规处理均可被杀灭。

自然感染仅发生于牛、绵羊和水豚，其他动物只在实验条件下可获得感染并产生抗体。牛白血病病毒可发生水平传播和垂直传播。易感动物的感染均源自带毒红细胞的转移。医源性感染是水平传播的主要原因，吸血昆虫可作为媒介生物传播牛白血病病毒。感染牛后代患病概率增高表明，感染活牛尤其是隐性感染带毒牛是垂直传播的主要来源，具有潜在传入风险。由于出口活牛在进入隔离场前需要进行验孕程序，因此杜绝了怀孕母牛的出口，从而大大降低了垂直传播的风险。牛白血病平均潜伏期较长，除少数急性病例突然死亡外，多数呈隐性感染或症状不明显。

根据牛白血病病原学特性，牛肉制品存在牛白血病传入风险，但肉类制品一般须经过腌制、干燥、蒸煮和熏烤等加工工艺，可对牛白血病病毒起到杀灭作用；牛乳制品经巴氏消毒后可完全杀灭牛白血病病毒；牛皮等副产品中不存在活病毒。因此，上述牛制品基本无传播牛白血病的风险。隐性带毒牛为牛白血病发生的潜在风险。牛白血病病毒对外界环境抵抗力低，活牛及牛制品在贮存和运输过程中，通过运输工具和其他物资而发生牛白血病传播的风险极低。

2. 临床症状

该病发展很慢，潜伏期为4~5年，故多发生于3岁以上的成年牛。4~8岁的牛发病率最高，但大多数感染牛临床症状不明显。当临床上出现明显症状时，病牛常维持数周或数月而死亡。血液变化是该病的特点之一，典型的血液学变化为血液中白细胞数可达3万~18万/毫米^3，淋巴细胞总数为90%~98%。按照早期的牛白血病血液学判定标准，3岁以上的牛，每立方毫米血液中白细胞数为8 000、淋巴细胞占70%以上即为白血病阳性，但大部分牛在整个病程中不出现白细胞增多症。感染牛白血病的牛群，一般有10%左右的牛出现以肿瘤性淋巴细胞增生为特征的症状。主要临床表现为体表淋巴结肿大，触摸不发热、无痛感，常能滑动。贫血，可视黏膜苍白，体重减轻，产乳下降。心脏受损时表现心动过速，心音异常。皱胃发生浸润时，形成溃疡，出血、排出黑色粪便。个别牛由于眼眶内淋巴结肿大，将眼球挤出眼眶外，造成眼球突出。直肠检查，可发现腹腔内有许多淋巴结肿大，造成排尿困难、跛行、瘫痪。症状出现2~3周或数月，多数牛趋于致死经过，心脏有病变的牛，往往外观呈良好状态，但有时会因病情急剧恶化而死亡。

3. 实验室诊断

（1）病料的采集和处理。主要采集病牛的血液并分离出淋巴细胞，用于接种动物或细胞培养。

（2）病毒分离。细胞培养。将病牛的淋巴细胞接种于牛胎肾、牛胎肺、羊胎肾、羊胎肺和蝙蝠肺等组织，病毒可在细胞内增殖传代，但不形成肉眼可见的细胞病变，只能通过检查合胞体才能证实是否有病毒感染。动物试验。将病牛的血液经腹腔注射给绵羊或将病牛的淋巴细胞静脉接种绵羊，一般2~3周血清阳转。接毒绵羊如果饲养较长时间可出现非常典型的淋巴细胞增多症，肿瘤发生率较高而且犊牛肿瘤出现得早。病毒鉴定。对该病毒在较短时间内完成鉴定很困难。主要方法有动物感染试验，检查接种动物是否抗体阳转和有肿瘤形成。将病毒接种细胞后，须通过合胞体的数量和形态来确定是否感染，最后用电子显微镜观察病毒形态，并要求只有观察到病毒出芽增殖的形态才能最终确认。应用聚合酶链反应技术（PCR）可以从外周血液单核细胞中检测病毒。

（3）血清学诊断。牛感染病毒后可引起持续性感染，所以产生的抗体一般终生不消失,而且抗体效价变化不大。可以用琼脂免疫扩散试验、酶联免疫吸附试验、间接免疫荧光试验、中和试验、补体结合试验、放射免疫试验及 PCR 试验等多种方法进行检查。但被 WOAH 推荐采用的只有琼脂免疫扩散试验。

（二）防控

截至目前,我国尚未有发生牛白血病大规模暴发和传播的报道。但国内牛白血病的存在可追溯至 20 世纪 70 年代,且在此后逐步蔓延至安徽、江苏、陕西、北京、辽宁、黑龙江、江西等省（市）。

我国是养牛大国,养殖方式多为民间散养,防疫条件有限,尽管在一些规模化养殖场中有系统的牛白血病监测和净化体系,但未能在全国范围内根除该病。我国每年从国外引进大量活牛。牛只进口前,须经我国派遣预检组参与产地检疫,一旦发现牛白血病阳性牛须全部淘汰。牛只进口后须在国内指定隔离场进行 45 天的隔离检疫,检疫合格后方可放行。我国有官方指定的国家标准用于牛白血病的诊断和检测,但无牛白血病疫苗和官方指定免疫计划。

定期定群进行血清学诊断,对有临床症状的病牛使用药物治疗效果不大,应立即淘汰。对仅有阳性反应而无临床症状的牛应隔离饲养,继续观察。对进口牛或外地引进牛,应开展白血病检疫,凡是有阳性反应的牛,一律不准进场,杜绝一切传播途径。

十三、牛病毒性腹泻/黏膜病

牛病毒性腹泻又称牛黏膜病,是由牛病毒性腹泻病毒引起的一种主要以黏膜发炎、糜烂、坏死、发热和腹泻为特征,发生于牛的热性传染病。由于牛病毒性腹泻分布广泛,流行性严重,是我国乃至国际贸易中一种重要的牛传染病之一,严重危害我国养牛业的健康可持续发展,造成养牛业巨大的经济损失,我国农业农村部将其定为三类动物疫病。

（一）诊断要点

1. 病原及流行特点

病毒性腹泻病毒是牛病毒性腹泻的致病病原,又名黏膜病病毒,其是单分子线状正股单股 RNA 病毒,病毒粒子具有囊膜,直径为 40~60 纳米,多呈球形或圆形,属于黄病毒科瘟病毒属。该病毒与猪瘟病毒和羊边界病毒属于同一属的病毒,3 种病毒具有相似的抗原关系,可在胎牛肾、睾丸、肌肉、气管或者猪肾等多种细胞培养物中传代培养,根据病毒能否引起培养细胞形成空泡死亡，将其分为致细胞病理变化型（NCP型）和非致病理变化型（CP）2种类型。该病毒主要存在于患病动物的血液、精液、怀孕母畜胎盘、脾脏以及鼻腔、呼吸道等组织器官中。其对外界环境抵抗力弱，当温度达到56℃或pH值在3以下时，可迅速失去活性。但其对低温抵抗力强，可在-70℃条件下稳定存活多年。一般消毒剂就可使其失去感染性，胰酶、乙醚等均可将其灭活。

不同品种、性别、年龄的牛均易感，多见于6~8月龄犊牛。常发生于冬、春季节，在老疫区以隐性感染和慢性病例为主，在新疫区传染迅速，突然发病，发病率和病死率变动较大。

2. 临床症状及病理变化

该病的临床表现有腹泻、发热、黏膜糜烂、萎靡不振、厌食、免疫力低、白细胞数量下降和母牛繁殖受阻等，其严重程度与病程、发病时长和是否继发感染密切相关，一般1~14天为牛群自然感染潜伏期，14~21天是牛群人工感染潜伏期。可将牛病毒性腹泻病毒感染后分为亚临床感染、急性感染、持续性感染和黏膜病等类型。

（1）亚临床感染。为自然情况下的一般类型。通过研究发现，人工感染牛后出现发热现象，但持续时间不超过2天，在感染后的第13天，淋巴组织未检测到抗原。该感染类型也从侧面解释了畜牧场的牛群虽然未接种疫苗，但仍能从体内检测到牛流行性腹泻病毒抗体。总之，该类型感染后临床症状并不明显，但奶牛有特殊的症状，其产奶量会有下降趋势。

（2）急性感染。大多数牛流行性腹泻病毒感染后的类型为急性感染。牛流行性腹泻病毒的两种生物类型即NCP型和CP型均会引起急性感染，其NCP型在感染中占主导地位。急性感染牛表现为高热、腹泻、黏膜溃烂、免疫系统受到抑制、血小板和白细胞减少和繁殖障碍等症状。感染牛症状的轻重由病毒毒力决定，与病牛自身的免疫系统状态相关，也会受到环境因素的影响。急性型大部分是被同一种牛流行性腹泻病毒反复感染所致，犊牛和免疫系统健全的育成牛急性感染率较高。

（3）持续性感染。持续感染（PI）是最特别的一类，在妊娠期（第45~130天）母牛接触并感染NCP型牛流行性腹泻病毒，病毒越过母体胎盘的保护屏障使腹中的胎儿致病，其间可能有流产等征兆。这类胎儿出生后就成为终生带毒和散播病毒的牛，简称为持续感染牛（PI牛）。引起PI牛感染的原因是小牛胎儿免疫系统未发育完全，病毒在胎儿体内不断传播感染，形成持续感染的牛流行性腹泻病毒，导致体内不能有效识别和清除病毒。CP型和NCP型牛流行性腹泻病毒均可透过胎盘渠道感染新生胎儿，但是前者可由胎儿免疫系统清除，后者则在体内持续感染，且两者之间可互相转换。由于体质独特，PI 牛在饲养场中成为很大的致病源。因此，对于 PI 牛的发现和及时清除可降低牛流行性腹泻病毒感染率。

（4）黏膜病。黏膜病是临床上最严重的一种类型，发病率约为 5%，一旦发病死亡概率趋近于 100%。病牛症状表现为体温较高、呼吸急促、粪便带血、呼出的气味极臭、胃黏膜和肠黏膜大面积溃疡糜烂等。另外，黏膜病还会造成血液中白细胞数量和血小板均会减少，引起免疫抑制，从而极易被其他病原感染。

（二）防控与治疗

1. 防控

牛病毒性腹泻病与牛群的环境卫生以及养殖户的饲养管理密切相关，因此，为了预防这种疾病的蔓延，必须采用综合性预防与治疗措施，包括消毒与卫生管理、疫苗接种、严格的检疫，以及提高饲养管理水平及淘汰持续性感染牛等。

（1）消毒与卫生管理。在日常饲养中应定期清扫牛棚，并选择合适的消毒药剂与消毒药品进行消毒处理，从而切断感染和传播途径。同时也要及时消灭、驱除养殖场的蚊、鼠及其他有害动物，以预防中间宿主的感染。

（2）免疫接种。牛病毒性腹泻/黏膜病灭活疫苗（1 型，NM01 株）用于预防牛病毒性腹泻/黏膜病，免疫期为 6 个月。肌内注射，3 月龄以上健康牛，每头接种 2 毫升，21 日后以相同剂量进行二免。

（3）检疫预防。牛场必须建立健全卫生检疫体系，定期监测牛群的病毒性腹泻病毒，规范养殖户的引种行为，避免不同来源的动物在同一个圈舍中饲养，一旦发现病毒性腹泻病毒感染牛，立刻进行隔离处理，要进行无害化处理，避免疾病在牛群中的传播与感染。严禁从疫区进口牛，且牛只买卖、运输时要加强隔离，防止该病毒的扩散与传播。对于进口肉类、乳制品、生物制品也要严格隔离，进一步阻断传染。

（4）提高饲养管理水平。养殖户在饲养中要增强对饲料的管控，各年龄段的奶牛都要供应平衡的营养饲料，禁止喂食霉变的饲料，也要注意维生素的补充，提高牛群的身体免疫力，同时要强化养殖场的卫生和水源管理，定期清除水体中的细菌，减少病毒性腹泻病毒感染的可能性。

（5）淘汰持续性感染牛。PI 牛是病毒性腹泻病毒最大的传染源，在诊治过程中要早期筛查发现并淘汰，这一措施对该病的防控具有重要的意义。这是对病毒性腹泻病毒进行有效的控制与净化的最佳办法，是保障牛群长期安全的重要手段。

2. 治疗

牛病毒性腹泻病尚无特效的治疗药物，主要是根据患牛的临床症状进行对症治疗，一般采取抗病消炎、防止继发感染、维持酸碱平衡等对症治疗的原则。对于患牛可采用抗病毒的药物进行治疗，并辅以葡萄糖、维生素C以及碳酸氢钠等药物静脉注射进行辅助治疗，提高患牛的免疫能力。为防止脱水常使用消化道收敛剂或输入电解质溶液的方法。为防止继发感染，常使用磺胺类、抗生素等药物。对于严重病牛，最好淘汰处理，降低经济损失。同时，研究人员发现，使用中药治疗对该病具有较为明显的作用，可使用清热泻火、凉血解毒的中药方剂煎熬灌服，对犊牛的治疗效果较好。

采用中西医结合方式，可以将山楂炭30克，乌梅25克，黄连20克，茵陈、姜黄各15克，诃子肉、柿蒂各10克煎熬成汤，分2次服用。对于严重的病毒性腹泻治疗时，要对病牛进行及时补救，避免出现牛死亡，可以采用静脉注射0.9%氯化钠溶液，同时注射5%葡萄糖2 000毫升，如果病牛体温持续升高，可以注射30%的安乃近注射液30~60毫升来缓解体温过高。

十四、牛传染性鼻气管炎

牛传染性鼻气管炎又称坏死性鼻炎、红鼻病，是由疱疹病毒科牛疱疹病毒1型（BHV-1）引起的一种牛的接触性传染病。

牛感染疱疹病毒1型主要发生牛传染性鼻气管炎，因此在临床上常将疱疹病毒1型（BHV-1）称为牛传染性鼻气管炎病毒（IBRV）。依据临床发病特征分为呼吸道型、生殖道型、脑型、结膜型和流产型。临床主要表现为呼吸道黏膜发炎、水肿、出血，生殖道出现小脓疱，共济失调，眼结膜充血和流出浆液或脓性分泌物，患病成年母牛常伴随乳房炎及怀孕母牛流产的临床症状。牛感染IBRV后，可终身带毒；患有该病的动物极易受到继发性细菌感染，造成混合感染，加重患病动物的临床症状。病毒通过呼吸道分泌物和感染的公牛精液排出。牛被疱疹病毒1型感染后，机体的免疫功能并不能在短时间内将病毒从体内清除，造成一种潜伏感染状态，可持续排毒。在外界环境突然改变时，易引起牛的应激而致发病，造成牛食欲不振、产奶量下降、体重减轻等。

（一）诊断要点

病原及流行特点

牛传染性鼻气管炎的主要传染源是病牛和带毒动物（牛、羊、骆驼等），被病毒污染的精液是最危险的传染源。

牛疱疹病毒 1 型可通过空气、飞沫、气溶胶、物体和病牛的直接接触、交配、人工授精等方式，经呼吸道黏膜、生殖道黏膜、眼结膜传播，吸血昆虫也偶见传播，但主要经飞沫-呼吸道传播。感染疱疹病毒 1 型会导致终生潜伏感染，病毒在宿主神经元中长期定植，导致宿主持续向体外排毒。已有研究表明，病毒主要存在于鼻、眼、阴道分泌物和排泄物中。在拥挤、运输等条件下易发病，运输、运动、发情、分娩、卫生条件、应激因素均与该病发病率有关。

牛是牛传染性鼻气管炎病毒的易感动物。不同年龄、不同品种的牛均易感，肉牛和奶牛最易感染，调查表明，在我国西北及西南地区牦牛也有感染情况，育肥牛发病率比放牧牛和奶牛高，其中 20~60 日龄的犊牛感染发病率最高。此外，猪、山羊、雪貂、水貂和小鼠均可携带牛传染性鼻气管炎病毒。

近年来，牛传染性鼻气管炎在我国部分地区流行较为严重，几乎遍及全国。牛传染性鼻气管炎在我国分布广泛，在不同地区、不同气候环境和不同牛种中都有分布。不同地区的阳性率也存在较大差异，部分地区呈地方流行性。目前流行毒株以 IRRV-1 型为主。

（二）防控与治疗

目前，我国牛传染性鼻气管炎阳性率高，若采取扑杀阳性牛的措施，造成的经济损失巨大。应综合考虑多方面因素，可借鉴德国实施的"免疫—检疫—扑杀"策略来根除该病。

1. 防控

（1）免疫防控。可选择使用常规疫苗（主要包括灭活苗和弱毒苗）、亚单位疫苗、病毒活载体重组疫苗等进行免疫。

（2）生物安全。携带潜伏性 BHV-1 感染的动物可以在其一生中的任何时间释放病毒，特别是在如患有其他疾病、产犊、运输等应激时。这种时候，BHV-1 携带者进入畜群，或直接接触感染的动物通常是未接触过 BHV-1 畜群的感染源。引进公牛也是一种潜在的感染风险，可能由于公牛一生中更容易待在多个牛场，故它们对 IBR 血清反应呈阳性的可能性更大。

如果牛场发现 IBR 疫情，则应对所有 12 个月以上的动物进行检测，并淘汰血清阳性动物。之后进行每年检测以确保持续无疾病。在调入新畜时，从无IBR 阳性的畜群购买替换牲畜。购买后，在纳入畜群之前对新加入的动物进行IBR 抗体测试，并隔离 4 周。净化成功后，就需要采用高标准的生物安全来防止 IBR 传入。如果在初始筛选时血清阳性动物的患病率很高，则可以使用基因缺失疫苗进行疫苗接种来帮助根除过程。

（3）加强饲养管理。牧场饲喂的饲草饲料必须符合牛的营养需求，且没有发霉变质、有毒有害物质存在。饲料营养全面、足量且各种营养物质比例平衡，以保证牛只体质健壮。饮水符合卫生标准，重金属离子、大肠杆菌、沙门氏菌病等不能超标。加强饲养管理，防止应激反应，给牛只提供卫生、干燥、舒适的生活环境，以促进牛只体质健康，减少疾病发生的概率。养殖户在做好饲养管理、提供充足营养、搞好日常消毒的基础上，一是做好免疫接种，在经常发病的地区或者该病潜在地区，要有计划地给牛群进行免疫接种，及时保护易感动物；二是加强日常监测，接种疫苗后并不能阻止野毒感染，要按时定期检测，利用鉴别诊断技术一经发现有野毒感染，应立即采取隔离、封锁、扑杀、消毒等综合性防控措施，死亡动物和淘汰病畜要严格进行无害化处理，防止病毒再次扩散；三是强化检疫监管，特别要加强进口牛及其产品的检疫，防止引入传染源和带入病毒。按照流行情况，不同的场采取不同措施：清洁场，发现阳性牛直接扑杀；轻度污染场，先对群体进行检测，阴性牛免疫，对免疫完之后检测出的阳性牛直接进行扑杀；重度污染场，首先全场进行强免，随后检测出的阳性牛再扑杀，力求通过"免疫—扑杀"策略达到控制 IBR 的目的。

养牛场应制定科学合理的免疫接种程序，并严格按照此程序免疫接种。所用疫苗应从正规渠道购买品质优质的疫苗，并严格按照疫苗要求进行运输、贮存、稀释、配制，在有效浓度、有效期内免疫接种，以保证免疫接种效果，使免疫接种后的牛只抗体水平稳定一致。加强日常消毒工作，在正常情况下，每周带牛及其周围环境消杀 2 次；发生疫情后对病牛每天消杀 2 次，健康牛每 2 天带牛及其牛舍四周消毒 1 次，消毒液要交替使用，并严格按照使用说明书要求进行稀释配制，在有效浓度、有效期内使用，以杀灭牛舍以及牛舍四周环境中的病原微生物，降低疾病发生的概率，保障牛场健康。外来人员禁止进入生产区，有条件的养牛场可以安装监控设备，供有关人员参观、考察；生产区工作人员进出生产区，必须严格按照养牛场防疫要求进行洗澡消毒，更换工作鞋、帽以及工作服后才能进出生产区；需要进入生产区的饲料、设备、工具等物品必须经过彻底消毒后，由生产区专用车辆进行运输、转移。

2. 治疗

该病没有特定的治疗方法。暴发期间，使用广谱、长效抗生素可以预防继发性细菌性肺炎。使用非甾体抗炎药可有助于缓解呼吸道症状和发热，采取抗生素对继发性感染进行严格的控制，在对其进行黏膜消毒时，应采取 0.1%高锰酸钾溶液对患处进行清洗。除了积极采取免疫干预措施外，可使用干扰素破坏和干扰病毒对病牛机体造成的病理损伤，以达到抵御病毒的作用，成牛用每次20~30毫升，皮下或肌内注射，每天1次。防继发感染，可用链霉素，每次100万单位；青霉素，每次400万单位，肌内注射，连续用3~4天。金银花、鱼腥草、黄连、大青叶和连翘等中药也对牛传染性鼻气管炎病毒有一定抑制作用。

十五、牛结节性皮肤病

牛结节性皮肤病是由牛结节性皮肤病病毒引起的牛的一种全身性感染疫病，以皮肤出现结节为主要临床特征。牛结节性皮肤病不是人畜共患病，人不会感染。我国农业农村部将其列为二类动物疫病。

（一）诊断要点

1. 流行特点

该病的病原是痘病毒科、山羊痘病毒属、牛结节性皮肤病病毒。牛易感，黄牛、水牛、奶牛不分年龄，均可感染。病牛、带毒牛的皮肤结节、唾液、精液等均含有病毒，经吸血昆虫（如蚊蝇、蜱虫、蠓等）叮咬，或牛间相互舔舐，摄入被病毒污染的草料、饮水，共用带毒的针头，人工授精或自然交配等方式传播。发病有明显的季节性，吸血虫媒活跃的季节多发。

2. 临床症状

该病的潜伏期一般28天。病初，感染牛体温升高至41℃，高热稽留1周左右；浅表淋巴结尤其是肩前淋巴结多肿大；眼结膜炎，鼻流涕；奶牛产奶量下降。发热后大约2天，病牛头、颈肩、乳房等处见大小不等的结节突起，有时结节破溃，招来蚊蝇，经久不愈；口腔黏膜上起水疱，之后破溃、糜烂，口角流涎；有的病牛四肢、腹部、会阴等处水肿。公牛可导致不育，母牛发情延迟，孕牛可发生流产。

3. 病理变化

剖检病牛尸体可见消化道和呼吸道内表面均有结节病变，如气管黏膜有凸起斑块、表面坏死且伴有出血，肺出现结节病变，肺切面明显水肿，肠内表面出现结节病变；淋巴结肿大，有少量的出血点，心肌外表面充血，出血，呈现斑块状淤血；肾脏表面有出血点，肝脏肿大，边缘钝圆；胆囊肿大，为正常的2~3倍，外壁有外出血斑；脾脏肿大，质地变硬，有出血状况；胃黏膜出血，小肠有弥漫性出血。

4. 实验室诊断

主要为病原鉴定和血清学试验，病原鉴定主要采用聚合酶链反应（PCR）法，这是最便宜、最快速的方法。

（二）防控

1. 疫情处置

2020年，农业农村部发布的《牛结节性皮肤病防治技术规范》（农牧发〔2020〕30号）中，一方面要做好外防输入性病例，必须严把国门，严防引进疫区国家的活牛及其肉制品、皮张、精液等产品；还要求对确诊的LSD病例和病原学阳性病例立即扑杀，与病死牛及产品、污物、垫料等同时进行无害化处理。做好同群病原学阴性奶牛的隔离饲养和临床监测，发现异常，及时处置；对奶牛场环境、设施、车辆、用具、人员等进行彻底消毒，消灭蚊、蝇、蠓、虻、硬蜱等昆虫媒介，防止叮咬奶牛；疫区、受威胁区内，限制同群奶牛移动，禁止所有活牛调出和引进，严密监测和排查养殖场、屠宰场、交易场等感染风险和疫情动态，做好疫情监测和预警；在国内尚无特异性疫苗的情况下，选择临时替代疫苗山羊痘活疫苗对所有牛只进行紧急免疫，以保护非疫区健康牛群。

2. 加强饲养管理

要加强奶牛饲养管理，严格落实各项生物安全措施，加强并实施严格的卫生消毒，杀灭蠓、蜱、蚊、蝇等吸血虫媒，填埋养殖场周边死水塘，清理杂草和污物、垃圾，消除蚊虫滋生环境；按照动物疫病监测与流行病学调查计划的要求，加强对重点防控地区和重点环节的监测，加强对边境地区散放奶牛的巡查力度，为LSD风险评估提供科学依据。

3. 免疫接种

如有必要，根据各地实际情况，疫区可进行免疫接种，但必须逐级上报，待批准并备案后方可实施。

（1）常规免疫程序。每年3月份，可试用山羊痘活疫苗5头份对所有易感牛进行普免，21~30天后再进行强化免疫1次；犊牛在出生后，可试用5头份山羊痘疫苗进行首次免疫，21~30天后强化免疫1次。

（2）一刀切式免疫程序。下列一刀切式免疫程序（表3-1）可供参考。

表 3-1 一刀切式免疫程序

	项目	时间	免疫对象
基础免疫	首免	3月底至4月初	全部易感牛
	二免	4月底至5月初	
犊牛免疫	首免	0~30日龄	犊牛
	二免	30~60日龄	

十六、牛传染性角膜结膜炎

（一）诊断要点

1. 病原及流行特点

主要是由牛莫拉菌（又名牛嗜血杆菌）引起，俗称"红眼病"。多发于炎热潮湿的夏秋季节，传播迅速，呈地方流行性。

2. 临床症状及病理变化

病初多为单眼，然后发展为双眼。病初畏光，大量流泪，眼睑肿胀，其后角膜凸起，巩膜充血，瞬膜红肿，角膜上出现白色或灰色小点。严重者，角膜增厚，发生溃疡，形成痕，有时眼前房积脓或角膜破裂，晶状体脱落。一般无全身症状，愈后往往失明。

3. 应与传染性鼻气管炎和恶性卡他热等鉴别。

（二）防控

1. 防控

（1）检疫。在引进种牛过程中，避免带菌牛混入牛群。切勿从疫区引进牛、饲料及动物产品。引进的牛要隔离观察 3~7 天，严格消毒圈舍、器具，观察无病的方可入群。

（2）卫生消毒。坚持每天清扫圈舍，定期消毒，营造良好的养殖环境。消灭蚊虫，尤其是消灭各种吸血昆虫。加强环境护理，避免牛只接受强光刺激。

（3）加强免疫。国外有研究使用具有菌毛和血凝性的菌株研制的多价疫苗用于疾病防治，效果较好。在正常情况下，用于犊牛免疫注射，30 天后可产生很好的免疫效力。

（4）及时隔离。在日常饲养管理过程中，一旦有疑似病症出现，立即进行隔离治疗。发病区域立即划定为疫区，严禁疫区牛只随意出入。被污染区域立即进行全面、彻底、严格的消毒处理。病牛要早诊断、早治疗,避免强烈阳光刺激。

2. 治疗

倘若发现牛群中出现患传染性角膜结膜炎的病牛应及时隔离,将其安置在安静、避光的圈舍内,给予质地较软的饲料和干净的饮水。治疗时先用2%～4%硼酸溶液清洗病牛的病眼,随后滴入硝酸银溶液、蛋白银溶液、硫酸锌溶液或葡萄糖溶液等进行治疗,也可涂抹青霉素、四环素软膏或滴入抗生素眼药水进行治疗,如果病牛眼角膜混浊或角膜翳时,可涂抹1%～2%黄氧化汞软膏。使用冰片、硼砂、明矾等中药研制成细末,撒在病眼或水煎后清洗病眼也可取得较好的治疗效果。也可采取注射的方式进行治疗,可使用庆大霉素20～50毫克或青霉素30万单位向病眼的结膜下注射,每天1次,连续3天;也可肌内注射盐酸四环素每千克体重20毫克,3天重复1次;或静脉注射磺胺二甲嘧啶每千克体重100毫克,可取得较好的效果。

若病牛角膜深层溃疡或角膜穿孔,可采取瞬膜瓣遮盖术进行治疗,有助于关闭已穿透的角膜溃疡。首先,对手术部位进行局部麻醉,必要时可加肌内注射镇静药物。先在结膜下注射抗生素,用灭菌三棱针经上眼睑外眼角由外向内进针,越过眼球经瞬膜内侧进针、从瞬膜外侧出针,隔数厘米再由瞬膜外侧进针、瞬膜内侧出针,最后至下眼睑的外眼角穹隆处由内向外穿出皮肤,打结后形成褥式缝合,也可做上下眼睑缝合术以便对第三眼睑瓣提供支持。

十七、牛气肿疽

(一) 诊断要点

1. 病原及流行特点

由气肿疽梭菌引起。多见于2岁以下的小黄牛,炎热潮湿季节多发,常呈地方流行性。

2. 临床症状及病理变化

突然发病,体温升高(41～42℃),食欲废绝、反刍停止,出现跛行。不久在腰、荐、肩等肌肉丰满部出现炎性气性水肿,并迅速向四周扩散;肿胀部初有热痛、后变冷行性、无痛;肿胀部皮肤干燥,呈暗红色或黑色,压之有捻发音,叩诊呈鼓音;肿胀破溃或切开后,流出污红色带泡沫的酸臭液体。呼吸困难,脉搏细弱。

切开肿胀部位,可见肌肉内有暗红色坏死,有小空隙,切面呈海绵状,有酸味；肝、肾暗黑色，有大小不等的坏死灶；淋巴结充血、水肿或出血。

3. 确诊

取肿胀部位肌肉、水肿液涂片或肝脏表面压片，染色镜检，可见单个或两个连在一起的无荚膜、有芽孢的气肿疽梭菌。

（二）防控与治疗

1. 防控

对疫区及受威胁区，每年春天给牛接种气肿疽菌苗，小牛长至6个月时再加强免疫1次。非疫区发病时，立即对全群进行检疫，健康牛注射疫苗并转移牧场；假定健康牛隔离观察，1周后再注射疫苗；病牛和可疑牛就地隔离治疗。

2. 治疗

早期大剂量使用抗菌药物，如青霉素肌内注射，4次/天，或10%磺胺嘧啶钠溶液脉注射，2次/天。必要时配合强心解毒疗法。

早期可在局部肿胀的周围分点注射0.25%普鲁卡因青霉素；如出现组织坏死，应进行外科手术切除，并用2%高锰酸钾或3%双氧水冲洗。

十八、牛巴氏杆菌病

（一）诊断要点

1. 病原及流行特点

由多杀性巴氏杆菌引起，又称牛出血性败血症。秋末、冬初及天气骤变时容易发病。

2. 临床症状及病理变化

急性败血型表现突然发病，体温升高达40~42℃，精神沉郁，食欲废绝，呼吸困难，鼻流带血泡沫，腹泻，粪便带血，多在12~48小时死亡；肺炎型表现痛性干咳，叩诊胸部浊音，听诊有支气管啰音，胸膜摩擦音；水肿型表现胸前、头颈部水肿，舌咽高度肿胀，呼吸困难，眼红肿，流泪，有时出现血便。

剖检，可见黏膜和内脏表面广泛点状出血，胸腔内有纤维素样液体，肺与心包、胸膜等处粘连，肺组织肝样变，有小坏死灶；肿胀部位呈出血样胶样浸润。

3. 实验室诊断

病变部位采取组织或渗出液涂片，用碱性亚甲蓝染色镜检，可见两极浓染的短杆菌。

（二）防控与治疗

1. 防控

（1）加强管理。加强饲养管理，避免牲畜拥挤、受寒等应激因素。增强机体抗病力，尽量消除可能降低抗病力的因素。

（2）严格消毒。牛舍、饲喂用具等用10%石灰乳或5%氢氧化钠溶液进行严格消毒。对垫草等污染物进行焚烧处理。粪便堆积后用5%氢氧化钠溶液表面消毒后再进行生物热处理。对尸体应先消毒外表后再深埋。

（3）定期接种。发病地区，定期接种牛多杀性巴氏杆菌病灭活疫苗，皮下或肌内注射。体重100千克以下的牛，每头4毫升；体重100千克以上的牛，每头6毫升。免疫期为9个月。

牛多杀性巴氏杆菌病灭活疫苗切忌冻结，冻结过的疫苗严禁使用；仅用于接种健康牛；使用前，应将疫苗恢复至室温，并充分摇匀；接种时，应作局部消毒处理，每头牛用1个灭菌针头；接种后，个别牛可能出现过敏反应，应注意观察，必要时采取注射肾上腺素等脱敏措施抢救；用过的疫苗瓶、器具和未用完的疫苗等应进行无害化处理。

猪、牛巴氏杆菌病灭活疫苗用于预防猪和牛多杀性巴氏杆菌病，皮下或肌内注射3毫升，免疫持续期为9个月。

2. 治疗

病牛和疑似病牛，要严格隔离。早期应用青霉素400万单位、链霉素500万单位，肌内注射，3次/天，连用3天；或20%磺胺嘧啶钠注射液100毫升，加入500毫升5%葡萄糖注射液内静脉注射，每天2次。必要时进行强心、补液等对症治疗。

对症状表现严重的病牛，可用5%葡萄糖注射液500毫升、青霉素钠盐800万单位、0.5%氢化可的松注射液500毫克、40%乌洛托品注射液80毫升，静脉注射，每天2次。或用10%磺胺嘧啶钠注射液200毫升、40%乌洛托品注射液80毫升、10%维生素C注射液40毫升、生理盐水500毫升，静脉注射，每天2次。

呼吸困难者用氨茶碱注射液20毫升、5%葡萄糖注射液500毫升、新胂凡纳明3克，混合后避光静脉滴注，每天1次。

中药用金银花、黄连、黄芩、栀子、茵陈、马勃各50克，牛蒡子30克，连翘、射干、山豆根、天花粉、桔梗各60克，水煎取汁，1次灌服。

十九、犊牛大肠杆菌病

(一) 诊断要点

1. 病原及流行特点

由致病性大肠杆菌引起。多发于 10 日龄以内的犊牛，冬、春季节多发。气候骤变、阴冷潮湿、饲料和饲养条件变更，卫生不良，母乳过浓或不足，均可促进该病的发生与传播。

2. 临床症状及病理变化

败血型发生于 2~3 日龄的犊牛，呈急性经过，发热、沉郁，间有腹泻，迅速死亡；肠毒血型常突然死亡，但有的表现先兴奋，后沉郁甚至昏迷，腹泻；白痢型多发于 1~2 周龄的犊牛，初排黄色粥样稀便，后呈水样、灰白色，混有乳块、泡沫或血丝，恶臭，病末期肛门失禁，常腹痛，可继发肺炎和关节炎。

急性死亡的病犊剖检无明显病变。白痢型死亡者，见真胃内有凝乳块，黏膜充血，水肿，有出血点；小肠黏膜充血、出血及部分黏膜脱落，腔内有血液和气泡，肠系淋巴结肿大，切面多汁；心内膜出血；肝、肾苍白，有出血点；胆囊内充满黏暗绿的胆汁，病程长者，可见肺炎及关节炎的变化。

(二) 防控与治疗

1. 防控

保证牛舍和牛体的卫生，搞好产房的卫生和消毒；让犊牛尽早吃上初乳，防止接触粪便；断奶期避免突然改变饲料，要逐渐过渡。母牛怀孕期间要给予足够的营养，产前 1 个月时注射相应血清型的大肠杆菌菌苗，以提高初乳中特异性抗体的含量。保证水质清净，可让犊牛自由饮用 0.1%~0.5% 的高锰酸钾水。若发现牛患病，须及时隔离，地面和垫草用生石灰全面消毒，对患病犊牛及时进行有效治疗。

2. 治疗

大肠杆菌病的治疗主要采用抗菌治疗配合其他对症治疗，如适时止泻、强心补液和调整、改善胃肠功能。

(1) 抗生素治疗。常用的药物有以下 4 种，为了在生产实际中更为有效地防治大肠杆菌病，尽可能先做药敏试验，然后有针对性地进行用药。

庆大霉素注射液每千克体重 1~1.5 毫克，肌内注射，每天 2 次；磺胺甲基嘧啶注射液每千克体重 0.08~0.2 克，口服，每天 2 次。或用链霉素每千克体重10毫克,肌内注射,每天2次。

(2) 补液。补液的剂量依据脱水的程度来定,若有食欲或能自吮,可以口服补液盐,不能自吮时静脉注射补液。口服补液盐的配方为氯化钠3.5克,氯化钾1.5克,碳酸氢钠2.5克,葡萄糖20克,加水1 000毫升,也可以购买商品补液盐,配成水溶液,全天自由饮用以防脱水。

病犊牛不能自食时可用葡萄糖氯化钠注射液或复方氯化钠液1 000~1 500毫升,静脉注射。发生酸中毒时,可用碳酸氢钠注射液80~100毫升缓慢静脉注射。

(3) 调整肠胃功能。用乳酸2克、鱼石脂20克,加水90毫升调匀,每次灌服5毫升,每天2~3次。也可口服保护剂和吸附剂,如次硝酸铋5~10克、白陶土50~100克、活性炭10~20克等,以保护肠黏膜,减少毒素吸收,促进早日康复。

(4) 调整肠道微生态平衡。病情有所好转时,可停止应用抗菌药物,口服调整肠道微生态平衡的微生态制剂。如促菌生6~12片,配合乳酶生5~10片,每天2次;或健复生1~2包,每天2次;或其他乳杆菌制剂。

二十、牛沙门氏菌病

牛沙门氏菌病俗称犊牛副伤寒,是由沙门菌属菌引起的一种临床上以败血症和肠炎为主要特征的传染病,主要侵害幼龄犊牛,有的可引起妊娠牛发生流产。

(一) 诊断要点

1. 病原及流行特点

由鼠伤寒沙门菌和都柏林沙门菌引起。多见于10~30日龄犊牛,呈流行性,未喂初乳、乳汁不良、断奶过早、寒冷潮湿、寄生虫侵袭可诱发该病。

2. 临床症状及病理变化

病初体温升高(40~41℃),排黄色稀便,继而混有黏液、带血或纤维素性絮片;腹痛,脱水而死亡;未死亡者可能发生关节炎或支气管肺炎;成年牛多呈隐性感染,少数下痢、腹痛;孕牛可发生流产。

剖检,可见胃肠黏膜、浆膜出血斑,肠系膜淋巴结水肿、出血;脾肿大,质地坚硬如橡皮样,有散在坏死灶;肝脏有小坏死点;胆囊壁增厚;关节、腱鞘有胶样浸润。

(二) 防控与治疗

1. 防控

(1) 免疫接种。使用牛副伤寒灭活疫苗定期进行免疫接种,免疫期为6个月。肌内注射,1岁以下牛每头1毫升;1岁以上牛每头2毫升。为提高免疫效果,对1岁以上的牛,在第1次接种后10日,可用相同剂量再接种1次。在已发生牛副伤寒的畜群中,可对2~10日龄的犊牛进行接种,每头1毫升。孕牛应在产前45~60日时接种,所产犊牛应在30~45日龄时再进行接种。

(2) 加强饲养管理。加强母牛及犊牛的饲养管理,消除各种致病诱因。及时清扫牛舍,彻底清除舍内污物及粪便,定期组织消毒,破坏细菌滋生的外部条件。定期检查饮水及所用饲料质量状况,保证食源洁净卫生。

(3) 及时饲喂初乳。保证犊牛尽早吃上初乳,尽快获得母源抗体,抵御疾病侵袭。

(4) 加强检疫。加强疾病检疫工作,及时检出患病牛及带菌牛。根据疫病检疫结果,对有治疗价值的病牛,应进行隔离治疗。病重牛可予以淘汰,病死牛应进行无害化处理,深埋或焚烧,不能食用。

2. 治疗

首选药物庆大霉素注射液每千克体重1~1.5毫克,肌内注射,每2次;或磺胺甲基嘧啶注射液每千克体重0.08~0.2克,口服,每天2次;或链霉素每千克体重10毫克,肌内注射,每天2次。

在应用上述药物治疗的同时,可用药物配合调整肠胃功能。对流产母牛,还须用0.5%高锰酸钾溶液冲洗阴道和子宫。伴发子宫内膜炎时,可用长效土霉素子宫灌注。

对重症牛可配合中药治疗,采用黄连解毒汤加减白头翁汤。

二十一、牛坏死杆菌病

(一) 诊断要点

1. 病原及流行特点

由坏死梭杆菌引起。夏季多发,呈散发或地方性流行。

2. 临床症状及病理变化

成年牛表现腐蹄病,病初跛行,无创口,但发热、肿胀,以后趾间或蹄后部皮肤出现坏死区,并向上蔓延,甚至波及关节,或引起蹄匣脱落。犊牛呈现坏死性口炎(犊白喉)。病初体温升高,厌食,流涎,有时发生咳嗽和呼吸困难，口腔及喉头有界限明显的硬肿，上覆坏死物，脱落后露出溃疡面。

成年牛坏死灶内充满黄色恶臭的脓汁；犊牛在肺内形成圆而硬的灰黄色坏死结节，肝、肠道也有坏死灶。此外，还有坏死性脐炎和腹膜炎。

3. 实验室诊断

可疑牛，由病、健组织交界处采取病料涂片，用石炭酸复红-亚甲蓝染色，镜检可见着色不匀、浅蓝色长丝状杆菌。

(二) 防控与治疗

1. 防控

避免皮肤、黏膜的损伤，避免在崎岖不平和碎石凌乱的道路上驱赶牛，加强环境卫生和护蹄，发生外伤要及时处理，补充钙源，防止犊牛异嗜乱啃。

2. 治疗

对犊牛白喉，小心除去口腔内的假膜，用鲁戈氏液或3%过氧化氢冲洗，然后涂擦碘甘油，1~2次/天，直至痊愈。对腐蹄病，应彻底清除坏死组织，用0.1%高锰酸或3%来苏儿冲洗，然后涂擦10%福尔马林或大黄石灰末（大黄、石灰等量混配），用布带包扎，涂布石膏。重症者，辅以抗生素类药或磺胺类药物及必要的对症治疗。

二十二、牛放线菌病

(一) 诊断要点

1. 病原及流行特点

由多种放线菌引起。以2~5岁的牛易感。一般呈散发。

2. 临床症状及病理变化

病菌侵害颌骨时，上下颌骨肿大，界限明显，引起咀嚼、吞咽困难；侵害舌肌时，舌组织肿胀变硬、不灵活，流涎，咀嚼困难；侵害乳房时，出现硬块或整个乳房肿大、变形，排出黏稠、混有脓的乳汁；侵害肺脏时，多形成慢性肉芽肿。病程缓慢者皮肤破溃形成经久不愈的瘘管。

脓液呈乳黄色，其中有坚硬光滑的、黄白色的细小菌块，似硫黄样粒；肉芽肿呈圆形、隆起、黄褐色、蘑菇状，表面偶见溃疡。受损骨骼骨体肥大，骨质疏松。

3. 实验室诊断

取脓汁中的"硫黄颗粒"，压片镜检，或取病变组织做成切片镜检即可确诊。

(二) 防控与治疗

1. 防控

该病一般是从损伤的口腔黏膜侵入组织而致病的。预防该病发生，应注意清除饲料中的金属异物和硬的谷物芒刺等。舍饲时最好将干草、谷糠等饲草浸软后再饲喂，避免刺伤口腔黏膜。还要防止皮肤、黏膜发生损伤，如有伤口，应及时处置。发现病牛要立即隔离治疗，并对污染的用具进行消毒。此外，还应避免在低洼湿地放牧。

2. 治疗

硬结小者，在硬结周围注射一定量的青霉素和链霉素；硬结大者，外科手术切除，若有瘘管形成要连同瘘管彻底摘除，创内撒布等量混合的碘仿和磺胺粉，然后缝合，创围注射10%碘仿醚或2%鲁戈尔液，同时内服碘化钾，成年牛5~10克/天，犊牛2~4克/天，连用2~4周；重症者，可静脉注射10%碘化钠，每次50~100毫升，每2天1次，共3~5次；若出现中毒现象，停用药5~6天。

骨骼受侵时，由于骨质改变，难以治愈。

二十三、肉牛真菌性皮肤病

（一）诊断要点

1. 病原及流行特点

肉牛真菌性皮肤病病原主要有疣状毛癣菌、须毛癣菌、石膏样毛癣菌、石膏样小孢子菌、犬小孢子菌等病原菌侵害肉牛的毛囊、皮肤，致使皮肤鳞屑化，被毛易断。能形成圆形、屈光性强的孢子，孢子排列致密，对外界环境的抵抗力很强，在皮屑被毛内可保持数年，土壤中可保持数月，能抵抗100℃干热1小时。2%福尔马林溶液或8%苛性钠溶液作用30分钟可将其杀死。另外，阳光直射对病原真菌有致死作用。

传染源主要为病牛（带菌/排菌）、带菌动物（猫、犬）及污染环境（栏舍、器具）。传播途径主要为直接接触（病牛与健康牛）、间接接触（污染的梳毛工具、垫草、人员衣物）、环境传播（孢子随尘埃扩散）。易感群体主要为幼龄牛（3—12月龄，皮肤屏障未发育完全）、高密度饲养牛群（潮湿、通风差环境促进真菌繁殖）、免疫力低下牛（如营养不良、慢性疾病牛）。季节性主要为我国南方地区雨季（6—9月）高发，因湿度大、栏舍易潮湿，利于真菌孢子存活和传播。

2. 临床症状

肉牛真菌性皮肤病的症状因病原种类、感染部位及牛只免疫状态而异。好发部位主要为头部（眼周、耳廓、鼻镜）、颈部、四肢（球节、跗关节）、尾部及会阴部（幼龄牛更集中）。典型症状初期为局部皮肤出现圆形/椭圆形红斑（直径1~5厘米），边界清晰，表面覆盖灰白色/黄色皮屑，毛发松动易脱落（"断毛"）。进一步发展后病灶扩大（可融合成片），皮屑增厚结痂（黄褐色/灰白色），毛发完全脱落，露出红色光滑皮肤（"秃斑"）；严重时出现水疱、渗出（须毛癣菌感染常见），继发细菌感染时局部化脓、恶臭。病牛频繁蹭墙、蹭栏杆或啃咬患部（瘙痒但不剧烈，可与疥螨病的剧烈瘙痒鉴别）。

3. 实验室诊断

需结合流行病学、临床症状，通过实验室检测确诊，避免与疥螨病、湿疹、锌缺乏症等混淆。

(1) 直接显微镜检查

刮取患部皮屑、断毛或分泌物，置于载玻片上，滴加10%~20%氢氧化钾（KOH）溶液，覆盖盖玻片，微加热（不沸腾）后镜检。可见分支菌丝（皮肤癣菌）；皮肤癣菌感染可见厚壁大分生孢子（棒状）及簇生小分生孢子。阳性率60%~80%（受样本采集量、真菌活性影响），阴性不能排除感染。

(2) 真菌培养

将样本接种于沙堡弱培养基（SDA，含氯霉素抑制细菌），25~28℃培养2~4周，观察菌落形态及镜下特殊结构。

疣状毛癣菌：分离株在SDA上生长非常缓慢，培养14天，可见中心隆起、外围扁平的纽扣状白色蜡状菌落，背面无色素，菌丝浸没生长。在缺乏如肌醇和维生素B_1营养物质的条件下，菌落形态发生改变，菌落呈放射菌丝状，呈白色或灰色，中心至外围呈扁平状，菌丝浸没生长。分离株在SDA上28℃培养，10天内出现大孢子、小孢子和典型的链状孢子结构。大分生孢子显示2~7个薄横隔，为棒状，尖端圆形，表面光滑。小分生孢子呈卵球形，粘附在分枝菌丝上。还可观察到链状孢子、囊状孢子顶生和鹿角状菌丝等特殊结构。

须毛癣菌：菌落淡红色/灰白色，表面粉末状，镜下见细长梭形大分生孢子及厚膜孢子。

犬小孢子菌：菌落淡黄色绒毛状，边缘不整齐，镜下见厚壁大分生孢子（棒状）及簇生小分生孢子。

(3) 分子生物学检测

采用ITS测序技术，对培养后的菌落或直接样本进行基因分型。快速（24~48小时）、特异度高，可区分近缘菌种（如犬小孢子菌与其他皮肤癣菌），适用于疑难病例。

(二) 防控与治疗

1. 防控措施

(1) 环境控制。保持栏舍干燥通风（湿度≤70%），雨季及时清理粪污（每日2次），避免牛只长时间淋雨或接触积水；控制饲养密度（每头牛占栏面积≥4米²），减少摩擦、潮湿导致的皮肤损伤。

(2) 卫生消毒。每日清扫栏舍，用2%氢氧化钠溶液或0.5%过氧乙酸喷洒消毒地面、墙壁及器具（梳毛刷、注射器、缰绳）；垫草定期更换（每周1次），污染垫草需焚烧或高压灭菌（121℃，20分钟）。

2. 治疗

(1) 局部治疗

病灶处理：用温肥皂水（40℃左右）轻柔清洗患部（避免用力摩擦损伤皮肤），去除结痂、皮屑及污染物，干毛巾擦干后涂抹药物。

(2) 外用药选择

酮康唑乳膏（2%）：犬小孢子菌感染首选，每日2次，涂于患部及周围1~2厘米健康皮肤，疗程2~4周。

特比萘芬喷雾剂（1%）：适用于大面积感染（如躯干），每日1次，疗程3~4周（药物渗透性好，使用方便）。

硫化硒洗剂（2.5%）：用于躯干或四肢大面积感染，每周2次药浴（药浴后需用清水冲洗残留，避免刺激）。

克霉唑软膏（1%）：局部小面积感染（如阴门、乳头），每日2次，疗程2周。

(3) 全身治疗

适用于严重感染（病灶>体表面积10%）、反复发作或伴发全身症状（发热、消瘦）的病牛。

口服抗真菌药。

伊曲康唑（Itraconazole）：剂量5~10毫克/千克体重，每日1次，连用10~14天（需拌料或灌服，肝功能异常牛慎用）。

特比萘芬（Terbinafine）：剂量30~40毫克/千克体重，每日1次，连用2~3周（安全性高，对皮肤癣菌效果显著）。

还可选择其他常用药物有咪康唑、克霉唑、灰黄霉素、两性霉素B等抗真菌药物。

中药辅助：可联合黄柏、苦参、地肤子等中药煎剂（1:10稀释后喷涂患部），每日1次，连续1~2周（清热燥湿、抗炎止痒）。

第四章 现代肉牛常见寄生虫病的防控与治疗

一、毛圆线虫病

（一）诊断要点

1. 病原及流行特点

由毛圆线虫寄生于反刍动物的真胃和小肠引起。多发生于春季。

2. 临床症状

急性病例少见，多发生于羔羊，常呈突然发病、迅速发展的进行性贫血。慢性病例常见，以贫血和消化紊乱为主；患病动物被毛粗乱，消瘦，精神委顿，可视黏膜苍白，下颌间隙和体下部发生水肿；放牧时离群，常出现便秘，粪中带黏液，出现下痢的少见，最后多因极度虚弱而死亡。

3. 确诊

用饱和食盐水漂浮法检查粪便虫卵，可发现大量毛圆线虫卵。病死动物剖检可在第四胃、小肠发现大量毛圆线虫的成虫或幼虫。

（二）防控

1. 治疗

根据当地的流行情况给全群牛、羊进行驱虫，一般春、秋各进行1次。冬季可用高效驱虫药驱杀黏膜内的休眠幼虫，以消除春季排卵高潮；在转换牧场时应进行驱虫。可选用驱虫药有：左咪唑每千克体重8毫克，可混于饲料内喂给，也可作皮下注射；或丙硫咪唑每千克体重10~15毫克，拌入饲料中喂服或配成10%混悬液灌服；或甲苯咪唑每千克体重10~15毫克，1次口服；或伊维菌素0.2毫克/千克体重，皮下注射。

2. 预防

在严重流行地区，可将硫化二苯胺混于精料或食盐内自行舔服，持续2~3

个月，有较好的预防效果。

尽可能避开潮湿草地和幼虫活跃时间放牧；建立清洁的饮水点，合理地补充精料和无机盐；全面规划牧场，有计划地进行分区轮牧，适时转移牧场，控制载羊量。

二、食道口线虫病（结节虫病）

（一）诊断要点

1. 病原及流行特点

由毛圆科食道口线虫的幼虫寄生于反刍动物肠壁（从幽门到直肠之间任何部位）引起，成虫主要寄生于大肠内。主要发生于春秋季节，主要侵害羔羊和犊牛。

2. 临床症状

羔羊初期的急性症状是顽固性下痢，粪便呈黑绿色，多黏液，有时混血，呈现伸展后肢、弓背、翘尾等腹痛症状。转为慢性时，变为间歇性下痢，逐渐消瘦，贫血，生长受阻，常因极度衰弱而死亡。

3. 确诊

粪便可检出虫卵，但食道口线虫卵和其他一些圆线虫卵很相似，不易鉴别。根据剖检时发现肠壁上有大量幼虫结节和肠腔内的多量虫体做出判断。

（二）防控

1. 治疗

驱虫参照毛圆线虫病。可用左咪唑、丙硫咪唑、伊维菌素、噻苯唑等药驱虫，并对重症病牛进行对症治疗。

2. 预防

定期驱虫，加强营养。保护饲草、饮水清洁，粪便热处理，避免牛羊摄入大量感染性幼虫等。

三、仰口线虫病（钩虫病）

（一）诊断要点

1. 病原及流行特点

由仰口线虫寄生于牛、羊小肠内引起。

2. 临床症状

渐进性贫血，消瘦，下颌水肿，下痢，排黑色稀粪，体重下降，最后多因恶病质而死亡。

3. 确诊

可采用饱和食盐水浮集法检查粪便中的虫卵，但仰口线虫卵与其他圆线虫卵在形态上很难区别。因此，确诊主要根据死后剖检发现十二指肠和空肠中有大量虫体，黏膜发炎，有出血点和小啮痕。

(二) 防控

1. 治疗

驱虫参照毛圆线虫病。可用左咪唑、丙硫咪唑、噻苯唑、伊维菌素等药驱虫。

2. 预防

舍饲时应保持厩舍清洁干燥，严防粪便污染饲料和饮水，避免牛、羊在低湿地放牧或休息。

四、毛尾线虫病（鞭虫病）

(一) 诊断要点

1. 病原及流行特点

由毛尾线虫寄生于反刍动物的盲肠引起，主要感染羊，牛、骆驼、鹿较少见，主要危害幼龄动物。

2. 临床症状

轻度感染时，有间歇性腹泻，轻度贫血，影响生长发育；严重感染时可出现下痢，贫血，消瘦，粪中常带黏液和血液，食欲不振，发育障碍等。

3. 确诊

采用饱和食盐水浮集法可检出粪便中的虫卵。剖检可见盲肠和结肠内有多量虫体，黏膜有出血性坏死、水肿和溃疡。

(二) 防控

参考毛圆线虫病。还可选用羟嘧啶（驱除毛首线虫的特效药），每千克体重2~4毫克，1次口服。

五、犊新蛔虫病

（一）诊断要点

1. 病原及流行特点

由牛新蛔虫寄生于犊牛小肠内引起。流行于我国南方各省份，主要危害 2~5 月龄犊牛。

2. 临床症状

出生后 2 周的犊牛症状严重，表现精神沉郁、嗜睡，食欲不振，吮乳无力或停止吮乳，贫血，消瘦，腹胀，排稀糊样、灰白色腥臭粪便，有时腹痛、血便，口腔发出刺鼻的酸味。

3. 确诊

采用饱和食盐水浮集法，可检出粪便中的蛔虫卵。

（二）防控

1. 治疗

在该病疫区，对出生 10 天的犊牛全部进行 1 次预防性驱虫；对 6 月龄以内的犊牛，全部进行普查，粪检发现蛔虫卵的犊牛全部进行 1 次驱虫。可选用枸橼酸哌嗪（驱蛔灵）每千克体重 200~250 毫克，左咪唑每千克体重 8 毫克，混入饲料或饮水中给药；或丙硫咪唑每千克体重 10~15 毫克，混入饲料或配成混悬液给药。

2. 预防

搞好环境卫生，及时清除粪便并堆肥发酵。

六、前后盘吸虫病（胃吸虫病）

（一）诊断要点

1. 病原、流行特点及临床症状

肠道内幼虫可经小肠黏膜移行至胆管、胆囊和真胃，在瘤胃发育为成虫。幼虫移行时危害严重，表现为顽固性拉稀，粪便恶臭呈粥样或水样，有时粪中带鲜血并含有幼小的虫体。颌下水肿，逐渐消瘦。

2. 确诊

急性幼虫移行期病例，往往在粪便中找不到虫卵，可取大量粪便，采取反复水洗沉淀法，可在沉淀物中发现未成熟的幼小吸虫。慢性病例可用水洗沉淀法检查粪便，发现大量虫卵即可确诊。

(二) 防控

1. 治疗

参考肝片形吸虫病。

氯硝柳胺对前后盘吸虫幼虫有良好效果，每千克体重牛 50~60 毫克；溴羟苯酰苯胺，每千克体重牛 65 毫克，口服。也可应用硫双二氯酚，每千克体重牛 40~50 毫克，1 次灌服。

2. 预防

改良土壤，使潮湿地区干燥，不在低洼潮湿之地放牧，舍饲期间进行预防性驱虫，利用水禽或化学药物灭螺。

七、棘球蚴病

对家畜和人的危害严重，被世界动物卫生组织定为必须通报的动物疫病之一，我国农业农村部将其列为二类动物疫病。

(一) 诊断要点

1. 病原及流行特点

棘球蚴病又名包虫病，是由棘球属绦虫的幼虫即棘球蚴（包虫）引起的一类重要人畜共患寄生虫病。在流行区，中间宿主（牛、羊等）与终末宿主（犬、狼、狐狸等）有接触史，终末宿主吞食过带有棘球蚴包囊的脏器是该病传播流行的主要途径。

2. 临床症状及病理变化

细粒棘球蚴寄生于牛肝脏严重时，腹部明显膨大，扣触有浊音，触诊和按压肝区时出现疼痛。寄生于牛肺部时咳嗽，咳后长久卧地不起。

细粒棘球蚴寄生于牛肝脏严重时，营养失调，反刍无力，消瘦，右腹部显著增大，触诊和按压检查时有疼痛感，叩诊有半浊音往往超过季肋。寄生于牛肺部严重时，呼吸困难和有微弱的咳嗽；听诊时在不同部位有局限性的半浊音灶，在病灶处肺泡呼吸音减弱或消失。

3. 确诊

生前诊断比较困难。在尸体剖检时发现肝、肺等脏器组织有棘球蚴，棘球蚴为一个近似球形的囊，由豌豆大至小儿头大，囊内充满囊液。家畜可应用皮内变态反应检查法，采取棘球蚴囊液作为抗原，给动物皮内注射 0.1~0.2 毫升，5~10 分钟后如出现 0.5~2 厘米的红斑并有肿胀时即为阳性，但常与牛囊尾蚴、羊多头蚴等发生交叉反应，具有70%左右的准确性。也可应用间接血球凝集试验和酶联免疫吸附试验，有较高的特异性和敏感性。

（二）防治

1. 治疗

可用吡喹酮每千克体重牛25~30毫克，1次/天，连用5天；丙硫咪唑90毫克/千克体重，连服2次。

2. 预防

捕杀野犬、狼、狐，严格管理家犬，定期驱虫，以消灭感染源。可应用吡喹酮或氢溴酸槟榔素进行驱虫。驱虫后的犬粪应深埋或堆肥发酵无害化处理。妥善处理患病动物脏器，只有在煮熟无害化处理后方可作为犬饲料。保持畜舍、饲草料和饮水卫生，防止被犬粪污染。

《国家动物疫病强制免疫指导意见（2022—2025年）》对包虫病免疫的要求是：内蒙古、四川、西藏、甘肃、青海、宁夏、新疆和新疆生产建设兵团等重点疫区对羊进行免疫；四川、西藏、青海等省份可使用5倍剂量的羊棘球蚴病基因工程亚单位疫苗开展牦牛免疫，免疫范围由各省份自行确定。

八、绦虫病

（一）诊断要点

1. 病原及流行特点

由绦虫的成虫寄生于牛、羊等动物的小肠引起。莫尼茨绦虫主要感染1.5月龄至8月龄的羔羊或犊牛，无卵黄腺绦虫常见于成年牛、羊，曲子宫绦虫幼龄或成年动物均可感染。

2. 临床症状

严重感染时，幼龄动物消化不良，便秘，腹泻，慢性臌气，贫血，消瘦，最后衰竭而死。有时有神经症状，呈现抽搐和痉挛及旋回病样症状。有的由于大量虫体聚集成团，引起肠阻塞、肠套叠、肠扭转，甚至肠破裂。

3. 确诊

检查粪便中的绦虫节片，特别是在清晨清扫羊舍时，查看新鲜粪便，如在粪球表面发现孕卵节片即可确诊。用饱和食盐水浮集法检查粪便，有时可以发现莫尼茨绦虫卵。曲子宫绦虫和无卵黄腺绦虫卵较难检出。

（二）防治

1. 治疗

首选驱虫药丙硫咪唑，按每千克体重牛 5~6 毫克，口服，投药后灌服少量清水，驱虫前应禁食 12 小时以上，驱虫后留圈不少于 24 小时，以免污染牧地。农区放牧的牛，6 月底至 7 月中旬驱虫 1 次，11 月入冬前再驱虫 1 次；淘汰牛于当年 8 月驱虫 1 次；山区冬、夏牧场放牧的牛，应于第 2 年 3 月底至 4 月初转场前补驱虫 1 次。为防止长期应用产生抗药性，连续使用 3 年后可与吡喹酮（每千克体重牛 12 毫克）交替使用；也可应用硫双二氯酚，按每千克体重牛 60~80 毫克，口服。

2. 预防

合理调整放牧时间，为避开清晨甲螨数量高峰，夏秋一般以太阳露头，牧草上露水消散时进入牧地；冬季、早春甲螨钻入腐殖层土壤中越冬，故可按常规时间放牧。充分利用农作物茬地和耕翻地放牧，逐步扩大人工牧地的利用，实行轮牧并建立科学的轮牧制度。

九、巴贝斯虫病

（一）诊断要点

1. 病原及流行特点

该病由巴贝斯虫（梨形虫）寄生于反刍动物红细胞内引起，其流行情况与传播媒介蜱的滋生和消长密切相关，有一定的地区性和季节性。

2. 临床症状及病理变化

临床多为急性型表现，体温高达 40~41.5℃，呈稽留热，精神沉郁，喜卧，食欲减退，肠蠕动及反刍弛缓，常有便秘现象。发病 2~3 天后，迅速消瘦、贫血、黄疸，排恶臭的褐色粪便及特征性的血红蛋白尿。

剖检，可见黏膜苍白、黄染，血液稀薄如水，肝、脾肿大，胆囊肿大，第三胃干硬，似足球状，膀胱内充满红色尿液。

3. 确诊

主要依据血液涂片检出虫体。体温升高后 1~2 天，耳尖采血涂片检查，可发现少量圆形和变形虫样的虫体；血红蛋白尿出现期、虫体较多，且大部分为梨籽形虫体。

（二）防治

1. 治疗

应尽量做到早确诊、早治疗。除应用特效药物杀灭虫体外，还应针对病情给予对症治疗，如健胃、强心、补液等。常用的特效药有：二丙酸咪多卡注射液，皮下注射，每千克体重肉牛 0.85 毫克（相当于每 100 千克体重，肉牛 1 毫升）；预防用量为每千克体重肉牛 2.125 毫克（相当于每 100 千克体重，肉牛 2.5 毫升）；或注射用三氮脒每千克体重牛 3~5 毫克，临用前配成 5%~7% 溶液，肌内注射；或盐酸吖啶黄注射液静脉注射，一次量，每千克体重牛 3~4 毫克；或青蒿琥酯片内服，一次量，每千克体重牛 5 毫克，2 次/天，首次量加倍，连用 2~4 天。

2. 预防

（1）灭蜱虫。根据流行地区蜱的活动规律，实施有计划、有组织的灭蜱措施，常用的灭蜱药有：1%马拉硫磷、0.2%辛硫磷、0.2%杀螟松、0.2%害虫敌、0.25%倍硫磷乳剂或 25 毫克/升溴氰菊酯乳油剂。

（2）放牧改舍饲。牛羊群应避免到大量滋生蜱的牧场放牧，必要时可改为舍饲。

（3）预防性驱虫。流行地区放牧的牛、羊，在发病季节，可用二丙酸咪多卡注射液皮下注射；输入或外运牛羊必须进行检查，发现血液内有虫体时，应用抗梨形虫药进行治疗。

十、牛泰勒虫病

（一）诊断要点

1. 病原及流行特点

由泰勒虫（梨形虫）寄生于反刍动物的巨噬细胞、淋巴细胞和红细胞内引起。环形泰勒虫传播者残缘璃眼蜱生活在牛圈内，故环形泰勒虫病在舍饲条件下发生于 6—8 月，7 月为高峰；瑟氏泰勒虫传播者长角血蜱生活在山野或农区，故瑟氏泰勒虫病在放牧条件下发生于 5—10 月，6—7 月为高峰。

2. 临床症状及病理变化

临床表现体温升高至 40℃ 以上，结膜和全身可视黏膜贫血、黄染及有粟粒至高粱粒大的出血点，异食癖，尤以体表淋巴结肿胀为该病特征。

剖检，见血液稀薄，全身性出血，脾、肝、肾肿大；全身淋巴结肿大，切面多汁、有暗红色病灶和灰白色结节；真胃黏膜充血、肿胀，有帽针头至黄豆大、黄白色或暗红色的结节，结节部上皮细胞坏死后形成糜烂或溃疡，具有诊断意义。

3. 确诊

血片、淋巴结穿刺涂片检查可发现虫体。

(二) 防治

1. 治疗

参考巴贝斯虫病的治疗。对重危病例应根据临床症状给以强心、补液、止血、补血、健胃、缓泻、舒肝、利胆等对症治疗。

2. 预防

(1) 杀灭蜱虫。根据环形泰勒虫传播者残缘璃眼蜱的生活习性,12月至翌年1月用杀虫剂消灭在牛体越冬的若蜱,4—5月用泥土堵塞圈舍墙缝,闷死在其中蜕皮的饱血若蜱,6—7月用杀虫剂消灭寄生在牛羊体的成蜱,8—9月可再用堵塞墙洞的方法消灭在其中产卵的雌蜱和新孵出的幼蜱。瑟氏泰勒虫传播者长角血蜱生长于山地农区,可参考巴贝斯虫病杀虫措施。

(2) 药物预防。环形泰勒虫病可应用环形泰勒虫裂殖体胶冻细胞苗,接种后20天即产生免疫,但该虫苗对瑟氏泰勒虫病无交叉免疫保护作用。瑟氏泰勒虫病在发病季节可应用三氮脒进行药物预防,三氮脒每千克体重3~5毫克,临用前配成5%~7%溶液,肌内注射。新鲜黄花青蒿,每天每牛2~3千克,切碎,用冷水浸泡1~2小时,连渣分2次灌服,2~3天后染虫率下降。

十一、牛球虫病

(一) 诊断要点

1. 病原及流行特点

由艾美耳属的球虫寄生于牛的小肠、盲肠和结肠引起。各品种的牛都有易感性。病牛和带虫牛是该病主要的传染源。被有感染性的卵囊污染的饲料、饮水和用具也可成为传染源,常因采食被球虫卵囊污染的饲料或饮水而感染,刚出生的犊牛常因吸入被卵囊污染的母牛乳汁而感染。主要呈散发或地方性流行,多发于春、夏秋季,特别是多雨连阴的季节,在低洼潮湿的地方放牧以及卫生条件差的牛舍,都易使牛感染球虫。冬季舍饲期间也有发病的可能,主要由于饲料、垫草、母牛乳房被粪便污染,使犊牛受到感染。一般潜伏期为2~3周,犊牛患病一般为急性经过,成年牛常呈隐性感染,病程10~15天。

2. 临床症状及病理变化

临床症状以半岁至2岁的犊牛较为明显,发病率、死亡率高。多取急性经过,病初主要表现为精神沉郁,减食,粪便表面附有数量不等的鲜红血液和血凝块，在肛门周围还残留有新鲜血液。1周后表现消瘦，食欲废绝，反刍停止，排恶臭带血稀便，其中混有纤维素性薄膜样物。末期高度贫血，粪便黑色，几乎全为血液，最后因高度衰弱死亡。慢性型一般在发病后3~5天逐渐好转，下痢和贫血症状可能持续数月，粪便中常带少量血液，如饲养管理不良，可逐渐衰弱死亡。

剖检，见小肠和大肠广泛性卡他性炎症，小肠后段、盲肠和结肠内充满半流动性的血样内容物，肠黏膜肥厚，有广泛性出血性炎症，淋巴滤泡肿大突出，有白色和灰白色的小病灶，同时常常可见直径4~15毫米的溃疡，其表面覆有凝乳样薄膜。直肠内容物呈褐色，恶臭，有纤维素性薄膜和黏膜碎片。

3. 确诊

在病变部刮取物中发现有大量裂殖体、裂殖子或卵囊具有诊断意义。仅根据粪便检查有无卵囊做出判断是不确切的。急性球虫病一般发生在球虫的无性繁殖阶段，此时尚无卵囊形成，反之粪便中存在少量卵囊常常是隐性感染带虫者的特征。

(二) 防治

1. 治疗

可内服磺胺二甲嘧啶片，首次量每千克体重0.14~0.2克，维持量每千克体重0.07~0.1克，1~2次/天，连用3~5天；或托曲珠利混悬液内服，一次量，3~5日龄犊牛每千克体重15毫克。临床上应结合止泻、强心和补液等对症治疗。

2. 预防

圈舍应保持干燥、通风，清除积水，勤于打扫，定期消毒。饲料和饮水应保持清洁，严防粪便污染。及时发现、隔离、治疗病牛。犊牛应与成年牛分开饲养，哺乳母牛的乳房要经常擦洗。

十二、犊牛隐孢子虫病

隐孢子虫病是一种或多种隐孢子虫感染引起人、多种哺乳动物以及鱼类等宿主引起的一种人兽共患原虫病。隐孢子虫因能引起哺乳动物（特别是犊牛和羔羊）的严重腹泻而具有重要经济意义和公共卫生意义。

(一) 诊断要点

1. 病原及流行特点

由小隐孢子虫引起，主要寄生于犊牛、羔羊的回肠，其次是十二指肠和大肠。

传染来源是患病动物和向外界排卵囊的动物或人。卵囊对外界环境有很强的抵抗力。对大多数消毒剂有明显的抵抗力，只有 50% 以上的氨水和 30% 以上的福尔马林作用 30 分钟才能杀死隐孢子虫卵囊。宿主经口感染卵囊，一般通过污染的饲料和饮水而传播。隐孢子虫宿主范围很广，可寄生于多种哺乳动物、人、禽类、鱼、爬行动物。犊牛、绵羊感染率高。

2. 临床症状及病理变化

大量感染时，可引起犊牛腹泻，食欲缺乏，精神委顿，虚弱无力，体重下降，一般病程为 6~14 天，有的可复发。该病常可合并感染其他肠道病原体，使病情趋于复杂化。

3. 确诊

采用饱和食盐水或食糖溶液浮集法浓集粪便中的卵囊，由于卵囊极小，多采用涂片染色在 1 000 倍显微镜下检查。常用的染色方法为抗酸染色法或沙黄-亚甲蓝染色法。

（二）防治

1. 治疗

目前尚无特效药物，螺旋霉素、盐霉素、多黏菌素等对犊牛隐孢子虫病有一定疗效。

2. 预防

加强饲养管理和卫生措施，提高免疫力，阻断传播途径。50% 氨水 30 分钟以上、10% 福尔马林 120 分钟以上、30% 过氧化氢 30 分钟以上，有杀灭卵囊的作用，可用于牛羊舍消毒。

十三、牛皮蝇蛆病

（一）诊断要点

1. 病原及流行特点

由牛皮蝇和纹皮蝇的幼虫寄生于牛的背部皮下组织引起。

在每年的 4—5 月皮蝇的成蝇开始出现，刚开始不叮咬牛只，经过 5~6 天之后雌雄蝇开始交配，然后雌蝇在牛的四肢上部和腹部等部位产卵，产卵完成之后死去，经第 1 期、第 2 期、第 3 期幼虫后成蛹，并羽化为成虫，整个发育过程大约需要 1 年时间。患病牛是该病的主要传染源。雌蝇在产卵的过程中会引起牛恐惧和不安，影响牛的休息和采食，甚至造成损伤和流产等后果。第

1期幼虫可以钻入牛体内,引发疼痛和发痒的症状。第2期幼虫主要破坏牛只的组织。第3期幼虫主要造成皮下组织发炎,也可能出现继发感染,化脓和流出浆液。幼虫的数量不同和发育期不同对牛只产生的影响也存在差异性,但是都会影响牛的正常生长和发育,影响牛的生产性能,造成牛肉的品质下降。

2. 临床症状及病理变化

幼虫出现于背部皮下时易于确诊。最初可在背部摸到长圆形的硬结,过一段时间后可以摸到瘤状肿,瘤状肿中间有1小孔,可挤压出幼虫。此外,剖检时在食道浆膜下、皮下和脊椎管内可发现第一、二期幼虫。

(二) 防治

1. 治疗

可用倍硫磷乳油,肌内注射,一次量,每100千克体重,牛0.4~0.6毫升(相当于每1千克体重4~6毫克);外用,配成2%液状石蜡溶液。伊维菌素注射液,皮下注射,一次量,牛每千克体重0.2毫克。

2. 预防

消灭寄生于牛体的幼虫,尤其是一、二期幼虫,在防治牛皮蝇蛆病上具有极重要的作用。

十四、牛、羊螨病

(一) 诊断要点

1. 病原及流行特点

牛、羊螨病是由痒螨、疥螨、蠕形螨寄生于牛羊皮肤而引起的一种慢性寄生虫性皮肤病,又称牛羊疥癣病。该病分布广泛,我国东北、西北、内蒙古地区比较严重。

牛、羊螨病主要是通过病畜与健畜直接接触传播的。也可通过被螨及其卵污染的圈舍、用具造成间接接触感染。此外,饲养员、牧工、兽医的衣服和手也可能引起病原的播散。

该病主要发生于秋末、冬季和初春。因为这些季节日照不足,牛羊毛长而密,尤其是阴雨天气,圈舍潮湿,体表湿度较大,最适宜于螨的发育和繁殖。

夏季牛羊毛大量脱落,皮肤受光照射较为干燥,螨大部分死亡,只有少数潜伏下来,到了秋季,随气候条件的变化螨又重新活跃,引起螨病复发。

痒螨寄生于牛羊体表皮肤,本身具有坚韧的角质表皮,对环境中不利因素的抵抗力超过疥螨。如在6~8℃、85%~100%湿度条件下,在圈舍内能存活2

个月，在牧场上能存活35天。

2. 临床症状及病理变化

绵羊痒螨病多发于背、臀部密毛部位，然后波及全身。在羊群中首先引起注意的是羊毛结成束和体躯下部泥泞不洁，而后看到零散的毛丛悬垂于羊体，好像披着破絮。

水牛痒螨病多发于角根、背部、腹侧及臀部。体表形成很薄的"油漆起爆"状的痂皮，此种痂皮薄似纸，干燥，表面平整，一端稍微翘起，另一端与皮肤紧贴，若轻轻揭开，则在皮肤相连端痂皮下，可见许多黄白色痒螨虫在爬动。

牛疥螨病常发生于牛的头部、颈部、尾根等被毛较短的部位，严重时可遍及全身。

症状不够明显时，在患部与健部交界处用锐匙或外科刀刮取表皮，装入试管内，加入10%苛性钠（或苛性钾）溶液煮沸，待毛、痂皮等固形物大部分溶解后，静置20分钟，吸取沉渣，滴载玻片上，用低倍显微镜检查，有时还能发现幼螨、若螨和虫卵。

(二) 防治

1. 治疗

（1）药浴。

可根据具体条件选用木桶、旧铁桶、大铁锅、帆布浴池或水泥浴池进行药浴。药浴可选用500毫克/升辛硫磷，或250毫克/升二嗪农，或150~250毫克/升巴胺磷或300~500毫克/升双甲脒，或50毫克/升溴氰菊酯等。大群药浴前应先做小群安全试验。药液温度应保持在36~38℃，最低不能低于30℃。大群药浴时，应随时补充药液，以免影响药效。应选择无风晴朗天气进行。老、弱、羔羊和病羊应分群分批进行。药浴前应让牛饮足水，以免误饮中毒，药浴时间为1分钟左右，注意浸泡羊头。药浴后应注意观察，发现羊只精神不好、口吐白沫，应及时治疗。如一次药浴不彻底，过7~8天后重复进行第2次。

（2）其他用药。伊维菌素氧阿苯达唑粉内服，一次量，每千克体重牛0.2毫克；或伊维菌素注射液皮下注射，一次量，每千克体重牛0.2毫克；或伊维菌素浇泼剂背部浇泼，每千克体重牛0.5毫克。

2. 预防

药浴是预防该病的最佳办法。同时，要保持圈舍宽敞、干燥、透光，通风良好。引入家畜时事先了解有无疥螨病存在，经常注意畜舍中有无发痒、掉毛现象，发现问题，及时处置。

第五章 现代肉牛常见普通病的防控与治疗

第一节 常见内科病防控与治疗

一、前胃炎

前胃炎为临床常见病症,可发生在多种胃肠疾病的过程中,如治疗不当或治疗不及时,死亡率较高。

(一)诊断要点

1. 发病原因

前胃炎多继发于瘤胃积食、瘤胃臌气、前胃弛缓、百叶干、真胃阻塞等胃肠疾病,以瘤胃积食引起者居多。不合理反复大剂量灌服刺激性药物和高浓度盐类泻药,是引发前胃炎的主要因素。这些药物在胃内停留,改变胃内环境,渗透压升高,刺激胃黏膜变性、脱水、脱落,消化功能紊乱,有毒产物积聚吸收,致使机体出现自体中毒、组织脱水、中枢神经功能抑制等严重全身症状。犊牛前胃炎多因奶质不良、哺乳方法不当等因素引起。

2. 临床症状

病牛食欲、反刍基本停止,少量反复饮水,鼻镜干燥,耳鼻发凉,结膜暗红或发白,有树枝状充血,角膜干燥无光,皮肤缺乏弹性,毛焦体瘦,眼球下陷,血液浓稠、暗红,呈严重脱水状态;脉细弱增快,常有心律不齐,体温正常或稍高,呼吸如常。有的呕吐,食道反复出现蠕动波;有的流泪、磨牙、流涎。排粪很少,表面覆有黏液,个别牛腹泻,触诊瘤胃绵软、冲击有振水音、空虚或有多量液体,常反复慢性臌气,听诊瘤胃蠕动音消失或只能感到胃壁的起伏,真胃及肠运动减弱或消失。肉牛泌乳停止。病后期常有中枢神经抑制症状,精神沉郁或嗜眠,肌肉震颤,后躯摇晃或轻微运动失调。严重者,卧地不起，头歪一侧，衰竭而死。病程一般在 20 天左右。

(二) 防控与治疗

1. 防控

（1）积极治疗前胃疾病，如前胃弛缓、瘤胃积食、瘤胃臌胀等。

（2）正确应用盐类泻剂。瘤胃积食牛不可一次性服大量泻盐，以一次给予 300 克泻盐为宜，可分次给予，每日可给 2 次。用盐应多加水，使盐液浓度不过大，不超过 5%，服盐后还要让牛多饮水。在盐类泻剂的种类选择上，以硫酸镁和食盐合用效果较好。

（3）保证犊牛奶质优良、哺乳方法得当。

2. 治疗

（1）洗胃疗法。洗胃可以迅速排出瘤胃内容物，消除致病因素，改善胃内环境，防止自体中毒。先导出瘤胃积液后，灌入约 33℃ 温水 10~15 升，稍加按摩后，将液体导出。如此反复冲洗 2~4 次，最后灌入温水 5~10 升，加氧化镁 50~100 克；犊牛可用次硝酸钠 3~5 克、黄连素 3~5 克、庆大霉素 40~80 毫升。必要时可于翌日进行第 2 次或第 3 次洗胃。以后坚持用胃管连续投药 5~7 天，并坚持每天晚上接种健牛胃液或草团，防止胃内微生物环境被破坏。对有反复臌气的病牛用 0.1% 的高锰酸钾溶液洗胃，可有效制止臌气。

（2）药物疗法。为了解除自体中毒、脱水、增强中枢神经的保护性反应，可用 5% 葡萄糖生理盐水 3 000~4 000 毫升，20% 安钠咖 20~50 毫升，40% 乌洛托品溶液 20~40 毫升，静脉注射。同时配合静脉注射安溴注射液 100 毫升、5% 碳酸氢钠 300~500 毫升、维生素 C 注射液 20 毫升。为维护前胃运动功能，可用比赛可灵 2~5 毫升皮下注射，每隔 3~5 小时注射 1 次，每天连用 3~4 次。当病牛有体温反应时，可酌情使用抗生素。

当前胃功能有所恢复，胃内液体不多时，可用中药理中汤加减：党参 100 克，白术 120 克，炙甘草 40 克，干姜 50 克，肉蔻 50 克，广木香 40 克，茯苓 50 克，厚朴 50 克，白芍 30 克。口渴、饮欲增加者加沙参 30 克，石斛 50 克；口色青淡、耳鼻发凉者，加炮附子 15 克，良姜 18 克。犊牛剂量酌减。

二、前胃弛缓

前胃弛缓是由于前胃神经肌肉装置的感受性降低，导致前胃兴奋性变差、平滑肌自律性收缩力减弱，从而引起瘤胃内容物运转迟滞，微生物菌群失衡，消化机能障碍甚至全身功能紊乱的一种综合征。

(一) 诊断要点

1. 发病原因

(1) 原发性病因。日粮配合和饲养管理是导致前胃弛缓的常见原因。长期大量饲喂未经软化、碱化、氨化等处理,质量低劣的粗硬秸秆,霉变饲料,如稻草、豆秸、地瓜秧等,又缺乏足量的饮水;日粮中粗饲料磨得过细,精饲料在日粮中的占比过高;骤然更换草料品种、日粮配比、饲喂方式等;牛舍环境恶劣,通风不畅,潮湿泥泞,饲养密度过大,运动和光照不足,均可导致瘤胃机能降低,直接引发前胃弛缓。

(2) 继发性病因。该病可继发于牛的某些传染病、寄生虫病等疫病;口腔炎症、牙齿疾患影响咀嚼,前胃其他疾病,如瘤胃积食、酸中毒、创伤性网胃炎、瓣胃阻塞等肠道疾病、某些代谢性疾病、生产瘫痪等,影响前胃蠕动和食糜转运,导致食欲不振、反刍和嗳气停滞,从而继发前胃弛缓。

2. 临床症状

(1) 急性前胃弛缓。食欲减退,反刍弛缓甚至停滞;听诊,瘤胃蠕动音差,次数减少;触诊,瘤胃充满内容物,松软或坚硬;瘤胃叩诊,中下部明显浊音;粪便时干时稀,颜色暗淡且恶臭难闻。严重病例可出现间歇性瘤胃臌气、瘤胃酸中毒,患牛体温升高,鼻镜干燥甚至龟裂,眼球凹陷,黏膜发绀。

(2) 慢性前胃弛缓。病程较长,精神沉郁,食欲不振,体瘦贫血,被毛粗乱无光,可视黏膜苍白、异嗜。触诊,瘤胃内容物稀少,松软或干硬。如伴发瓣胃阻塞,则病情加重,全身衰竭,往往因自体中毒而瘫痪甚至死亡。

(二) 防控与治疗

1. 防控

改善饲养管理,是预防前胃弛缓的关键。确保肉牛日粮质量稳定、可靠,饲喂科学,不发霉变质,不随意更换,不带霜冻、冰雪、雨水饲喂;加强肉牛运动。

2. 治疗

继发性前胃弛缓首先治疗原发病,在此基础上促进瘤胃调控和瘤胃功能的恢复。

(1) 饥饿疗法。发病后,停喂草料1~2天,供足饮水,增加舍外运动。

(2) 缓泻制酵。用硫酸镁300~800克,加温水适量,配成6%~8%溶液;鱼石脂软膏10~30克,酒精100毫升,混合一次灌服。也可用小苏打150~200克加水5千克一次灌服;30分钟后用酵母片200片,人工盐200克,陈皮酊、大黄酊、番木鳖酊、龙胆酊各120毫升，加温水3 000~5 000毫升，一次口服。

（3）补液，纠正酸中毒。用25%葡萄糖注射液1 000~1 500毫升，5%维生素C注射液50毫升；5%碳酸氢钠注射液300~500毫升，分别静脉注射。

（4）兴奋瘤胃，恢复正常微生物区系。用5%葡萄糖氯化钠注射液1 000~3 000毫升，10%氯化钠注射液200~500毫升，静脉注射。复合维生素B注射液10~20毫升，或维生素B_1注射液100~500毫克，肌内注射。同时，可用手掌在牛的左肷部按摩，30分钟1次，每次按摩10分钟。

（5）健胃。恢复期内服健胃剂，可用香木鳖粉1克，干姜粉、龙胆粉各10克，混合后给牛一次内服，1次/天；或用龙胆粉、干姜粉、碳酸氢钠各200克、番木鳖粉16克，充分混合后分成8份，牛每次内服1份，2次/天。

（6）中兽医疗法。中兽医认为，牛前胃弛缓因脾虚不运所致，常见的有3种类型，如能辨证施治，效果更佳。

①脾胃虚寒型。证见病牛倦怠无神，立少喜卧，食少纳差，草料不化，粪便溏稀，体瘦毛枯，口色淡白，脉细无力。治宜补中益气，健脾和中。方用茯苓30克，砂仁20克，炒白术、党参、炒苍术、黄芪各15克，青皮、木香、厚朴各12克，甘草10克；或用木香60克，党参、炒白术、茯苓各45克，砂仁、陈皮、制半夏各30克，生姜、大枣各20克，甘草45克。共研细末，开水冲调，候温灌服。每天1剂，连用3~5剂。

②脾虚湿困型。证见倦怠少立，饮食废绝，渴不欲饮，右肷膨胀，大便溏稀，小便短少，口内黏滑或口涎外流，舌苔白腻，脉象细缓。治宜健脾祛湿，养胃消食。方用苍术、厚朴、陈皮、炒白术、茯苓各45克，泽泻、猪苓各30克，肉桂15克，甘草20克。每天1剂，连用3剂；或用茯苓、苍术、黄芪、白术、党参各60克，陈皮、厚朴各45克，甘草20克。共研细末，加姜、枣适量，开水冲调，候温灌服。每天1剂，连用3~5剂。

③湿热内蕴型。证见大便黏腻不爽，小便少而赤黄，口臭津少，苔黄，渴不欲饮，脉象濡数。治宜清热利湿，开胃消食。方用猪苓、茯苓各45克，滑石、黄芩各30克，大腹皮、白豆蔻、通草各15克；或用薏苡仁45、茯苓各45克，滑石、白术各40克，焦三仙（山楂、神曲、麦芽）各50克，半夏、杏仁、厚朴各25克，通草、白豆蔻、淡竹叶各20克。加水适量共煎，候温灌服。每天1剂，连用3~5剂。

三、瘤胃积食

瘤胃积食又称急性瘤胃扩张，是由于肉牛一时采食了大量难以消化的食物，导致瘤胃内积滞过多，体积变大，胃壁变薄，蠕动力变差而引起的一种前胃机能紊乱病症。

（一）诊断要点

1. 发病原因

（1）原发性病因。贪食或偷食过多难消化、易膨胀的饲料，或大量豆谷类精料，又缺乏运动。

（2）继发性病因。常见继发于胃病、口腔、腹腔、产科疾病以及某些营养代谢病、传染病、寄生虫病等。

2. 临床症状

（1）过食大量难消化、易膨胀的饲料引起的瘤胃积食。食少纳差，反刍、嗳气停滞，瘤胃蠕动差，听诊，瘤胃蠕动音弱或消失；腹痛，回头顾腹或用腿踢腹；左腹中下部明显膨大，触诊如面团，叩诊呈浊音或半浊音；因瘤胃内容物发酵产气，右肷部凸起。腹泻，严重者便中带血及黏液。产气过多，前压膈和胸腔，常导致呼吸困难。后期因自体中毒，全身肌肉震颤，走路摇摆，运动失调。

（2）过食大量豆谷类精料引起的瘤胃积食。与过食难消化、易膨胀饲料导致的瘤胃积食基本相同，但可从粪便或反刍物中发现偷食或过食的豆谷粒，右肷部凸起更加明显，腹泻、脱水，重则因自体酸中毒出现神经症状，表现视力障碍，不自主转圈或盲目冲撞，或嗜睡，心脏听诊音微弱。

（二）防控与治疗

1. 防控

加强常规饲养管理，特别是保管好谷物类精料，防止肉牛偷食；确保日粮配比合理。

2. 治疗

（1）排出瘤胃内容物。最直接、最有效的办法是用温水洗胃。用胃导管直接向瘤胃内灌注温水，再导出，如此反复数次，直至将瘤胃内容物全部或大部导出为止。如仍不能导出，须手术切开瘤胃，掏出 2/3 的内容物，剩下的内容物中加入清水和少量切碎的干草，接种健康牛的瘤胃液，缝合后加强护理。

（2）兴奋瘤胃，恢复正常微生物区系，同前胃弛缓。

（3）补液，纠正酸中毒，同前胃弛缓。

（4）强心、镇静。对过食豆谷类精料引起的瘤胃积食，如有心音微弱，可在输液时加20%安钠咖注射液20~50毫升、5%维生素C注射液50毫升；如有冲撞抵人等兴奋症状时，可肌内注射盐酸氯丙嗪注射液300~500毫克，或缓慢静脉注射水合氯醛酒精注射液100~250毫升，或水合氯醛硫酸镁注射液100~200毫升。

四、瘤胃酸中毒

过量饲喂或偷食富含碳水化合物的谷物饲料，或肉牛日粮中精饲料比例过高，牛瘤胃内高度发酵产酸（乳酸、乙酸、丙酸、丁酸等），导致pH值快速下降而引起的急性代谢性中毒综合征。

（一）诊断要点

1. 发病原因

牛偷食或短时间内饲喂大量精料、酸度过高的玉米青贮饲料、劣质青贮饲料后，在瘤胃内快速发酵产酸并淤积，使瘤胃环境内pH值快速降至5.0以下，导致瘤胃微生物区系失调，无法及时消化这些有机酸，被自体吸收进入血液后即引起急性酸中毒。

2. 临床症状

一般于采食后8~12小时开始发病。最急性病例在采食后0.5~3小时，不表现明显的临床症状就突然死亡。重症病例先兴奋后抑郁，表现兴奋不安，主动攻击障碍物或周围人群，盲目转圈，凝视或视觉障碍；随病情发展，精神渐差，沉郁嗜睡，卧地不起，麻痹瘫痪，角弓反张，反射消失，昏迷死亡。轻症病例表现目光呆滞，眼结膜充血潮红，反刍停滞，空口磨牙，流涎，粪便稀软；听诊，瘤胃蠕动音减弱或消失，触诊，有明显波动感，瘤胃冲击式触诊有震水音。

（二）防控与治疗

1. 防控

改善饲养管理，按照肉牛不同生长和育肥阶段的营养需要，合理配制日粮，满足粗纤维需要量。散养户要加强精饲料保管，防止被牛偷食。

2. 治疗

（1）手术疗法。最急性病例来不及治疗。条件具备时，可手术切开瘤胃取出精料，用5%碳酸氢钠溶液冲洗干净后，填充新鲜干草、健康牛瘤胃液，并与碳酸氢钠片100克，干酵母片150克，陈皮酊100毫升、番木鳖酊30毫升、复方龙胆酊100毫升、大黄酊100毫升一起填充。进行外科处理后，再进行综合调理。

（2）洗胃疗法。一般病例可先用1∶7石灰上清液，或5%碳酸氢钠溶液，或0.9%氯化钠注射液反复进行瘤胃冲洗，直至洗出液呈碱性或无酸臭味为止。同时给予瘤胃按摩。

（3）综合调理。在充分洗胃之后，采用以下治疗原则和治疗方法。

①抑制瘤胃内产酸，纠正酸中毒，镇静安神。5%碳酸氢钠注射液1 000毫升，甘露醇250毫升，静脉注射。

②强心补液。5%葡萄糖氯化钠注射液3 000~5 000毫升，20%安钠咖注射液20~50毫升，40%乌洛托品注射液40毫升，呋塞米注射液40毫升，注射用盐酸四环素5克，静脉注射。

③兴奋瘤胃，促进前胃蠕动并排毒。在牛左肷部进行瘤胃按摩的同时，可用酵母粉500克，加温水4 000毫升，一次灌服；用甲硫酸新斯的明注射液4~20毫克，肌内或皮下注射。

④保肝护肾，抗过敏。10%葡萄糖注射液2 000毫升，维生素B_1注射液30毫升，氢化可的松注射液100毫升，5%维生素C注射液50毫升，一次静脉注射。

五、瘤胃臌气

肉牛采食易发酵或腐败的饲料后，因发酵产气而导致腹部臌胀臌气的一种疾病。

（一）诊断要点

1. 发病原因

肉牛前胃神经反应性降低，收缩力减弱；经过了一个漫长的寒冬枯草季节，开春水草茂盛，当牛采食了容易发酵的饲料（如紫云英、肥嫩多汁的青草等），或腐败、变质的饲料，冰冻的块根类饲料，劣质的青贮饲料，有毒的饲料（如毒芹、茅莨等）后，在瘤胃内微生物的作用下异常发酵，产生大量气体，从而引起瘤胃急剧臌胀。

如果肉牛吃食大量的新鲜豆科牧草，如豌豆藤、苜蓿、花生叶、三叶草等，由于含有丰富的皂角苷、果胶等，则引起泡沫型臌胀，治疗比较困难。

犊牛也可因流行性感冒等继发该病。

2. 临床症状

发病急，常在采食饲料后不久即见腹围增大，尤以左腹膨大更明显，有时左肷窝可高出脊背；听诊，瘤胃蠕动音消失；叩诊，呈鼓音；触诊，有弹性。病牛表现不安、呻吟、哞叫、反刍、嗳气停滞；呼吸困难，张口喘气；因血液循环障碍而表现结膜发绀，脉搏亢进，严重者可导致窒息。

（二）防控与治疗

1. 防控

改善饲养管理。合理搭配日粮，确保日粮中含有适量的粗料。在大多数情况下，每天都要采食一定量的粗料，至少应保持在日采食量的10%~15%。控制发酵日粮的喂量，饲喂谷物类饲料不可研磨过细。加强看管，避免肉牛偷食豆科作物等精料。不喂含露水青草，禁食霉变饲料、饲草以及容易发酵或者难于消化的饲料。更换草料前，要有一段时间的适应过程，不可突然更换。从冬季舍饲变成春季放牧饲养时，可提前几天在舍内饲喂一些青草，使其逐渐适应。

2. 治疗

（1）洗胃疗法。轻度瘤胃臌气可施用洗胃疗法。

（2）放气减压，缓泻止酵。将患病牛牵到斜坡上，让牛呈前高后低位站立，进行瘤胃按摩，促进嗳气；还可以将涂有松馏油、鱼石脂、菜籽油或食用酱的椿木棒、其他木棒横置于患牛口中，木棒两端分别用小绳固定于两角根处，诱使其用舌头舔舐木棒，促使瘤胃内气体排出。

对重症病牛，如已出现呼吸极度困难时，须立即用套管针进行间歇性放气，取左肷部制高点处，剪毛、消毒，皮肤切口2~3厘米，垂直插入套管针直至瘤胃，然后拔出针芯进行放气。注意放气速度不宜过快。泡沫型臌胀放气时，套管针常被堵塞，可及时用注射器冲开。待瘤胃内气体基本放完后，不要马上拔出放气针，可经放气针将止酵剂直接注入瘤胃。普通止酵剂可直接使用普通食用油，如花生油、豆油、菜籽油、棉籽油等300~500毫升；泡沫性瘤胃臌胀时，宜用表面活性剂，常用二甲基硅油2~2.5克，加温水100毫升灌服。

（3）兴奋瘤胃，促进蠕动，强心。在牛左肷部进行瘤胃按摩的同时，可用酵母粉500克，加温水4 000毫升，一次灌服；用甲硫酸新斯的明注射液4~20毫克，肌内或皮下注射；浓氯化钠（10%）注射液200~300毫升，静脉注射。

（4）中药疗法。中兽医认为，瘤胃臌胀有气滞郁结、脾胃气虚及水湿困脾 3 种类型，应分别辨证施治。

①气滞郁结型（急性瘤胃臌胀）。多因过食易发酵产气、气泡又难融合的饲料所致。治宜行气化积。可用炒莱菔子 120 克，小茴香 60 克，枳实、木香各 45 克，陈皮、槟榔各 30 克，神曲 20 克，加水共煎，搅匀，候温灌服。

②脾胃气虚型。多因长期饲喂失节、脾胃气虚、运化不足而致病。也可继发于宿草不转、百叶干等。治宜行气健脾。可用党参、茯苓、白术、山药各 45 克，木香、砂仁、青皮、莱菔子、甘草各 30 克，加水适量共煎，候温灌服。

③湿困脾胃型（泡沫型瘤胃臌胀）。多因脾胃素虚，脾不运化，食糜难以排出，导致脘腹胀满，凝聚于胃腑成为泡沫而发该病。治宜健脾利水、祛湿降浊。方用大黄 120 克，木香、枳实、莱菔子、当归、青皮各 30 克，牵牛子、大戟、甘遂、芫花、甘草各 30 克。共研细末，开水冲调，加二甲基硅油 2.0~2.5 克，搅匀，候温灌服。

六、瓣胃阻塞

牛瓣胃阻塞，又称重瓣胃阻塞、瓣胃秘结、第三胃食滞、百叶干，是由于前胃运动机能障碍，瓣胃收缩能力减弱，导致草料停滞于瓣胃，水分被吸收而干涸，引起瓣胃麻痹，致使瓣胃秘结、扩张的一种疾病。临床上以食欲、反刍停止，排粪干、少，色黑如骆驼粪样，进而不排粪，瓣胃积聚大量干硬的饲料，各小叶间草料形成干硬的薄片，小叶坏死为特征。该病是牛的一种常见多发病，特别是舍饲养殖的牛和劳役过度的耕牛、老龄牛多发，发病率在牛前胃疾病中占 7.5% 左右，一般原发性少见，继发性多见，常见于冬末春初和舍饲养殖的牛。病程通常呈慢性经过，特征性症状出现晚，早期确诊困难大，待临床症状明显后诊断虽较容易，但疗效不佳，造成的经济损失大。牛瓣胃阻塞是目前设施养殖情况下牛的主要前胃疾病之一。

（一）诊断要点

1. 发病原因

（1）饲料和饮水品质不良。长期饲喂单一、品质低劣、未经处理、粗纤维含量高、坚韧难以消化的草料，如枯老的植物茎秆、苜蓿秸秆、农作物秸秆，如豆秸、谷草、蚕豆荚、马铃薯藤蔓、麦秸、稻草等粗硬饲料，或长期饲喂发霉、冰冻变质的饲料。

（2）饲料配合或调制不当。日粮配合不合理，饲料中某种营养成分不足或过多，造成消化障碍而发生；长期、大量饲喂精饲料和糟粕类饲料，如酒糟、豆腐渣，粗饲料过少或粉碎太细，导致消化机能紊乱；采食大量粗硬不易消化的饲料及细碎、粉状坚实的饲料，如带壳燕麦、柠条种子、麸皮、米糠、麦衣、粉渣、胡麻衣等，特别是长期用铡得过短的饲草喂牛，对前胃刺激不足，导致前胃神经兴奋性降低，为该病的主要病因之一。

（3）饲料中混有异物。饲喂混有泥沙的饲草饲料，使泥沙混入食糜，沉积于瓣胃瓣叶之间而发病；饲草饲料中混有塑料薄膜、塑料包装袋、布片、绳头等异物；误食化纤布或分娩后的母牛食入胎衣等；矿物质和维生素缺乏导致的异食癖牛误食毛巾、破布、塑料薄膜、袜子、井绳、裤子、毛发、毛线球等引起；长期缺乏食盐，食入碱土过多，或饮用污水，也可引起该病的发生。

（4）应激反应。长途运输，牛群过于拥挤，环境卫生不良，经常更换饲养员或调换牛舍，饥饱无常，不按时饲喂，或突然更换饲料和饲养制度；冬季圈舍阴冷潮湿，运动不足，缺乏日光照射，夏季暴晒，天气突然变化，受寒感冒；难产或因精神受到重大刺激，如惊慌、疼痛、发情时期的兴奋、严寒、酷暑、饥饿、疲劳、断乳、离群、恐惧、感染、手术、创伤、分娩、免疫等引起应激反应时，较易引起瓣胃阻塞的发生。

（5）饲养管理不当。采食过多精料而饮水又不足，脱圈、脱缰以后偷食过多精料，尤其是玉米、小麦等；设施养殖牛饲草饲料单一，青绿多汁饲料缺乏，长期拴系，运动不足，导致发病；粗饲料不足而突然增加精料，饲料中突然加入不适量的尿素或由某种精料改变为另一种精料时，因为前胃中微生物不能完全适应饲料的突然改变而发病；妊娠后期，因全身张力降低，瓣胃机能减弱或运动不足而发病；体弱，产后失调，长期舍饲牛缺乏运动，神经反应性降低；役用牛由于饮水不足或大量出汗，过度饥饿而饱后立即使役或劳役过度等而引起发病。

（6）继发于其他疾病。常见继发于瘤胃积食、前胃弛缓、创伤性网胃-腹膜炎、横膈膜及网胃粘连、瓣胃炎、真胃变位或捻转、肠阻塞、腹膜炎、酮病、血孢子虫病、生产瘫痪、产后血红蛋白尿、矿物质缺乏以及异食癖、脱水、中毒与感染、热性疾病等过程中。

（7）用药不当。养殖户无病乱投药，有病滥用药，或兽医临床治疗时兽医用药不当，长期、大量应用磺胺类药物和抗生素等制剂，使前胃内菌群共生关系遭到破坏，或频繁、过量使用止痛药、涩肠止泻药等均造成医源性瓣胃阻塞。

2. 临床症状

鼻镜干裂，粪便干硬、色黑、呈算盘珠样或栗子状，右侧第7~9肋间肩关节水平线上触诊敏感。

发病初期，病牛精神迟钝，采食缓慢，前胃弛缓，食欲和反刍次数减少或废绝，嗳气增加，反复出现消化不良，瘤胃蠕动力降低，轻度臌胀，拒绝采食谷类等精饲料；鼻镜干燥，口色淡红，口臭；病牛腹痛，卧立不安，每当起卧时往往有呻吟，用后肢或角撞击腹部，四肢集于腹下或张开，背腰弓起时作努责状，间或后肢踢腹，回头顾腹，摇尾，起卧缓慢，站多卧少或时起时卧，卧地时伸头贴地或将头贴于腹部，肉牛泌乳量下降；病牛精神高度沉郁，目光凝视，若无并发症，体温和脉搏一般正常。

中后期不时空口咀嚼或磨牙，口衔草尾，似食非食，继而无食欲，反刍消失，瓣胃蠕动停止，患牛日渐消瘦，头低耳耷，毛焦肷吊，眼窝下陷，鼻镜干燥甚至龟裂，鼻缘有毛与无毛处可见到结满粒状黑色油状物，舌色赤紫，舌苔黄，常弓背、磨牙，体温、呼吸、脉搏无明显变化，体温间有升高，但耳、尾、四肢末端发冷，皮温不整，无力，常见瘤胃臌气，有时倒地，或弓背踏脚及用四蹄乱扒地；排粪量减少或排少量干硬粪球，色黑，呈算盘珠样或栗子状，恶臭，表面附有黄白色黏液或带血丝黏液，粪便常因被黏液黏着而呈串珠状，后期不见排便，腹痛，只排少量胶冻样黏液；尿减少，呈深黄色，后期无尿；听诊瓣胃蠕动音初期微弱，后减弱或完全停止，叩诊瓣胃浊音区扩大，触诊瓣胃时患牛闪躲，并发现瓣胃区坚硬和扩大，压迫或深度刺激瓣胃区可引起痛感；随病程延长，患牛结膜发绀，眼窝凹陷，全身肌肉震颤，四肢无力，卧地不起，头颈搭于一侧，当瓣胃小叶坏死和发生败血症时，则体温升高，呼吸和脉搏增数，粪便呈稀糊状、带血，具有腥臭味。

末期全身症状恶化，病牛精神极度沉郁，体力衰竭，长期卧地不起，卧地后头颈搭于一侧如昏睡状态，肩胛、臀部肌肉持续战栗，眼球下陷，可视黏膜发绀，呼吸、心跳加快，心律不齐，呼吸困难，呻吟，体温下降，体表、耳尖、鼻镜、角根、四肢末梢发凉，吐舌呻吟，多因脱水、自体中毒、循环虚脱，全身衰竭而死亡。

（二）防控与治疗

1. 防控

提高饲喂条件，加强饲喂管理，特别是冬季必须控制粗硬饲料的喂量，加之此时缺少青绿饲料，可采取以干粉料为主，配合青绿多汁饲料。要求供给清洁卫生的草料，禁止过细，并可尝试搭配粗精料饲喂。适当控制粉质精料的喂量，能够有效防控该病。提供足够饮水，水温适宜控制在30℃左右。如果牛场条件允许，可在饮水中添加一些食盐，可提高牛群食欲，有利于消化。

牛进行舍饲时,给其饲喂的草料尽可能铡短。也可采取饲喂青贮料,以补充生长发育所需的各种维生素。牛群坚持适量运动,但不可过于劳累。牛群合理饲喂,避免过饿或者过饱。禁止饲喂发生霉变的草料,并注意控制麸糠料的喂量。

发生前胃弛缓时,应及时治疗,以防止继发该病。

2. 治疗

(1) 药物治疗。治疗时应以排出瓣胃内容物和增强前胃运动机能为治疗原则。治疗时应尽早、足量投服泻剂,严重病例最好进行瓣胃注射,同时充分补液,加强护理。

硫酸镁(或硫酸钠)500~1 000克,加水6 000~10 000毫升,配成6%~8%浓度,再加入液体石蜡1 000~2 000毫升(或熟植物油500~1 000毫升),胃管一次灌服。灌药12小时以后,为促进瓣胃蠕动,可用扫帚用力反复抬动腹部。

当瓣胃完全阻塞时,因瓣胃无分泌腺,不发生液化作用。因此,食物不能自瓣胃排出,药物治疗通常无效,此时为恢复瓣胃机能,可用瓣胃注入法,将泻盐溶液直接注入瓣胃,可能收效。

瓣胃穿刺时将病牛站立保定,在右侧第7~9肋间与肩关节水平线的交点下2厘米处,剪毛并常规消毒,推开皮肤,用瓣胃穿刺针经肋骨间隙,方向略向前下方刺入,针头垂直刺入皮肤后,向左侧肘头方向深刺8~10厘米,如刺入正确,觉得有沙沙感后,可见针头随呼吸动作而微微摆动。为确保针头刺入正确,可先注射生理盐水50毫升,注完后立即回抽注射器,如果抽回的少量液体中混有粪渣,证明已正确刺入瓣胃,方可开始向瓣胃内注射药液。药液可用10%~25%硫酸钠(或硫酸镁溶液2 000~3 000毫升)、液体石蜡500毫升、盐酸土霉素粉5克,混合后一次注入瓣胃。注毕后,迅速抽针,局部涂以碘酒消毒。

毛果芸香碱0.02~0.05克,皮下注射,可促进胃肠蠕动,调整胃肠功能时使用。也可用新斯的明5~15毫克,或氨甲酰胆碱1~2毫克;或用促反刍液、10%氯化钠注射液500~1 000毫升,一次静脉注射。但对体弱、妊娠母牛和心肺功能不全的病牛忌用药物。

病牛脱水严重时,可用1%温盐水10 000~15 000毫升反复灌肠,以补充水分,促进肠蠕动;也可用胃管投服口服补液盐每次5 000~10 000毫升,每天1~2次;或用5%葡萄糖生理盐水或复方氯化钠溶液1 000~1 500毫升、10%葡萄糖 1 000~1 500毫升、20%安钠咖注射液 20~50 毫升、10%维生素 C 注射液 5 克，一次静脉注射。酸中毒明显时可加入 5%碳酸氢钠 100~300 毫升静脉注射，但要与维生素 C 分开使用。

对于发病早期病例和怀孕、老弱病牛，特别适合用中药进行治疗。可用大黄 60 克，枳实 35 克，醋香附 35 克，木通 35 克，厚朴 30 克，木香 25 克。水煎取汁 2 500~5 000毫升，候温，加入芒硝 200 克，熟胡麻油 500 毫升，酒曲 10 克，胃管一次灌服。

（2）手术治疗。当药物治疗无效时，可通过瘤胃切开术冲洗瓣胃。瘤胃切开时，将病牛站立保定，麻醉后切开瘤胃，掏取 1/3 瘤胃内容物，术者将胃管通过瘤胃、网胃送入瓣胃后，灌注生理盐水或常水冲洗瓣胃；真胃切开时，将病牛横卧保定，切开真胃，并将真胃切口缝合在皮肤缘上，然后将胃管通过真胃送入瓣胃，用温生理盐水冲洗，直至瓣胃柔软、变小为止。冲洗后常规处理伤口，加强护理，将病畜放于安静清洁、温暖干燥的场地，加强护理，病畜出现食欲后，先少量喂给易消化的饲料或流质饲料，以后逐渐增至常量和正常饲喂。

七、创伤性网胃炎

饲料中混有金属异物，被奶牛误食后刺伤网胃而引起的一种前胃病。

（一）诊断要点

1. 发病原因

牛唇厚，拣食能力差；吃进嘴里的草料也不经仔细咀嚼就匆匆吞咽，因而饲料中混有针、钉、细铁丝等尖锐金属异物很容易随饲料落入网胃，在前胃收缩时刺伤网胃壁，甚至伤及膈、腹膜和肝脏，引起创伤性网胃炎，甚至心包炎、腹膜炎。

2. 临床症状

病牛前胃弛缓，顽固不愈；行动、姿势异常，站立时肘头外展，左肘肉震颤，喜前高后低，下坡或急转弯时痛苦呻吟，网胃区躲避触摸；异物伤及心包时，听诊有击水音、心包摩擦音，叩诊心音区扩增；体温中度升高，脉搏加快。用金属探测仪检查网胃及心区，呈明显的阳性反应。

（二）防控与治疗

1. 防控

加强饲料保管，严禁混入金属异物；定期使用金属探测仪检查牛群，及时处置查出的可疑病牛。

2. 治疗

（1）吸铁器洗出金属异物。病牛确实保定，固定好开口器。术者将吸铁器连同胃导管一同经口腔送至食道下部，停下胃导管，松开吸铁器上的绳索，使吸铁器通过贲门进入瘤胃并沉入网胃底部，停留10~20分钟后，牵遛病牛快跑或做上下坡运动，重新保定病牛，慢慢拉出胃导管和吸铁器。如此重复2~3次，直至吸铁器上再无金属异物被吸出为止。

（2）手术治疗。施行瘤胃切开术，经瘤网胃口摘除扎在网胃壁上的金属异物。术后加强护理，保持牛舍暖、卫生、通风，在绝食1~2天后，给予少量饮水和优质干草，以后逐渐增加至常量。每天上午，用青霉素G钠3 000~4 000单位，0.9%氯化钠注射液500毫升；复方氯化钠注射液1 000毫升，5%维生素C注射液50毫升；5%葡萄糖注射液500毫升，20%安钠咖注射液20毫升，分别静脉注射。下午，氨苄西林钠15克，0.9%氯化钠注射液500毫升，腹腔注射。连用7天。

（3）保守疗法。使用取铁器无法取出、又不能进行手术疗法取出异物时，只能保守治疗，但效果往往不确实。可用0.9%氯化钠注射液500~1 000毫升，5%盐酸普鲁卡因注射液2克，注射用青霉素160万~320万单位，注射用链霉素200万~400万单位；复方氯化钠注射液1 000~2 000毫升，25%葡萄糖注射液500~1 000毫升，20%安钠咖20毫升，5%维生素C注射液50毫升，分别静脉注射。每天1次，连用7~10天。

（4）淘汰。如已引起严重的创伤性心包炎，则无治疗价值，直接淘汰。

八、皱胃积食

牛皱胃积食即皱胃阻塞，多因迷走神经调节机能紊乱、皱胃弛缓而导致内容物积滞、排空不畅和胃壁扩张现象。病牛出现消化障碍，脱水，继发瘤胃积食和瘤胃臌气，严重影响泌乳性能和使用寿命，治疗不及时或不得法，最终可致死亡。

（一）诊断要点

1. 发病原因

临床上，牛皱胃积食的发病原因有原发性病因和继发性病因。

（1）原发性皱胃积食。多因日粮质量低劣、管理不善所致。日粮配方不合理，精粗比例不当，用料单一；原料准备过程中，贮存管理不善，导致发霉、发酵；粗饲料中的燕麦草、黑麦草、甘薯藤等未经预铡处理，过粗、过硬、过长，长短不齐，而精饲料磨得过细；加工过程中，混杂泥沙、绳索、塑料布、铁钉、铁丝等金属异物；突然改变日粮配方组成，更换原料，改变饲喂方法和饲喂习惯；长途运输、运动和饮水不足、饲草饲料中毒等，都会直接导致牛发病。

（2）继发性皱胃积食。临床上常见于前胃弛缓、创伤性网胃炎、真胃炎、皱胃溃疡等所致的肌源性皱胃弛缓；或继发于皱胃变位矫正术过程中导致胃壁神经意外损伤，尤其是迷走神经性消化不良所致的神经性皱胃弛缓；还可继发于小肠阻塞，如十二指肠积食、幽门部狭窄，多不伴有瓣胃积食，而且积滞的皱胃内容物多是稀软的食糜、发酵形成的气体或渗漏的液体。

2. 临床症状

病初，病牛表现前胃弛缓症状，食欲减退，反刍减弱，听诊瘤胃蠕动音短促、稀少、低弱，瓣胃音低沉；排粪迟滞，1~2天排粪1次，且粪便干硬，有时呈褐色清泥状，有时混杂少量胶冻样黏液；肷部外观无显著异常。

如得不到及时治疗，病情可继续发展。发病中期，瘤胃听诊呈流水音，轻度臌胀，触诊时上虚下软，冲击式触诊有振水音，插入胃导管可导出大量液体；右侧腹中部后下方有局限性隆起；病牛左侧卧位时，用拳头在右侧中下腹部肋弓后下方进行冲击式触诊，感知真胃粗大如枕状，质地坚硬，严重病牛甚至可蔓延至骨盆腔；直肠检查，空虚无粪，手臂上有脓样黏液。同时，病牛食欲废绝，反刍停滞，空口磨牙；常作排粪姿势但无粪便排出，有时排出少量糊状、煤焦油色带有恶臭的粪便，粪便中多混有黏液、血丝或血块。全身状态逐渐恶化，呼吸促迫，脉增数可达60~80次/分钟，体温正常或稍低，但如继发真胃炎则体温明显升高，鼻镜干燥无汗。

病的后期，病牛精神极度沉郁，后腿踢腹，不断呻吟；直肠检查，皱胃伸展扩张，其后壁超出右肋弓部向下后方延伸，捏粉样、轻压留痕，或黏硬、重压留痕。病牛体质衰弱，眼窝下陷，结膜发绀，脉细数达100次/分钟以上，最终因脱水和自体中毒卧地死亡。

3. 穿刺诊断

病牛站立保定，于右侧第12、13肋骨后下缘作为穿刺点，局部剪毛、消毒后，取长15厘米（16~18号）针头，针头刺透上述穿刺点皮肤，朝向对侧肘突刺入5~8厘米深度，穿刺针可感到明显有阻力，并有坚实感觉，这时回抽注射器，则抽不出任何内容物，即表明已刺入皱胃，并可确诊皱胃阻塞。

确定穿刺针进入皱胃后，先注入生理盐水 50~100 毫升，立即回抽混有胃内容物的注入液，检测其 pH 值，如皱胃内容物 pH 值在 1.0~4.0 范围内，瘤胃内环境 pH 值多在 7.0~9.0，纤毛虫数量减少，活力降低，即可确诊。注意不要将穿刺针立即抽出，治疗时可通过该穿刺针抽出内容物并向皱胃内推送药物。

必要时须开腹探查诊断。

(二) 防控与治疗

1. 防控

精确计算日粮配方，选择优质原料，科学搭配日粮；搞好日常饲养管理，清除饲料中异物；给牛充足的饮水。

2. 治疗

该病的治疗原则是消积导滞，防腐止酵；纠正机体脱水，缓解自体中毒；恢复皱胃正常机能。

(1) 消积导滞，防腐制酵。对发病初期或轻症病牛，可用 25%硫酸镁溶液 500~1 000 毫升，乳酸 10~20 毫升，或温热的生理盐水 1 000~2 000 毫升，用穿刺针直接注入皱胃内，并持续按摩 5~10 分钟，以促进皱胃内容物下行排出；或用硫酸钠或硫酸镁 500 克，加温水 2 000~4 000 毫升，胃管投服。同时可用胃蛋白酶 80 克，稀盐酸 40 毫升，陈皮酊 40 毫升，马钱子酊 30 毫升，混合后胃管投服，1 次/天，连用 3 次，以助消化、健胃消食。

对中、后期或重症的病牛，宜施行瘤胃切开术。通过瘤胃切开，取出瘤胃内容物，经过网瓣孔，将胃导管直接插入瓣胃，并灌注温热生理盐水 1 000~2 000 毫升，体外冲击、按摩后排出，反复、深入地冲洗瓣胃、皱胃，直至皱胃内积滞的食糜被全部排空为止，最后依次缝合胃壁、腹壁。

中药可用当归、肉苁蓉各 100 克，火麻仁、郁李仁、柏子仁各 60 克，大黄 40 克，牵牛子、桃仁各 30 克，大戟、甘遂各 15 克，赤芍、丹参各 45 克。加水适量，文火煎煮 2 次，每次 30 分钟，得混合液 2 000~3 000 毫升，加入芒硝 50 克，滑石粉 100 克，石蜡油或植物油 500 毫升，通过穿刺针直接注入皱胃内，然后再注入温热生理盐水 500 毫升。

(2) 纠正机体脱水，缓解自体中毒。用 5%葡萄糖氯化钠注射液 1 000~3 000 毫升，5%碳酸氢钠注射液 300~600 毫升，20%安钠咖溶液 20~50 毫升，40%乌洛托品注射液 40~80 毫升，10%维生素 C 注射液 20~40 毫升，静脉滴注。2 次/天，连用 3~5 天。

(3) 恢复皱胃正常机能。对皱胃阻塞基本疏通的恢复期病牛，以增强胃蠕动、提高兴奋性和收缩力为重点，可内服马前子酊 10~30 毫升、姜酊 40~60 毫升、陈皮酊 30~100 毫升、复方大黄酊 30~100 毫升，加适量温水，分 1~2 次灌服；肌内或皮下注射甲硫酸新斯的明注射液 4~20 毫克。

九、皱胃炎

牛皱胃炎是牛的一种以真胃和十二指肠不同程度炎症、坏死甚至真胃壁穿孔等为主要特征的消化障碍性疾病。病程长，可诱发乳腺炎、子宫炎，直接影响正常生长和育肥。

（一）诊断要点

1. 发病原因

（1）饲料因素。饲料中碳水化合物含量过高，或粗饲料含量过少，母牛产后加料过急，或饲喂青贮饲料量过大，都容易引起瘤胃酸中毒，当瘤胃内容物进入皱胃后，皱胃黏膜受到酸性内容物的慢性刺激后，逐渐会出现溃疡糜烂；日粮中粗饲料单一、质地粗硬，真胃黏膜受到机械性损伤并感染某些病原微生物而发炎；饲料霉变变质、残留过高的除草剂等农药，导致其发生慢性中毒，胃黏膜受损，从而引起发病。

（2）疾病和药物因素。牛体内寄生虫，如捻转血矛线虫、犊新蛔虫、莫尼茨绦虫等寄生虫，寄生在牛体内，机械刺激肠壁或产生毒素被牛吸收，均可引起真胃黏膜受损而引发消化障碍；长期服用大量盐类泻剂、刺激性较强的消炎药物、因体内寄生虫而服用驱虫药物和刺激性较大的中药汤剂；或饲喂了有毒植物，都会导致胃黏膜受损，真胃黏膜发炎。

（3）其他因素。牛上呼吸道和鼻腔炎症或有其他感染性病灶时，病原微生物及其分泌的毒素持续进入真胃内；牛因肢蹄病等运动不足或长期趴卧，消化机能和免疫功能降低，体质变差，也可引发真胃炎。

2. 临床症状

牛皱胃炎主要可分为急性型和慢性型两种不同表现的类型。

（1）急性真胃炎。病牛常突然发病，精神沉郁，卧地不起；拒绝饮食，严重腹泻，粪便呈黑色、恶臭，混杂大量黏液；体温突然升高至 41℃ 以上；听诊，瘤胃蠕动音减弱或消失，触诊，瘤胃轻度臌气，真胃区叩诊时，牛敏感、躲闪、抗拒、踢腹、鸣叫，有振水音。若得不到及时有效治疗，常因脱水、昏迷致死。

（2）慢性真胃炎。病初，病牛常会出现食欲不振，反刍无力，精神萎靡，不喜精料，饮多食少，体温正常或偏高，便少干硬且带黏液。病的中后期，食欲废绝，异嗜，反刍停滞，真胃区触诊呈振水音，尿少便黑，干硬如球，因脱水而眼凹下陷，贫血消瘦。

（二）防控与治疗

1. 防控

日粮合理搭配，注意原料多样、营养全价、精粗比例合理，玉米等精料不过细、秸秆等粗料不过短，适当添加碳酸氢钠、健胃药等。在饲养管理过程中，搞好牛舍清洁卫生，加强通风换气，增加牛运动，定期消毒和预防驱虫。

2. 治疗

该病应遵循清理肠胃、抗炎抑菌、强心补液为治则。

（1）清理肠胃。对急性真胃炎病牛，发病初期可停食1~2天，或借助胃管用温热的生理盐水反复冲洗瘤胃，直至空虚。根据病牛排便情况，便干者用植物油500~1 000毫升，1次胃管投服，促进排便；便稀者则用胃蛋白酶80克，稀盐酸40毫升，陈皮酊40毫升，马钱子酊30毫升，混合后胃管投服，1次/天，连用3次，以促消化、健脾胃。

（2）抑菌抗炎。肌内注射硫酸庆大霉素注射液每千克体重0.1~0.2毫升；或恩诺沙星注射液每千克体重2.5毫克，1~2次/天，连用2~3天。

（3）强心补液。可参考皱胃积食纠正机体脱水，缓解自体中毒治法。

（4）中药治疗。可用黄芪60克，白芍50克，桂枝、乌贼骨各45克，乳香35克，生姜30克，甘草35克。体虚者加党参、白术各35克。水煎去渣，候温胃管灌服，1剂/天，连用5~7天。

十、皱胃变位

牛皱胃正常的解剖学位置在右下腹部第9~11肋间，沿肋骨弓区直接与腹壁相接触。因饲养管理、疾病等因素的影响，皱胃常发生位置的改变，向左方或右方两侧变位，且以左方变位多见。如果出现皱胃由正常的解剖学位置经瘤胃腹囊与腹腔底壁向潜在空隙移位，并嵌留于左侧腹壁与瘤胃之间的现象，称为皱胃左方变位。奶牛后躯宽大，呈大三角形，脏器可移动的空间较黄牛大，因此，奶牛发生皱胃变位的机会多于黄牛。

（一）诊断要点

1. 发病原因

（1）日粮因素。日粮营养失衡，高精、低粗、优质谷类、豆类等精饲料占比过高，粗饲料占比过低，粗饲料铡得过短，精饲料磨得太细，可导致瘤胃内食糜向后推送速度加快；饲料中夹杂过多的泥沙，采食后沉积于皱胃内，引起皱胃溃疡和弛缓；如果奶牛长期舍饲、运动量不足，进入皱胃内的挥发性脂肪酸浓度就会急剧增加，从而抑制胃壁平滑肌的运动和幽门开放，食糜滞留，引起皱胃弛缓，发酵产气，膨胀上浮，导致引起变位。

（2）疾病因素。某些产后疾病，如消化不良、生产瘫痪、胎衣滞留、子宫内膜炎、乳腺炎等，常使皱胃迟滞、机能减退，是引发皱胃左方变位的潜在病因。此外，牛酮病、妊娠毒血症、创伤性网胃腹膜炎、低钙血症、皱胃深层溃疡、迷走神经性消化不良等，都容易诱发该病。

（3）体位性因素。随着胎儿的逐渐增大，妊娠奶牛的子宫被挤压移位下沉，瘤胃向上、向前移位，使瘤胃腹囊与腹腔底壁间出现较大的空隙，皱胃即可由此空隙向左方移位；奶牛分娩尤其是过早的不合理助产，子宫回缩，腹内压下降，瘤胃快速复位下沉到瘤胃左下方，即可导致移位的皱胃嵌压于瘤胃和左腹壁之间。此外，发情牛相互爬胯、起卧或其他机械性原因，也可因体位翻转变化，将瘤胃向上抬高及向前推移，使皱胃偏离正常解剖位置而发生移位。

（4）季节性因素。季节交替和冬季，牛采食粗饲料的量减少，瘤胃所占空间缩小，皱胃活动空间相对增大，也会增加皱胃变位的概率。

2. 临床症状

病牛食欲减退，尤其表现厌食谷物饲料，只采食少量粗饲料、青绿饲料；排粪少，呈糊状；左肷部瘤胃听诊，反刍次数减少且反刍无力，蠕动音减弱；有时可继发酮病，呼出气带有烂苹果味；泌乳量明显减少。体温、脉搏一般正常。除急性病例外，一般无明显腹痛症状。

急性病例，病牛有较明显的呻吟、踏步、踢腹等腹痛表现，并发瘤胃膨胀。部分病牛可见左侧肋弓部后下方出现局限性隆起，有时隆起部由肋弓后方向上延伸几乎至肷窝顶部，左肷部触诊呈气囊样感觉，叩诊呈明显鼓音；于腹部左侧第 9~12 肋骨弓下缘冲击式触诊，可听到皱胃内振水音；用听诊叩诊结合的方法，即用手指或叩诊锤叩击肋骨，同时在附近的腹壁上听诊，常能在皱胃嵌留部位听到高亢的钢管音。在隆起的下部做诊断性穿刺，常可获得褐色、带酸臭气味的混浊液体，pH 值为 2~4，无纤毛虫；直肠检查，可发现瘤胃背囊后移，比正常更靠近腹正中；右肷部触诊有空虚感；血液检验可证实低氯血症、碱储偏高、血液浓缩等代谢性碱中毒和脱水指征的轻度改变。

3. 临床检查

视诊，左侧腹部最后 3 个肋弓部后上方较右侧相对部位明显膨大；左肷部触诊有气囊感觉，叩诊呈鼓音；左肋弓部后下方冲击式触诊，有振水音；在左侧9~12肋弓下缘、肩关节水平线交界处上下，通过听诊、叩诊结合，圈定出现高朗、清晰钢管音的区域和范围，基本即是嵌留的皱胃部位；在皱胃嵌留部位的下部进行诊断性穿刺，取得褐色、混浊、带酸臭味的皱胃液。叩诊、触诊时，急性患病牛均表现较明显的抗拒、踢腹等腹痛症状，一般患病牛腹痛症状不明显或较轻微。必要时可结合直肠检查和超声诊断（显示液平面）。

(二) 防控与治疗

1. 防控

注重牛日常饲养管理，避免过量添加精料，严禁突然变更饲料；母牛产前2~3个月，特别要加强围产期的饲喂管理，对母牛日粮进行合理搭配，确保产前低钙以及产后高钙；对孕牛膘情进行严格控制，避免胎儿过大，同时，在产犊高峰期，要对牛给予重视，可在母牛产前15天，及时补充亚硒酸钠、维生素E，产后应加强钙剂的补充，能够有效降低牛皱胃移位的发病率。

2. 治疗

（1）保守疗法。轻症病例，可采用保守疗法，以制酵和缓泻为目的，通过促进反刍，应用拟胆碱药物增强胃肠蠕动，加速胃的排空，促进皱胃复位。可静脉注射10%葡萄糖酸钙注射液等钙制剂、肌内或皮下注射甲硫酸新斯的明注射液、胃管投服氯化钾等，可同时投服缓泻剂如植物油等，以促进胃肠特别是皱胃蠕动，促进皱胃内容物排空和复位。也可配合使用滚转复位疗法，首先让病牛绝食1~2天，限制饮水。迫使病牛左侧横卧位，转为仰卧位，以背部为轴心，90°摆幅左右来回滚转、突然停留，3~5分钟后恢复左侧横卧姿势，再转成俯卧，然后站立，往往可取得良好的治疗效果。

（2）手术整复固定法。①保定与麻醉。病牛柱栏内站立保定。在手术部位（左侧腰椎横突下方30厘米，季肋后6~8厘米处）和皱胃固定部位（右侧第12肋骨后缘与肩关节水平线下交界处）常规备皮。2%利多卡因（或0.25%~0.5%盐酸普鲁卡因注射液10~20毫升局部浸润麻醉，2%~5%盐酸普鲁卡因注射液20~30毫升传导麻醉、硬膜外麻醉）50~100毫升进行腰荐神经干传导麻醉，在手术切口直线浸润麻醉，皱胃固定部位局部传导麻醉。

②腹腔探查与整复固定。在手术部位作15~20厘米的垂直切口，用手掌和前臂部沿腹壁进行腹腔探查，了解皱胃移位、是否与周围器官组织粘连等情况，如有粘连，即行分离；如瘤胃臌气绷得过紧，可先进行瘤胃套管针穿刺放气。皱胃变位的牛，可探查到皱胃内有气体蓄积，为便于手术整复，可用带有长胶管的针头刺入皱胃，抽出积滞的气体和部分液体。

牵拉皱胃及大网膜，将其引至手术切口处。用长约 1 米的缝合肠线，在皱胃大弯的大网膜附着部做一褥式缝合并打结，剪去余端；手握针头，在缝合线牵引下将皱胃沿左腹壁经瘤胃下方推送至右侧腹腔侧底部的正常位置处，确认无误后开始固定。

术者右手掌心握着带肠线的备用缝合针，紧贴左腹壁伸向右腹侧底部，助手在右腹壁下指示皱胃的正常体表投影位置，术者按助手所指部位用手术针穿透该处皮肤，助手将缝合针随带缝合线一起从右侧拉出腹腔，慢慢拉紧缝合线，待术者确认皱胃复位固定后，助手用缝合针刺入旁开 1~2 厘米处的皮下再穿出皮肤，引出缝合肠线将其与入针处留线在皮外打结固定并剪去余线。最后，将配好的青霉素、链霉素倒入腹腔内（青霉素 400 万单位 5 支，链霉素 100 万单位 10 支，溶于 500 毫升生理盐水中），常规方法闭合腹壁切口。术后第 5 天可剪断腹壁固定肠线，术后 7~9 天拆除皮肤切口缝线。

③术后护理。术后要加强护理，术部和固定部位每天用 5% 碘酒消毒 2~3 次，连续 5~7 天。对体弱的病牛，可静脉注射 5% 葡萄糖注射液 1 000 毫升，5% 碳酸氢钠注射液 500 毫升，复方氯化钠注射液 1 000 毫升，静脉注射，连用 3~5 天。对体质较好的病牛，可肌内注射青霉素、链霉素即可。对术部和固定部位每天用碘酒消毒 1 次，连用 7 天，第 10 天即可拆线。

十一、牛肠梗阻

牛肠梗阻又称为肠阻塞或肠便秘，它是因体内肠管的某段运动机能减弱或消失，并引起肠管的分泌机能紊乱，导致肠内发生扩张或阻塞（包括完全阻塞和不完全阻塞）的一种急性腹痛病。此病阻塞部位常见于小肠段阻塞或大肠段阻塞，多发于耕牛、黄牛、乳牛、老年牛、怀孕牛，它的最大特征是发病急，难诊断，如误诊或不及时救治，其死亡率比较高。

（一）诊断要点

1. 发病原因

（1）饲养管理不当。饲喂大量单一劣质粗糙的豆类秸秆等饲料；暴饮暴食、饲料突变或精料多粗料少、饲喂霉烂或易发酵产气的饲料等；未经铡短或半干不湿的红薯秧、藤蔓类饲料，导致在瘤胃内缠绕，继而引发肠梗阻；劳役过度等；长期圈养的牛运动量不足，引起肠蠕动不足等。

（2）肠道寄生虫病。牛患有绦虫病，如莫尼茨绦虫病等；线虫病，如夏伯特线虫病、食道口线虫病等。

(3) 食癖症。有些维生素缺乏和微量元素缺乏，引起食癖，食入毛发、塑料、衣物等。

(4) 其他。天气突变、结石、肠道疾病等继发此病。

2. 发病部位

(1) 小肠阻塞。常见于十二指肠、回肠等。

(2) 大肠阻塞。常见于结肠、盲肠等。

3. 临床症状

发病初期，精神沉郁，鼻镜干燥，排出少量干硬的黑色粪小球或者频繁努责排出少量带黏液的稀粪，有时后肢踢腹明显，起卧不安，右腹部膨胀明显，口色红；听诊呼吸、心跳等无明显变化，瘤胃、肠蠕动音明显减弱或消失；发病的中、后期，眼球下陷，患畜腹部疼痛明显，用拳头推击右肷部，有明显的振水音，振水音明显且响亮，多为大肠段阻塞，振水音微弱或扩向四周，多为小肠段阻塞；听诊呼吸、心跳加快，肠蠕动音微弱或消失；个别体温下降。

通过患畜频繁排粪姿势、推击腹部有振水音、腹部疼痛明显等临床症状可确诊；进一步确诊须进行直肠探查，同时可判断出肠管的阻塞部位。

(二) 防控与治疗

1. 防控

合理饲养，饲料营养要全面，不要单纯饲喂富含粗纤维的饲草，要将秸秆、豆秸等含粗纤维高的粗饲料经过软化等加工处理以后搭配其他饲料来饲喂，并给予足够的青绿饲料；供给充足的清洁饮水。加强管理，适当运动，定期进行驱虫。

2. 治疗

以解除阻塞、润肠通便，辅以强心、补液、缓解自体酸中毒为原则。

(1) 西药治疗。对于发病2天之内的一般性阻塞，可以用硫酸钠（或硫酸镁）500~1 000克，配制成8%的溶液一次胃管灌服，也可以用温肥皂水15~30升深部灌肠。对顽固性阻塞，要用石蜡油或食用植物油1 000毫升，一次灌服；也可用盐类或油类泻药1 000~2 000毫升进行瓣胃注射。内服泻药10~12小时后，皮下注射毛果芸香碱50~150毫克或新斯的明4~20毫克，可以提高疗效。如果病牛发生腹痛，可以用30%的安乃近注射液，皮下或者肌内注射10~30毫升；或静脉注射5%的水合氯醛100~200毫升。

发生肠阻塞后，用5%的碳酸氢钠溶液300~500毫升、5%的葡萄糖氯化钠溶液或生理盐水1 000~2 000毫升，一次静脉注射，每天2次；必要时可酌情加入10%樟脑磺酸钠注射液10~20毫升或20%安钠咖注射液20~50毫升，

10%维生素C注射液20~40毫升。

值得注意的是，当牛出现肠阻塞时，泻药在肠内很难发挥作用，并且盐类泻药可进一步加剧机体脱水，使用时应慎重。牛肠阻塞可使局部组织坏死，不宜使用兴奋副交感神经的药物，否则会产生剧烈疼痛，达不到通便目的。

（2）中兽医疗法。消食导滞、消胀、理气、润燥、滑肠通便为主。当归苁蓉汤加减，黄芪、当归各60克，肉苁蓉、番泻叶各55克，木香、厚朴各50克，香附、枳壳、瞿麦、通草各45克，神曲、麦芽、山楂各40克，莱菔子、槟榔各30克，大黄、芒硝各20克，甘草20克；孕牛去瞿麦、通草加白芍；疼痛严重者加入乳香、没药；煎汁候温一次灌服，每天1次，连服4~6天，直至症状减轻。

也可用大黄90克，麻仁150克，枳实、醋香附各60克，厚朴、木香各30克，木通、连翘各27克，栀子、当归各30克，煎30~60分钟后纱布过滤，再加入芒硝250克，乳香、没药各21克，神曲90克，煎汁候温灌服。

实践证明，在药物治疗无效的情况下，应尽快实施手术治疗。手术前应洗胃，一方面排出积水，改善瘤胃内环境，一方面可减轻腹内压，有利于手术的进行；将病畜站立保定，右肷剪毛消毒后，用2%普鲁卡因做椎旁麻醉和局部菱形麻醉；在右肷中部垂直切开皮肤、腹肌、腹膜，先切15~20厘米，右手伸入腹腔，五指并拢掌心向腹壁，手指贴紧腹壁向后至耻骨前缘，反手摸到大网膜边缘，然后将大网膜向前挪动，使肠盘显露于腹壁切口处。如大网膜不能挪动时，可在切口相应处避开血管切开大网膜。

情况一：如肠盘中央有阻塞块，易于发现。用手指指面先从粪块向心端（接近液体内容）压捏使之变形或碎裂，反复捏粪块两端即可排除。

情况二：如肠盘周边小肠不充满液体，在左肾下方十二指肠或幽门部可摸到毛球或阻塞粪块。如不太坚硬则压捏变形，再小心挤捏至健康肠管后捏碎，如因太坚硬不能捏碎，先用肠钳夹住肠管，再纵切肠管取出阻塞物，而后将肠管分黏膜肌层和肌层浆膜缝合。如幽门部的，毛球太大且难以捏碎，应向前下方扩创，创缘垫好纱布，先在皱胃针刺或切小口放出液体，再扩大皱胃切口取出毛球。而后两层缝合皱胃。

情况三：如肠盘中的结肠无液体，周边小肠充满液体，在肠盘后缘偏上可摸到阻塞回肠的粪块（体积较小），只要捏变形挤进结肠即可。如为盲肠阻塞，在肠盘后方可摸到一个1~2拳大的粪块，先捏前段，后捏后段，直至捏碎。

腹腔注入油剂青霉素300万国际单位。依次缝合腹膜、腹肌、皮肤，术后常规护理并进行补液。25%葡萄糖注射液 500~800 毫升；5%葡萄糖注射液 500 毫升，维生素 B_1 注射液 150 毫克；0.9%氯化钠注射液 500 毫升，维生素 C 注射液 7 克，20%安钠咖注射液 10 毫升；5%葡萄糖注射液 500 毫升，硫酸庆大霉素 640 万单位；5%碳酸氢钠注射液 1 000 毫升，依次缓慢静脉滴注，连续静脉注射 3~5 天后，将 5%碳酸氢钠注射液换为 10%葡萄糖酸钙注射液 300~500 毫升，继续使用 3~5 天。

十二、牛中暑

中暑是日射病和热射病的总称，中兽医称为发痧。中暑是牛夏季遭受光或热引起机体产热与散热之间的不平衡，导致身体中毒的急性病。临床上以大热、汗出、大渴、神昏为特征。膘肥体壮的牛和肤色易吸热、汗腺不发达的水牛发病较多。

（一）诊断要点

1. 病因

（1）日射病。日射病是牛体长时间受强烈的日光直射，引起机体生理性体温升高，致使散热调节出现障碍，体温急剧升高。

（2）热射病。热射病是由于牛长时间在闷热的高温环境下，如长途运输、牛舍通风不良等，致使机体内热过盛，引发神经功能障碍。临床上以体温显著升高、循环衰竭及不同程度的中枢神经机能紊乱为特征。多发生于炎热夏季，特别是饮水不足时，易发生该病。

2. 临床症状

日射病一般是突然发生，病牛四肢无力，突然倒地，四肢划动，很快陷入昏迷，有时呈兴奋和狂躁状态，体温特别高。眼球突出，有时全身出汗，心力衰竭，静脉怒张，脉搏细弱；呼吸急促，节律紊乱。常死于昏迷，剧烈痉挛或抽搐。轻型病例若抢救及时能够恢复。

热射病经过比日射病长，前驱症状可以出现倦怠、疲劳、昏迷、四肢运动困难、朦胧、视觉障碍。此时使之保持安静，其症状即消失。如果使牛继续处于这种环境下，体温会继续升高至 42℃ 以上，循环、呼吸开始失调，病牛张口伸舌，从口中流出泡沫状唾液、鼻孔开张、呼吸急促、脉搏达 100 次/分钟以上，全身出汗、兴奋不安，很快转为抑制、结膜发绀、血液黏稠、口吐白沫、鼻孔喷出红色泡沫，大多在痉挛发作期死亡。急性病例则在十几分钟死亡，一般病例如果及时治疗抢救都可恢复。

中暑仅发生于炎热季节。根据病史、临床特征，结合是否长时间暴晒于太阳下或长时间处于高温、闷热的环境下，还有是否缺水、通风是否良好等可确诊。但必须要对突然死亡的牛进行分析，与急性瘤胃臌气、急性中毒及炭疽等区别。

（二）防控与治疗

1. 防控

要做好牛的防暑工作，防止牛在烈日下长时间暴晒，在运动场可用凉棚防晒，供给充足的饮水和足够的青绿饲料。在饲料中应多加些抗热应激的添加剂，在长途运输时，不要长时间使其处于高温的环境下。

2. 治疗

应将病牛迅速转移至宽敞、阴凉、通风的地方，用大量的凉水进行直肠灌注，头颈进行冷敷，可大剂量静脉放血（大约2 000毫升）。同时多次少量静脉注射复方氯化钠，肌内注射20%安钠咖注射液30毫升，或10%樟脑磺酸钠注射液30毫升，待病情稍稍稳定后为防止脑水肿，可静脉注射50%葡萄糖注射液1 000毫升，同时配以25%甘露醇注射液500毫升。

中兽医治疗可用香薷散（主要成分为香薷、黄芩、黄连、甘草等）250~300克，开水冲服。

十三、支气管肺炎

牛支气管炎大多是因为饲养不合理导致牛抵抗力下降发病，或者感冒受寒导致的，支气管炎属于继发性疾病，容易波及所属肺小叶，引起肺泡炎症和渗出现象，导致小叶性肺炎，因此需要及时进行治疗。

（一）诊断要点

1. 病因

在喂养牛群时，饲料营养搭配不合理，就会使牛群免疫力下降，当机体免疫力降低时很容易感染病菌，进而会感染到肺部引发支气管肺炎。除此之外，如果牛群受到外界不良因素的影响，也会导致肺泡受到感染，进而出现肺部炎症，比如受到机械性或者化学性物质的刺激，就会伤害牛的肺部。还有牛群肺部受到了一些病原菌的感染时，也会引起支气管肺炎的发生，比如结核病、恶性卡他热等，都是引发此病的因素。

2. 临床症状

牛群患上支气管肺炎的初期，呈现出的主要症状是支气管炎症，然后随着时间的推移，病情逐渐加重，会蔓延至全身，使病情越来越恶化，这时发病的牛群就会出现进食没有胃口、精神不振、反刍减少、眼睛结膜泛红等现象，时常伴随有脉搏跳动加速，跳动次数能够达到90次/分钟左右。此外，还会出现难以呼吸，呼吸的次数在40~100次/分钟。在通常情况下，病牛呼吸的次数和呼吸难易程度与病牛肺部的炎症面积存在很大关系。炎症的面积越大，呼吸就越困难，其次数也就越少，并伴有发烧的现象，体温骤然上升。

对病牛肺部进行听诊，病灶处有肺泡，并且明显感觉到肺泡呼吸声音有减弱的趋势，出现捻发音。除此之外，因为炎性溢出物质的性质和形态发生了变化，所以在对病牛肺部进行听诊时，会出现特别明显的湿性啰音，再与小叶肺炎融合在一起之后，就会造成肺泡和细支气管内部出现大量的渗出物，慢慢地肺泡呼吸声音会完全停止。

3. 鉴别诊断

支气管炎会使病牛出现咳嗽，鼻内的鼻涕增多，听诊肺部出现明显的湿性啰音。呼吸的频率也随之增加，当病牛患有慢性支气管炎症会有一定的潜伏期，病情发展成隐性，所以患病牛群不会有明显的反应和典型的周期性特征，让人不容易察觉，也没有局限性的浊音区域，呈现的症状也很不明显。牛巴氏杆菌病是一种具有传染性的疾病，病牛的体温明显比平常要高，通常会达到42℃，呼吸频率增多，眼睛又红又肿，不时地流出大量眼泪。听诊胸部，会发现两侧有疼痛的反应，病牛的肺部出现混浊的响声。牛肺疫通常是慢性的，用手按压病牛胸部会有明显疼痛感觉，浊音区域面积较大，胸部腹部存在大量水并且肿胀，胸腔内部可以清楚见到浆液性纤维蛋白性液体。牛肺结核病也是慢性疾病，患病持续时间较长，病牛出现贫血与免疫功能下降，体型瘦弱，伴随咳嗽，牛结核菌素试验出现阳性的结果。

（二）防控与治疗

1. 防控

加强饲养管理，保持牛舍卫生和温暖、干燥，防止贼风侵袭。禁喂发霉草料和干燥的细粉状饲料。加强牛群的耐寒锻炼，提高机体抗病能力，防止牛只受寒感冒。避免机械性和化学性因素的刺激，保护呼吸道防御机能。建立预防性检查制度，及时防治原发病。

2. 治疗

对患病牛群要及时地进行消炎止咳，控制渗出物的流出，还要使其快速地吸收，对症下药，保持病牛营养均衡，还要加强护理和科学的管理。

为了控制和减少炎症，可肌内注射硫酸链霉素注射液每10千克体重0.1克，青霉素每10千克体重0.33~0.67毫升（10毫升：300万单位），每天2次，每次间隔12小时。也可运用10%的磺胺二甲嘧啶注射液150毫升进行肌内注射，每天注射1次。祛痰止咳，每天注射氨茶碱注射液2克，控制渗出可静脉注射10%氯化钙注射液200毫升，每天1次。为了减少肺水肿及毒血症，避免发生代谢性酸中毒，可静脉滴注10%葡萄糖注射液1 000~3 000毫升，3%氨茶碱70毫升，20%安钠咖20毫升，10%维生素C 30毫升；5%碳酸氢钠注射液250~500毫升，10%磺胺嘧啶钠注射液150~250毫升，头孢噻呋钠5~10克；双黄连注射液40~100毫升，0.9%氯化钠注射液500~1 000毫升，每天1次。

中兽医认为，牛支气管炎属于肺热咳嗽，病牛肺气不足，卫外功能不强，导致外感寒热、邪热溢肺，因此在使用中药进行治疗时应强调清肺降火、祛痰止咳，可选用以下中药方剂。金银花、连翘各50克，黄芩45克，知母、麦冬、生地各40克，桔梗35克，神曲60克，将以上中草药研磨成粉后加入开水搅拌均匀，候温后加入蜂蜜250克，搅拌均匀喂服给病牛，每天1剂，连用3~5天。该方剂的用量是按照成年病牛进行调制的，犊牛需要根据其实际情况减少用量。

也可用麻黄10克，杏仁、生甘草、连翘、知母、桔梗各30克，石膏15克，金银花、麦冬、元参各40克，黄芩50克，将以上中草药研磨成粉后加入开水搅拌均匀，放温后喂服给病牛，1天1剂，连续用3~5天。

还可用麻黄30克，甘草30克，生石膏100克，炒杏仁35克，黄芩40克。将以上中草药研磨成粉后加入开水搅拌均匀，放温后加入蜂蜜120克搅拌均匀喂服给病牛，成年病牛每天1次，连续用药1周左右。本方在治疗干咳、咳嗽发热较为严重的病牛上有着较好的效果。

第二节 常见外科病防控与治疗

一、口炎

口炎是口腔黏膜发炎的总称，主要表现为口腔疼痛，采食和咀嚼困难，流口水等。

（一）诊断要点

1. 病因

牛口炎具体发病原因可受到饲养质量偏低、维生素匮乏等因素的影响，也可能是由于一些黏膜病、口蹄疫等传染病引发所致，或者某些人为因素造成，例如胃管和开口器使用不当。牛口炎按照发病原因的不同可以分为以下两种类型。

（1）原发性口炎。当牛所采食的饲料中含有钉子等尖锐物体、日常饲草中混有芒刺或者开口器使用方法不恰当，均会造成机械损伤，进而出现原发性口炎。当牛采食高温或冰冻食物、发芽马铃薯、经污染的饲料后，也可能感染原发性口炎。不仅如此，每到季节更替时，牛体本身抵抗力变弱，此时牛舍受到病原微生物的感染，也会为口炎的发生提供机会。

（2）继发性口炎。多是牛体出现疾病后所引发的炎症，例如换牙、咽炎、便秘、胃肠炎等。另外，牛只一旦出现口蹄疫等疾病，也容易继发口炎。当牛体长时间缺乏维生素、微量元素等营养物质，也可导致牛口炎的发生。

2. 临床症状

（1）卡他性口炎。病牛精神状态差，并伴有口腔黏膜红肿、舌苔草绿、吞咽困难等临床症状，肉眼可见口腔内有形形色色的丘疹，用手触摸丘疹部位，病牛会有明显的痛感，甚至鸣叫。随着口炎症状的日益加重，病牛呼吸逐渐加深、加快，同时舌头和嘴唇等部位肿胀、糜烂，有黏液流出。

（2）水疱性口炎。可在病牛脸颊部位、舌头部位、唇齿部位出现大小不一的水疱，刚开始质地透明，经过72小时后即可溃烂，慢慢形成鲜红色烂斑，随着以上症状的凸显，病牛还会伴有口温、体温升高等症状。

（3）溃疡性口炎。病牛呼吸逐渐加快，齿龈会表现出红肿、出血点等现象，一般会在48小时出现糜烂性坏死，这时炎症逐渐向口腔部位扩散，致使病牛口腔出现异味，并有大量涎液流出，严重者还会掺杂血丝，如治疗不及时，就会在病变部位形成溃疡。

（二）防控与治疗

1. 防控

（1）定期做好牛口腔健康管理工作。在实际管理过程中，要借助开口器检查牛的口腔情况，确保牛的口腔环境处于健康状态，建议每隔10天检查1次，每月至少检查3次，与此同时，还要完成牛牙齿的修整作业，以免牙齿对口腔黏膜造成损伤。

（2）定期管理牛舍卫生，做好消毒作业。每天按时清理粪污，及时更换草料，并采用4%来苏儿对牛舍生活区、生产区等全区域进行全面消毒，具体消毒时间选择10:00、16:00，每隔7天消毒1次。

（3）强化饲养管理。一旦牛的口腔受到刺激性因素的影响，就会引发牛口炎疾病。因此，饲养环节要格外注重饲料的洁净度，检查饲料中是否含有坚硬异物，以免影响牛的口腔环境。通常健康牛正常饲喂即可，对于患病牛，要采取单独饲喂法，为牛提供青干草、新鲜青草等容易消化、方便咀嚼的饲料，直至病牛症状有所缓解，再为其添加适量青绿饲料，以补充牛体缺失的营养。

（4）要做好病牛的护理工作。牛在生病后要观察其感染程度，对于病情严重且无法正常采食的牛，可以借助胃导管帮助进食，并注意采食后用清水对牛口腔轻轻刷洗，减少细菌等不利因素的影响。倘若病牛比较抗拒以上操作，就要通过固定牛头部进行保定，在漱口水内加入适量食盐，并将水的温度控制在40℃左右，以防水温过高烫伤牛口腔黏膜。

2. 治疗

除了要做好相关预防工作，还要在牛发病后第一时间采取针对疗法抑制牛病情的发展，一般治疗方法主要包括以下3个方面。

（1）摘除异物。此举能从根本上实现净化病牛口腔环境的目的，倘若病牛口炎是由刺激性异物引发，就要在治疗口腔疾病前将尖锐异物或麦芒去除，对于摘除相对困难的需要剪短。如嗅到病牛口腔有恶臭气味，可使用0.1%高锰酸钾溶液。对于病症相对轻微的病牛，可用生理盐水直接冲洗口腔。对于有溃疡症状的病牛，其药物要选择5%黄甘油乳剂、2%龙胆紫溶液，将以上药物混匀后涂抹于口腔溃疡处，用药3次/天。

（2）抗菌消炎。病牛发病后要有针对性地予以治疗，一般可通过西药疗法抑制疾病的发展。按照每千克体重10 000单位的剂量为患牛肌内注射，或者按照每千克体重13毫克的剂量注射硫酸链霉素溶液，用药2次/天，并根据病牛的实际情况确定治疗天数，建议3~5天。若病牛发病后出现体温升高等全身症状，可肌内注射5%葡萄糖注射液1 000毫升，青霉素每千克体重1万~2万国际单位，肌内注射硫酸链霉素注射液每千克体重10~15毫克，2次/天，连续注射3~5天。

（3）中兽医疗法。可用薄荷5克、青黛15克、黄柏10克、儿茶10克、黄连10克、桔梗10克，研磨成粉涂抹于牛口腔患处，或者放置于纱布袋内，敷在病牛口腔内，用药1次/天。或者选取冰片2.5克、元胡粉25克、朱砂3克、硼砂25克，研制成粉末状，涂抹于患病部位。另外，可选荆芥、防风各60克，川芎、薄荷各30克，茯苓、枳壳、柴胡、桔梗、羌活、独活各45克，甘草10克，研制成药粉为病牛灌服即可。对于症状较为严重的病牛，还可在以上配方的基础上加入明矾10克，能够进一步强化治疗效果。

二、牛食道阻塞

牛食道阻塞是由于食物或异状物阻塞在食道中不能向下运转而引发的一种突发性疾病，该病具有发病急的特征，又被称为食道梗塞。该病常发生于散养的养殖场。食道阻塞部位通常位于咽喉颈中部及下部。通常表现为牛在采食中突然停止采食，精神状态逐渐变差，不断骚动，头颈伸直，频繁做吞咽动作，甚至伸出舌头。临床上牛食道阻塞的发病原因较单一，结合患牛的临床表现与采食情况，就能对病情作出初步诊断。在临床治疗中，要结合患牛食道阻塞的位置选取恰当的治疗方法，保证患牛在短时间内恢复健康，否则会加重病情，甚至窒息死亡。

（一）诊断要点

1. 发病原因

食道阻塞是饲料成团或食物硬块、异物等阻塞于食管腔道内，食物不能下行至胃，中兽医称之为草噎的急性病症。按阻塞的程度分为完全阻塞与不完全阻塞，按阻塞部位分为颈部食道阻塞、胸部食道阻塞、腹部食道阻塞；也可以按照病因将其分为原发性食道阻塞和继发性食道阻塞，其中在临床上多见原发性病因。

（1）原发性食道阻塞。原发性的病因多是病牛采食过急，导致其咀嚼次数过少，急于吞咽而引起。这多是牛在过重的劳役后，气息未定，口沫未消，常见的是牛群过于饥饿，导致很多牛群抢食，在此过程中，牛急于采食，常来不及咀嚼或者经过少量次数的咀嚼后就吞咽，这样有的饲料过大，就会在食道内存留，导致原发性食道阻塞。常见的能够引起该病的食物有马铃薯、番薯、胡萝卜、豆饼、甘蓝、苹果、梨、甜菜、玉米棒等。也可能是饲料经过少量次数咀嚼后变成团块状而造成食道堵塞，有时也会由于牛在采食过程中，突然受到意外惊吓而引起食道的痉挛，使食物在食道中不能进入胃，从而引起该病的发生。常见的是受到声音的刺激或者器具的打击等。

（2）继发性食道阻塞。通常是由于其他疾病引起的，特别是在食道狭窄、食道麻痹和食道炎的情况下，病牛容易发生该病。当牛有这类疾病时，在采食过程中容易出现食物被卡在食道中，从而引起该病的发生。有时牛的中枢神经系统过于兴奋，这样也容易引起病牛的食道出现痉挛的情况，更容易发生阻塞。有时当牛群在饲养的过程中由于维生素或者一些微量元素的缺乏或者不均衡，就会引起牛出现异食癖，这时的病牛会啃咬圈舍内所能接触到的物品，当其吞食到一些较大的物体时，也可能会堵塞食道，从而引发该病，如误咽毛巾、破布、塑料薄膜、毛线球、西瓜皮或胎衣等。

2. 临床症状

患牛突然停止采食，骚动不安，缩颈伸头，空嚼吞咽动作，有的会从口和鼻腔中流出草料。发病严重的病牛，饮欲下降，甚至会停止饮水，大量流涎，或有流泪、咳嗽、反刍和嗳气停止，并伴有瘤胃臌气，呼吸困难，病牛狂躁不安，到处乱跑、乱叫，眼睛发红，结膜充血，严重时会攻击人。阻塞部位如在颈部食道，可在左侧食道沟处摸到异物；如在胸部食道，则不易摸到。阻塞物在咽后食道颈部，望诊可见臌大部，触诊可摸到阻塞物，阻塞物在胸部食道，有大量唾液积于阻塞物上方食道，触压颈部食道有波动感。若食入立即由口鼻返出时，说明阻塞部位是在食管的上半部，即颈部食管阻塞，触诊颈部食管，常可触知阻塞部位。如果阻塞在食管的下部胸部食管，仍可吞咽，待阻塞部的上部蓄满饲料时，即由口鼻流出。此时，可以看到左侧鹳脉沟处出现膨胀的食管，有蛇行样蠕动，听诊可听到"咕咕样"的响声。有时病牛并未被完全阻塞，这时病牛还可以少量进食和饮水，当阻塞部位位于上部食道时，病牛通常是在口腔和鼻腔的周围被唾液所附着，呈白色。如果是下部食道出现阻塞，多表现为在左侧的颈静脉沟处可见有隆起，这是由唾液堆积而引起的。但随着病程的延长，病牛食道内的阻塞物也越来越大，最后病牛食道呈现出完全阻塞，停止反刍。处于妊娠期的母牛常会因食道阻塞而出现流产。发病牛如果发生该病后没有及时进行救治，还可能会出现食道穿孔，食道形成瘘管和脓毒败血症等疾病，这样牛食道和胃中的食物残留会随着孔道进入胸腔中，从而引起病牛出现胸膜炎症状。

（二）防控与治疗

1. 防控

加强饲养管理，保证饲养环境干净整洁，避免牛舍中出现铁丝、塑料等异物。避免饲喂大的块茎类食物，如胡萝卜、马铃薯等。如果要饲喂，应对大块根茎类饲料进行加工与切碎。饲喂一些麦麸、棉籽饼以及豆饼等饲料时，应用开水泡开。需要注意的是，对牛进行日常饲喂时，应定时定量，避免牛过度饥饿，进而快速吞咽食物，造成食道阻塞。

2. 治疗

一旦有牛发生该病，应及时进行治疗，通常采取的治疗原则为早期确诊，及时排出异物。

（1）消除瘤胃臌气。病牛必须首先解除急性瘤胃胀气，可行瘤胃穿刺术，待阻塞物排出后，才能将套管针取出。

（2）无尖刺食道阻塞的处理。如果阻塞物无尖刺，也没有伤及食管黏膜的情况下，可以采用常规的处理方法。这些方法无须经过手术，可以将异物排出。

当阻塞物发生在颈部上1/3处时，首先考虑将阻塞物往上推，使其从口中取出，这就需要先用开口器固定口腔，从外部将阻塞物由下向上推至咽部附近，直接从咽部快速掏出。有的阻塞物由于比较坚硬和圆滑，难以掏出，这就需要应用药物，通常应用2%普鲁卡因注射液30毫升，通过食道注入，沿着咽喉部的两侧颈静脉沟将阻塞物向上挤压至咽喉部，而后取出。也可以让其向下运行，进入胃部，可以给病牛灌服一些石蜡油，石蜡油会对阻塞物起到润滑的作用，病牛在不断吞咽的动作下，会将阻塞物慢慢地吞咽进入胃内。有时候不能进入胃部，还需要通过插入胃管的方式将阻塞物缓慢推入胃中，同时胃管还可以帮助牛释放出瘤胃内的气体，起到消除瘤胃臌气的作用。

当阻塞物发生在颈部的中或下1/3处时，可先用胃管灌入3%~5%盐酸普鲁卡因液40~60毫升，经几分钟后再灌入菜籽（萝卜籽）油300~500毫升，并用胃管向下推进，或用右手沿其左侧鹘脉沟由上向下，或由下向上按摩，或用木棒刮之，双手指尖相对，在食道上下按摩，反复数十次，也能起到很好的效果。操作过程切勿过猛，以免造成食管穿孔，大多数阻塞物可推送至瘤胃内。可配合用盐酸毛果芸香碱0.18~0.2毫克加上5毫升蒸馏水制成溶液，一次性皮下注射，可引起内分泌增加，有利于阻塞物排出或下行；也可以应用盐酸去水吗啡0.1~0.2毫克加上3~4毫升蒸馏水制成溶液，一次皮下注射，效果良好。

在不能确定阻塞物位置时，可以采取打气法、胃管推动法、锤击法、跳跃法和冲洗吸取法等。打气法是将病牛站立保定后，将投药用的胶管伸入病牛的食管内，找到阻塞部位后灌入2升的温水，经过3~5分钟后将其吸出，而后灌入2%的普鲁卡因和植物油，并向胶管内打气，病牛就会挣扎，而后阻塞物就在此过程中进入胃内，而后要试探是否已经消除阻塞。

胃管推动法是将病牛的牛头吊起来并固定好，从鼻腔或口腔插入胃导管，直至导管触碰到阻塞物，而后向导管中注入2%的普鲁卡因50毫升和石蜡油200毫升，经过20分钟后将胃管轻轻向前推进，这样阻塞物就会被推入胃中。如果还推不动，改为打气法。

锤击法是针对阻塞物为水果类或块茎类的物质时，给病牛通过应用胃导管注入2%的水合氯醛30毫升以及石蜡油100毫升，起到润滑的作用，而后将阻塞物推至颈部的中间，在阻塞物下放置 1 个木块，用锤子锤击，而后检查异物是否破裂或者移行至别处，根据结果来确定是否继续操作，直到消除阻塞。

跳跃法是针对病牛的颈部和胸部出现的食道阻塞，先给阻塞部位灌注油和水，以便能起到润滑效果，而后将木棍横放在病牛前面，长度约为 70 厘米，用鞭子不断对病牛进行抽打，使其出现跳跃的行为，这样病牛在经过剧烈运动后就会将阻塞物吞入胃中。

冲洗吸取法是针对病牛阻塞物为草团时应用。将病牛保定好后插入胃管，在插入的过程中触碰到草团后，可以将其固定好位置，不断向胃管内注入水，并加压，而后将注入的水吸出来，再次重复注水、加压、吸出的操作，经过几次重复后，食道内的阻塞物就会通过导管排出来，从而治愈病牛。

（3）有尖刺食道阻塞的处理。如果是尖锐异物刺入食管黏膜或采用上述方法无效时，须立即切开食管取出异物。注意在进行切开手术前要进行无菌操作，缝合后要对伤口处消毒并应用抗菌药物，避免伤口出现感染的情况。病牛在 24 小时内避免采食和饮水，而后可以提供柔软的草料供其慢慢适应。

（4）处理食道阻塞后的消炎。阻塞疏通后，限食 1~2 天，给予抗菌消炎，防止发生食道局部炎症；脱水病畜，还应适当补液。10% 葡萄糖 1 000 毫升，维生素 C 注射液 50 毫升，20% 樟脑磺酸钠注射液 30 毫升，一次静脉注射；10% 葡萄糖注射液 500 毫升，头孢噻呋钠注射液 5 克，一次静脉注射；连用 2 天。

（5）护理。忌灌药物。食道通畅后，在 1~2 天停止饲喂草料，1 周内饲喂流质饲料或柔软易消化的饲料或静脉注射葡萄糖等。施行全身麻醉者，在食管机能未复苏前，更应注意护理，以防发生食管阻塞。待炎症消失，直至伤口愈合，再给草料。

三、牛骨折

牛骨折是因受外力作用而使骨骼发生部分或全部断裂的病症。一般多发于四肢下部。

（一）诊断要点

1. 病因

有急剧外力性和骨质本身病理性两种。外力性的常见有急剧外力的打击，重型物体的堕落压迫，牛只相互角斗，突然在硬地上的滑倒等；病理性的指骨的弹性、脆性、硬度异常，如骨软症、佝偻病、骨髓炎及氟病时，都易发生骨折。多因碰撞、滑倒、跌落、急剧地停站或跳跃障碍，小腿踏入地裂等引起。骨折根据骨折处骨片的数目，分为粉碎性骨折和非粉碎性骨折；根据皮肤（和黏膜）是否完整分为开放性骨折和非开放性骨折。发生骨折后，必须进行早期救护，不能错失有利时机。

2. 临床症状

发生骨折后，常伴发周围软组织的损伤，出现疼痛、肿胀、异常活动、机能障碍等。骨折发生后有其共同症状与不同症状之分。

共同症状：肿胀、变形、异常活动、骨摩擦音、疼痛、机能障碍。

不同症状：①肱骨骨折。螺旋形或斜形骨折多见。如为斜骨折，其尖端可引起软组织广泛性损伤，肿胀十分明显。运动时牛感疼痛，并可听到骨摩擦音。②盆骨骨折。髋结节骨折，骨折处缺损，并有痛性肿胀，运步时出现混合肢行，很少有骨摩擦音。髋骨体骨折，突然呈现明显跛行，静止时，病肢呈外展姿势。耻骨骨折，呈现支跛，运动有剧烈疼痛，下腹部、腹股沟、乳房及阴囊等处常见肿胀。坐骨结节骨折，骨折部和会阴部有疼痛性肿胀，运动有捻发音，运动呈悬跛。闭孔骨折，出现高度支跛，常伴大血管的损伤和内出血。③股骨骨折。多发生在股骨颈部，突然出现高度跛行，病肢缩短，局部疼痛肿胀，股部不能屈曲，对侧臀部下沉。

根据发病后的临床症状，结合发病原因，骨折容易诊断。但为了确诊骨折的部位、骨折形状等，还应做 X 射线和直肠检查。

(二) 防控与治疗

1. 防控

加强饲养，供应平衡日粮，防止骨营养不良的发生。喂牛时，不仅要让牛吃饱，而且要注意营养成分和日粮配合。其中特别要注意矿物质钙、磷的喂量与比例及维生素饲料的供应。防止矿物质代谢紊乱的发生而引起骨质疏松症。加强管理，防止意外事故发生。对役用牛要合理使役，不重载，不过劳；放牧时要加强对性情暴躁牛的管理，避免角斗，不轰赶牛，避免奔跑，防止滑倒、摔伤，尽量减少外伤性损伤。

2. 治疗

（1）临时救护。骨折后应尽快地用木条、竹板、铁条、绷带等材料临时固定，以防止周围组织的过多损伤；而当有出血、休克等发生时，应立即采取对症治疗。

（2）尽早整复。整复的目的是使骨断端恢复至正常位置。为此，可用传导麻醉以减轻疼痛后，再根据骨折情况进行牵引、复位。保定患畜，为减轻疼痛和骚动，可局部或全身麻醉，以免挣扎造成再移位。整复应遵循"欲合先离，离而复合"的原则。即先将骨折断端往开牵拉，使两断端离开，以便整复复位。整复时须助手2人，1人双手持骨折上端，另1人握住骨折下端，若手操作不方便时，可用麻绳捆缚于骨折断端的上下方牵拉，以达到拉开的目的。助手按术者指示进行上提下拉，左移右转，术者双手置于骨折外，应用拇指与四指的互相配合，采用挤按捏压、上推下托等不同方法，使两断端复位吻合。如为粉碎性骨折，在骨干吻合后，尚须用掐捏推托等手法使碎骨尽量贴附至骨干原脱落处，以达到"陷者复起，突者复平"的目的。

（3）合理固定。固定方法有内固定和外固定。内固定较少使用。外固定有石膏绷带和小夹板固定。小夹板材料为具有韧性和弹性的竹片、树皮和木条，每条厚0.5厘米、宽3~4厘米，长度以固定部位而定。装置方法是先将局部皮肤消毒，敷上外用药，用绷带或毛毯片、纸片等包扎，再将4~8根小夹板对称而均匀地装在相应部位，最后再捆扎以固定夹板。

（4）功能护理。早期，对未固定部位可进行按摩，骨折后3~4周开始牵引运动，以后适当轻度劳役，以促进病肢功能恢复，防止关节粘连和肌肉萎缩。整复、固定后，应将患牛拴在栏圈中，暂时限制活动，经过3~4周后可根据骨折愈合情况，适当牵遛运动或在平地放牧，锻炼患肢功能。经过40~90天后，可拆除绷带或其他固定物体。实施整骨后，为促进愈合，防止感染，应给牛外用和内服接骨药，并在日粮中加入适量的钙盐，给予营养丰富的饲料。

对开放性骨折，还必须应用抗生素、破伤风抗毒素，以防感染。

（1）外用处方。①节节草50克，高粱花100克，自然铜10克，公乌鸡骨一架，香油250克。②当归、川芎、紫草、红花、杜仲炭、牛膝各30克，黄丹100克，松香100克。

先将①方的乌鸡骨用香油炸焦，捞出捣碎，再与节节草、高粱花、自然铜共碾细末，再将②方的前六味药碾成末，同入油锅炸焦，除去药渣，放进松香、黄丹，加热成膏。将药膏摊在布上，贴敷患部，然后用刮光的竹板夹住，用麻绳固定。将患畜养在干燥、宽大、平坦之处，增喂较好的饲料，如鸡蛋壳粉、麦麸皮等。

（2）内服处方。续断40克，杜仲30克，乳香30克，牛膝、当归各20克，川芎15克，共研细末，加黄酒250毫升为引子，开水冲，候温灌服，每天1剂，可起到活血止痛、壮筋愈骨的作用。

四、蹄叶炎

肉牛蹄叶炎是一种病因比较复杂的疾病，主要是由于全身代谢紊乱而导致局部病变。牛患病后会呈现不安、疼痛、食欲减退、饲料报酬下降、体重变轻、生产性能显著降低等，严重时甚至只能够淘汰，且其还能够继发引起蹄底溃疡、蹄变形以及白线病等其他蹄病，严重损害养牛生产的经济效益。

（一）诊断要点

1. 发病原因

肉牛发生蹄叶炎的病因非常复杂，普遍认为与机体内生存过多组织胺样物质相关。组织胺样物质会使血管运动神经的调节机能出现异常，导致血液循环紊乱或者障碍，造成血液分布失调，末梢血管充血、扩张，且通透性变大、渗出增加，且真皮微血管会出现栓塞，从而导致蹄真皮发生急性浆液性炎症。当真皮小叶和角质小叶之间蓄积有炎性渗出物时，就会导致它们之间的正常结合被破坏，且使含有大量感觉神经末梢的真皮受到压迫，出现严重疼痛，进而呈现跛行。

2. 临床症状

急性蹄叶炎。病牛表现出肌肉震颤，排汗增多，病趾作划水样运动。走动时弓背僵硬，后肢处于腹下，前肢有时可正常站立，有时在站立时呈横向运动，卧下时往往呈犬卧姿势，伸直四肢，很难站起，且喜欢在软地上走动，且会以腕关节跪地采食来减轻负重。该病中大约有2/3是后肢出现发病，特别是外侧趾（第四趾）最为常见。蹄冠皮肤发生肿胀，敏感性增强，蹄底变软，呈黄色蜡样脱色，并伴有出血，或者蹄壳发热，前肢静脉扩展异常，系关节上动脉搏动增强。另外，病牛系关节和系部发生环形肿胀，患处关节滑液中的球蛋白、白细胞总数增多，呈现关节炎以及全身性炎症反应。

慢性蹄叶炎。病牛临床上的表现要轻于急性期，症状严重时才会出现弓背、全身强直、前肢弯曲以及跛行症状。常见病牛后肢陷在粪沟的边缘，长时间之后蹄壁出现畸形，背侧缘和地面形成的夹角变小，后肢系关节和系部下沉，蹄壁外形变扁、增宽，蹄冠和地面之间的距离加大，出现明显的沟或者环。蹄骨尖向下移动，且其背侧缘和地面之间的角度增大，造成蹄骨明显压迫蹄底真皮，引起角质缺损，导致蹄底容易发生穿孔，进而发生化脓性蹄小叶炎。

（二）防控与治疗

1. 防控

加强饲养管理。尤其是母牛围产前后要加强饲养，严格控制干奶期精料的喂量，避免营养过剩，同时确保饲喂足够品质优良的干草，要求肉牛饲料中的纤维含量超过 18%，保持饲料营养均衡，在生产后才可逐渐增加精料喂量。饲料要保持稳定，禁止突然更换日粮，尤其是在日粮中增加高水平碳水化合物和蛋白质饲料的用量时，要逐渐添加，给瘤胃内环境提供一个适应过程，促使瘤胃内环境保持相对稳定，避免发生消化道疾病，不能饲喂发生霉变的饲料。

2. 治疗

（1）药物治疗。病牛症状较轻时，要立即减少其被动运动，以缓解蹄部疼痛，避免出现继发感染。病牛蹄部先使用清水冲洗干净，接着对趾神经使用 0.5%~1% 盐酸普鲁卡因青霉素进行封闭注射，用于减轻疼痛。如果病牛症状较重，可将其在六柱栏内保定，接着对患蹄使用 1% 高锰酸钾溶液清洗干净，然后对蹄底进行整修，主要是对腐烂的腔洞进行扩创，使其呈反漏斗形，直至流出鲜血，再向创口内填塞高锰酸钾进行止血。之后使用 3%~5% 高锰酸钾进行清洗，擦干后向创腔内倒入适量的血竭粉末，再放置烧红的斧形烙铁进行烫烙，促使血竭完全溶化而与角质相结合，如果创腔较深，最好采取分层烙熔，最后包扎绷带进行固定，每 5~7 天进行 1 次检查，若绷带未脱落则不需要采取任何处理，否则需要再补 1 次，通常治疗 1~3 次就能够康复。如果病变处存在较多的脓血分泌物，先采取常规处理，当病灶处于脱水再生阶段，才可使用血竭进行封闭。另外，由于该病主要是因发生变态反应导致，因此还必须使用脱敏药进行治疗。发病初期，病牛可使用抗组织胺药物，如内服 0.5~1 克盐酸苯海拉明，每天 1~2 次；分别静脉注射 10% 氯化钙注射液 100~150 毫升，10% 维生素 C 注射液 10~20 毫升。如果病牛表现出全身症状，不仅要对患处外敷消炎粉和鱼石脂以及包扎绷带，还要采取输液治疗，一般静脉注射 5% 葡萄糖氯化钠注射液 500~1 500 毫升，5% 碳酸氢钠注射液 500~1 000 毫升，10% 维生素 C 注射液 10~20 毫升、氯化钙注射液 300~500 毫升、20% 安钠咖注射液 20~50 毫升。

（2）放血疗法。对于急性期病牛，可在静脉处放血 500~2 000 毫升，同时喂服具有轻泻作用的石蜡油，能够促使毒素尽快排出。每次放血后，可静脉注射 5%~10% 葡萄糖注射液 500~1 000 毫升，5% 碳酸氢钠注射液 500~1 000 毫升，也可分别静脉注射 10% 水杨酸钠注射液 100 毫升、20% 葡萄糖酸钙注射液 500 毫升。需要注意的是，在秋末、冬季以及病牛发生贫血、营养不良时，不适合采取该法治疗。

（3）蹄部护理。牛场要根据自身实际情况制订合理的喷蹄或者浴蹄计划，定期使用3%硫酸铜溶液进行喷蹄或者浴蹄。喷蹄时，要先将黏附在蹄甲表面的泥土、牛粪除去，然后将药液完全喷到蹄甲上。另外，要适时进行修蹄和护蹄，要求每年至少进行1次。通过修蹄能够矫正蹄甲角度、长度，有利于机体保持平衡和维持蹄部负重。一般来说，牛每年要进行2次维护性修蹄，灵活调控修蹄时间。每次修蹄可保留部分角质层，确保蹄底被修平，前端呈钝圆形，蹄甲中部略凹。

五、牛腐蹄病

腐蹄病又称传染性蹄炎、指（趾）间蜂窝织炎，为指（趾）间皮肤及其深部组织的急性和亚急性炎症。其临床特征是患部皮肤坏死与化脓，常伴蹄冠、系部和系关节炎症，呈现不同程度的跛行。该病可发生于所有类型的牛，发病率较高。炎热潮湿季节比冬、春干旱季节发病多，后肢发病多于前肢，成年且高产的母牛易发。

（一）诊断要点

1. 发病原因

（1）病原因素。有报道表明，牛腐蹄病的病原菌主要有坏死梭杆菌和节瘤拟杆菌，但是在病原分析过程中还发现有脆弱类杆菌、产黑色素类杆菌、螺旋体、粪弯杆菌、梭菌、酵母菌及其他一些条件致病菌。

（2）环境气候因素。梅雨季节天气潮湿，气候炎热，牛舍条件差、卫生不好、通风不良、地面潮湿污浊，牛群长期在坚硬而粗糙的水泥地面上活动，都易造成腐蹄病的发生；秋季环境和气候干燥造成蹄部皮肤干裂，细菌容易入侵；牛舍潮湿，牛栏建设不合理，坡度不够，不能及时将粪尿水排出，导致牛蹄时常泡在粪尿中，刺激蹄部皮肤，导致细菌滋生；运动场上的小石子、铁丝、钉子等坚硬的物体都会造成牛蹄部受伤而引起牛腐蹄病。

（3）饲养管理因素。日粮营养水平与牛腐蹄病的发生密切相关，如微量元素锰的缺乏以及钙、磷比例失调等都会引起牛蹄壳的裂开、引起蹄部疾病。过食高能量精饲料引起酸中毒，导致组胺、内毒素等一些血管活性物质到达蹄部组织的毛细血管中，进而引起蹄部炎症，发生腐蹄病。此外，维生素A、维生素D、锌元素等的不足都会引起蹄部组织的代谢异常，引发腐蹄病。役用牛在超负荷使用时会造成牛蹄部受伤而引发腐蹄病。

（4）遗传因素。遗传因素是牛腐蹄病多发的另一个原因，牛的体型和品种与牛腐蹄病的发生有关，品种不同，蹄病的易感性也不一样，如中国荷斯坦牛的腐蹄病发生率就高于其他品种。

2. 临床症状

根据蹄病发生部位，临床上表现为蹄叉腐烂和腐蹄。

（1）蹄叉腐烂。为牛叉表皮或真皮的化脓性或增生性炎症。蹄叉部皮肤充血、发红、肿胀、溃烂，有的蹄叉部可见肉芽增生，呈暗红色，突出于蹄叉沟内，质地坚硬，极易出血。蹄冠部肿胀，呈暗红色。病牛跛行，以蹄尖着地，站立时，患蹄负重不实，有的以患蹄频频打地或踢腹。犊牛、育成牛和成牛都有发生，以成年牛多见。

（2）腐蹄。为牛蹄的真皮、角质部发生腐败性化脓。四蹄皆可发病，后蹄多见，以7—9月发病最多。病蹄站立时不愿完全着地，患肢系关节以下屈曲，频频换蹄、蹬或踢腹。患蹄向前伸出、运步时明显后方短步、站立时间缩短。检查蹄部，蹄变形，蹄底磨灭不正，角质部呈黑色。如外部角质尚未变化、修蹄后见有污灰色或污黑色腐臭脓液流出，也由于角质溶解，蹄真皮过度增生，肉芽凸出于蹄底之外，大小为黄豆至蚕豆大，呈暗褐色（中兽医称为漏蹄，按不同部位分为毛边漏、蹄心漏等）。炎症蔓延至蹄冠、系关节时，关节肿胀，皮肤增厚，失去弹性，疼痛明显，步行呈"三脚跳"，当化脓时，关节处破溃，流出奶酪样脓液，病牛全身症状加剧，体温升高，食欲减退，产奶量下降，常卧地不起，消瘦。

（二）防控与治疗

1. 防控

（1）改善日粮配方。根据饲养标准改善日粮配方，增强牛只体质。禁止饲喂霉变草料，补充适宜精饲料、补充钙和磷并保持钙、磷平衡，补充氨基酸，如蛋氨酸，特别是泌乳牛对日粮结构有着严格要求，注意确保精粗饲料的比例要适当，尤其要注意补充微量元素锰、铬和维生素A、维生素D等，有利于受损蹄壳的及时修复。

（2）加强饲养管理和环境卫生。及时修补运动场与栏舍破损地面，清理牛栏与通道中的沙石及硬草根茬等、防止牛蹄被碰伤和扎伤，引发感染。牛舍保持干燥，无明显积水，防止牛蹄壳被水浸泡变软，引起受伤。及时清除舍内粪便，及时更换垫料，保持圈舍清洁卫生。对于种公牛要驱赶出牛舍做适当的运动，有利于蹄部的正常磨灭和体质增强。

（3）合理规划牛舍。科学规划运动场和栏舍，不应出现明显的积水积尿。

栏舍地面建成后不能过于光滑，否则容易打滑，引起牛蹄部受伤而引起腐蹄病。

（4）及时修剪蹄部和药浴。制订检查与修整牛蹄的计划，修整牛蹄一般每年2次，分春、秋两季完成。如果条件允许，可每季度修整1次，特殊情况及时处理，使牛蹄部保持正常。对于种公牛可每月进行1次药浴，如用4%硫酸铜溶液浸泡牛蹄，有治疗和护理效果。牛蹄检查工作要经常进行，一旦发现问题，及时处理，防患于未然。

（5）优选良种。减少腐蹄病，育种尤为关键。选种期间，注意肢蹄性状。研究证实，腐蹄病发生60%以上与有肢蹄障碍的遗传相关。出于防控该病考虑，优选的良种牛，要综合考虑蹄部长度、斜长等因素。

（6）科学控制饲养密度。过密的养殖密度易诱发腐蹄病，合理的饲养密度为每100米^{2}牛舍12~13头。确保牛有足够的运动场地，以增强其四肢能力。减少不良环境应激，有效降低腐蹄病的发生。

（7）定期消毒。定期进行牛场消毒工作，每月1~2次。

2. 治疗

全身治疗。治疗原则是消除炎症、解毒、防止败血症的发生。可肌内注射长效普鲁卡因青霉素油剂，每次每千克体重1万~2万单位，每天1次，连用3天；静脉注射或肌内注射磺胺嘧啶，按每千克体重50~70毫克计算，每天2次，连用3天；葡萄糖氯化钠注射液1 000~1 500毫升、碳酸氢钠注射液500毫升、25%葡萄糖注射液500毫升、维生素C 5克，一次性静脉注射，每天2次，连用3~5天。

对蹄叉腐烂的病牛，用10%硫酸铜溶液或1%来苏儿溶液洗净患蹄，再用3%过氧化氢溶液消毒，涂以10%碘酊，用松馏油（鱼石脂也可）涂布于蹄叉部，打以蹄绷带，如蹄叉有增生物，用外科手术除去，或以硫酸铜粉、高锰酸钾粉撒于或涂于增生物上。打蹄绷带，隔2~3天换药1次，2~3次可以治愈。也可用烧烙法将增生肉芽直接烧烙掉。

对腐蹄病牛，先将患蹄修理平整，找出角质部腐烂的黑斑，用小刀由腐烂的角质部向内深挖，直至挖出黑色腐败的腐臭组织，使脓液流出为止。用10%硫酸铜溶液冲洗患蹄，创内涂10%碘酊、填入松馏油棉球，或放入高锰酸钾粉、硫酸铜粉，绑蹄绷带。

对患有腐蹄病的牛，也可使用高锰酸钾疗法。先用1%高锰酸钾溶液将患蹄清洗干净，并进行扩创，对于创口较浅的，可将高锰酸钾粉撒在药棉上，敷于患处；对于蹄叉腐烂可同样用1%高锰酸钾溶液将蹄叉清洗干净，然后将高锰酸钾粉撒在药棉上，敷于患处；对于较深的瘘管，可将高锰酸钾粉直接填入其中，使之与瘘管壁充分接触；外涂5%碘酊，后用绷带包扎固定，外涂松馏油。2~3天重复处理1次。

第三节 常见产科病防控与治疗

一、流产

流产是指由于胎儿或母体异常导致妊娠的生理过程发生紊乱，或母体和胚胎之间的联系由于各种原因遭到破坏，从而导致妊娠中断的一种病理现象，在临床上主要有隐性流产、早产、胎儿腐败、死胎难以排出等症状。流产可以发生在母牛妊娠的各个阶段，但以妊娠早期最为多见。母牛流产造成胎儿夭折或发育受阻，严重危害母牛健康。

（一）诊断要点

1. 发病原因

（1）饲养原因。如饲料不足时，母牛瘦弱，抵抗力降低，代谢功能减弱，胎儿得不到足够的营养，易发生流产；饲料中缺乏维生素A、维生素D、维生素E，缺乏钙及磷时，也可成为流产的原因；饲料腐败、发霉及过酸的青贮饲料、多量酸败的油饼酒糟类，易引起机体中毒而导致流产；采食过多的苜蓿草等容易发酵的饲料时，因饲料急性膨胀可导致流产。

（2）管理原因。缺乏运动的母牛突然急剧运动，腹部受到冲撞或压迫，急赶牛群出入圈门时相互挤压等，均可诱发子宫收缩而引起流产。

（3）疾病原因。母牛患生殖器官疾病、卵巢功能障碍，如黄体发育不良、慢性子宫内膜炎、子宫内膜结缔组织变性、瘢痕及硬结、子宫发育不全、产后并发的子宫和周围组织粘连等，均可影响胎儿发育，且在妊娠的一定时间发生流产。胎儿发育异常、胎儿畸形，带水肿的扭转、胎膜水肿、胎水过多、胎盘畸形及发育不全等，均可导致胎儿死亡而流产。

（4）医疗和配种错误。如兽医临床上全身麻醉、大量放血、手术以及给予大量泻剂、驱虫剂、利尿剂、肾上腺皮质激素类药物，注射引起子宫收缩的药物或误给催情药和妊娠畜忌用的中草药、注射疫苗、未作妊娠检查而使用刺激发情制剂或妊娠牛发情误配、粗鲁的直肠检查和阴道检查等都可引起流产。

2. 临床症状

（1）隐性流产。胚胎消失、妊娠早期的流产、胚胎死亡液化而被吸收，看不到明显的症状，只是发情周期延长，故称为隐性流产。这种流产可能是遗传因素或母体和胎儿激素不平衡造成胚胎早期死亡，往往屡配不孕。配种后30~45天未见母牛发情，饮食欲增、皮毛变光亮，突见母牛阴门内流出黏稠液体或带状黏条后2~3天出现发情；或从阴道流出少量混有血迹的黏液；或配种后50~60天通过直肠检查已确定妊娠，但不久后又发情，此时直检妊娠现象消失。这种情况大部分是发生了隐性流产。

（2）早产。这类流产的预兆及过程与正常分娩相似，胎儿是活的，但不足月就产出，所以又称早产，产出前的预兆不如正常的明显，往往在排出胎儿前2~3天乳房突然膨大，阴唇微肿，反应敏感，乳头可挤出清亮乳汁，阴门内有清亮黏液排出，饮食欲及体温正常，2~3天排出不足月的活胎儿。发育至8个月的早产胎儿，可能成活，应采取保温措施，并尽快进行人工哺乳。

（3）排出死胎（小产）。这种流产发生在妊娠后期时，胎犊死后引起子宫收缩，几天之内将死胎及胎衣排出、妊娠初期不易发现，误认为隐性流产，妊娠前半期流产常无预兆，妊娠末期排出死胎的预兆与早产相同，胎儿小，排出顺利，预后良好，以后母牛仍能妊娠；如胎儿大，胎势及胎向改变不充分，不能及时产出，有时伴发难产，造成子宫感染，胎儿腐败，引起子宫炎及阴道炎等，因此必须设法尽快将死胎排出。这种流产最常见。

（4）死胎停滞（延期性流产）。胎儿死亡后，如果子宫收缩微弱，子宫颈口不开张或开放不大，死后的胎儿长期滞留在子宫内，称为死胎停滞。根据乳房增大、能挤出初乳，乳量减少、乳质变成初乳性质、腹部看不到胎动，直肠检查时触摸子宫感觉不到胎动，便可确诊。

（5）胎儿干尸化。胎儿死亡而未被排出，子宫颈闭锁则死胎因组织水分被吸收而变干燥，体积缩小，组织致密，类似干尸，称为干尸化胎儿。根据妊娠现象逐渐消退，但不发情，或妊娠期满也不分娩，直肠检查时子宫膨大、内有硬固物体、无弹性也不波动便可作出诊断。

（6）胎儿浸溶。死胎停留在子宫内，非腐败性细菌侵入子宫，胎儿的软组织被分解为液体而排出，骨骼则排不出来。母牛妊娠期间从阴道内流出红褐色或棕褐色难闻的带腐尸味黏稠液体，黏附在母牛尾根及后腿上，病牛食欲减退，渐进性消瘦，阴道检查子宫颈口开张，阴道黏膜充血、直肠检查子宫壁增厚，内容物凹凸不平，挤捏子宫可感到骨片互相摩擦。

（7）胎儿腐败。由于腐败菌通过开放的子宫颈口侵入胎儿体内、胎儿组织发生腐败分解，产生多量气体，以致在子宫内胎儿体积显著增大，此时母牛精神沉郁、食欲废绝、体温升高。阴道检查时，可见污红色恶臭的液体、子宫颈扩张，触摸胎儿时有捻发音，胎儿皮毛脱落。

母牛配种后，已确认妊娠，但经过一段时间又出现发情；母牛有腹痛、拱腰、努责表现；从阴门流出分泌物或血液、排出不足月的死胎或活胎；妊娠后，随着时间的延长，腹围不但不增大、反而变小，有时从阴门流出污秽恶臭的液体、并含有胎儿组织碎片。根据上述临床症状即可作出诊断。

(二) 防控与治疗

1. 防控

(1) 加强妊娠牛饲养管理。日粮供给营养全价，根据母牛生理性状的改变及时调整日粮。在能量、蛋白质饲料合理供给时，应充分重视矿物质饲料（如钙、磷、锰、锌、铁）和维生素 A、维生素 D、维生素 E 的供应；不喂发霉变质饲料；不轰、打、驱赶妊娠牛；在对妊娠牛进行治疗时，用药应慎重，不乱用泻剂和催情药物。确保妊娠牛适度运动，增强牛只疾病抵抗能力，做好预防控制流产的准备。

(2) 及时检查与治疗。临床有母牛流产，应详细了解供给饲料的品质、配比、日粮营养水平、日常运动量、饲养管理情况等。同时，详细检查母牛生殖器官发育情况，全身有无病变，胎儿、胎膜等有无病变。必要时，可取流产胎儿、胎衣水肿组织做细菌学检查，根据检查结果，制定防治策略。

(3) 定期接种疫苗。为防止传染病而引起的母牛流产，应做到对 5~6 月龄犊牛接种疫苗。成年母牛每年进行 1~2 次布鲁氏菌病检验，检出阳性牛并加以隔离。随着牛群扩大，外引牛只的频繁，某些新的传染病，如传染性牛鼻气管炎和牛病毒性腹泻/黏膜病也渐渐蔓延，为此应考虑接种疫苗。老疫区对 5~7 月龄犊牛可接种相关疫苗。

2. 治疗

(1) 先兆性流产。处理的原则是安胎，禁行阴道检查、限制直检。配合注射 5% 水合氯醛注射液 200 毫升，或注射 1% 硫酸阿托品注射液 3~5 毫升，也可口服水合氯醛 20~30 克。必要时注射黄体酮 100 毫克。若子宫颈口开放、胎囊进入阴道或已经破水，流产将不可避免。此时应尽快将其排出，肌内注射缩宫素即可。如果子宫颈口尚未开张，可使用地塞米松磷酸钠注射液 20 毫克，待子宫颈口打开时，将胎儿取出。

(2) 习惯性流产。如果母牛有习惯性流产史，可在妊娠后发生习惯性流产的前 2 周肌内注射黄体酮 50~100 毫克，隔日 1 次，连用 3 次；也可在妊娠后发生习惯性流产前1周肌内注射1%硫酸阿托品注射液1~3毫升。

（3）胎儿死亡。应尽早促使胎儿排出，并控制感染。当确诊胎儿已经死亡，不论干尸还是浸溶，应立即用氯前列醇钠注射液6毫克，地塞米松磷酸钠注射液5毫升，一次肌内注射。注射氯前列醇钠注射液后32小时再肌内注射催产素100单位，在母牛临产症状明显时向阴道内注入消毒过的液状石蜡500~1 000毫升，或牛体、手臂常规消毒后，将手臂伸入阴道将胎儿缓缓牵出，并用45℃ 5%~10%浓盐水1 000毫升，加土霉素粉10~15克注入子宫；排出胎儿后的母牛，可用土霉素2~4克或金霉素1.5~2克，溶于150毫升蒸馏水中，一次灌入子宫内，隔天1次，直至阴道分泌物清亮为止。如果母牛有食欲不振、反刍停止、体温升高等全身症状，还应结合抗菌消炎、补液强心等对症治疗。

（4）中药治疗。该病症属气血失养、胎动不安，可补气养血、活血化瘀、止痛安胎。可用四物安胎散，黄芪20克，当归15克，阿胶、白芍、白术、川芎、陈皮、茯苓、熟地、苏梗、生姜各10克，糯米20克，诸药共研为末，开水冲调，候温灌服。也可用白术散，阿胶、白术、陈皮、党参、当归、熟地各30克，白芍、川芎、黄芩、砂仁、苏叶各20克，甘草、生姜各15克，诸药共研为末，开水冲服。体虚者加黄芪、何首乌；血分热盛者加丹皮、旱莲草、玉竹，去熟地，加生地；外伤所致流产，加红花、川续断、桑寄生等。还可用四物汤加减，熟地60克，白芍45克，当归、没药、乳香、香附各30克，黄芩20克，川芎15克，水煎滤液，灌服，每天1剂。此外，土杜仲150克，土黄芩90克，益母草60克，水煎滤液，候温煎服，每天1剂，连用2天；加味生化汤，当归60克，党参、益母草各30克、川芎20克，桃仁18克，炮姜、炙草各15克，诸药共研为细末，以黄酒120毫升为引，开水冲调，温热冲服，也有较好效果。

二、难产

母牛难产是由母牛或胎儿异常所引起的胎儿不能顺利分娩。难产不仅会损伤和感染母牛的产道，造成母牛不孕，严重影响母牛的生产性能，甚至会危及母牛的生命，同时引起犊牛的损伤和死亡。因此，在母牛分娩时，应密切观察，仔细诊断母牛难产的原因，适时救助。

（一）诊断要点

1. 发病原因

（1）胎儿因素。在母牛妊娠期的最后3个月，如果饲喂高水平的蛋白质饲料，会引起胎儿过大和母牛过肥，大大增加难产的概率。胎儿的畸形、过大，胎位异常或者活力不足等，也有可能导致胎儿难以通过母牛的产道，以至于造成胎儿难产的发生。

（2）母体因素。在母牛妊娠期，如果出现营养不良、疲劳、疾病，在其分娩时未能适时地使用子宫收缩剂或者受到外界因素的干扰等，都有可能出现母牛的产力不足或者减弱，导致产力性难产的发生。

母牛的骨盆先天性发育不良或者畸形、骨折，子宫颈、阴门、阴道的瘢痕、肿瘤或者粘连等，都可引起母牛产道变形、狭窄，最终导致产道性难产的发生。

母牛配种时间过早，由于母牛还未成熟，其个体较小，产道也狭窄，容易造成产道的损伤。在配种前须注意正确掌握母牛的初配年龄，其初配年龄需要根据母牛的个体、生长发育情况以及品种来确定。

母牛体质瘦弱，胎儿死亡、畸形、过大、胎势不正以及胎位异常等，都会引起母牛的难产。而犊牛过大同样也会引起难产，尤其对只有2周岁的母牛威胁是最大的。而后随着母牛年龄不断增大以及胎次的增加，对其影响会逐渐变小。

2. 临床症状

妊娠牛常表现为烦躁不安，阵缩或努责，阴唇松弛而湿润，阴道流出羊水、污血、黏液，回顾腹部及阴部，但经1~2天仍不见产犊；有的母牛产犊后仍表现不安，触摸腹部时发现还有胎儿未产出；有的母牛在露出胎儿的头或腿后，长时间不能产出整个胎儿，随着难产时间的延长，疼痛加剧，表现为呻吟、怕动、精神沉郁、鼻镜干燥、心率加快、呼吸加快、阵缩消失或减弱。

3. 临床检查诊断

（1）诊断前的准备工作。对牛体、场地、检查工具进行严格消毒；兽医及助产人员要剪短指甲，防止损伤母牛产道；遵守无菌操作规程，并利用保定夹等做好助产人员的防御保护工作。

（2）对难产母牛进行临床检查。①全身健康检查。即对难产母牛的体温、呼吸、心率、瞳孔反射等方面进行检查，发现呼吸、心脏功能异常时，及时对症治疗。②产道检查。重点检查难产母牛盆腔是否狭窄；产道是否干燥，有无出血、水肿，排出液体的颜色、气味是否正常；子宫颈口开张程度等情况。③胎儿检查。要查清胎儿进入产道的姿势，是正生还是倒生，以及胎儿的大小、胎向变化等情况；准确判定胎儿的死活。

（3）各种难产的确诊。①胎儿正生或倒生以及死活的确诊。若胎儿正生，在产道检查时，手可摸到胎儿的口腔、舌头、脑部和前肢；手伸到胎儿口腔内有吸吮动作，触动眼睛、肢体有生理反应，说明是活胎。若胎儿倒生，手可摸到胎儿的脐带或肛门、尾巴和后肢；倒生时触动胎儿脐部、肛门、后肢有生理反应，说明是活胎。在产道检查时，手触动胎儿各部位没有任何生理反应，证明是死胎。

②胎儿头颈侧弯难产的确诊。胎儿两前腿伸入产道，而头弯于躯干一侧没有伸直，因此不能产出。难产初期，胎儿头颈位于骨盆一侧，没有进入产道，头颈侧弯程度不大，在母牛阴门口只能看到胎儿的前肢。随着母牛子宫收缩，胎儿胎体继续向阴门前进，胎儿头颈侧弯程度就越来越加重，此时胎儿两前腿部以上伸出阴门以外，但不见头部、唇部，两前肢一长一短。胎儿头颈弯侧的方位在胎儿腿伸出阴门端的一侧，术者的手顺着其方向能够摸到胎儿头部位于自身胸部侧面。

③胎儿腕部前置难产的确诊。腕部前置是由于胎儿前腿没有伸直，腕关节以上部分顶在母牛耻骨前沿，由于胎儿腕关节的屈曲伴发肘关节屈曲，整个前腿呈折叠姿势，增加了肩胛围的体积而发生难产。如果两侧腕关节部被顶在母牛耻骨前沿，在母牛阴门部位什么都看不见；若是一侧腕关节某部被顶在母牛耻骨前沿，在母牛阴门可看到胎儿的一个前蹄，在产道检查时，手可以摸到胎儿一条或两条前腿，屈曲的腕关节位于母牛耻骨前沿附近。

(二) 防控与治疗

1. 防控

（1）防止母牛过早交配。在母牛身体尚未发育成熟时配种会遏制其继续生长发育，母牛较小妊娠易造成产道狭窄，增加难产概率。因此，对于母牛首次配种时间应选择在牛已达体成熟时。不同品种肉牛，其初配年龄略有差异。

（2）坚持正确的体型选配原则。在难产病例中，约有50%与胎儿过大有关，其中绝大部分是由于用过大体型种公牛配种有关，尤其是当母牛尚未成熟时配体型大公牛，难产发生率更高。故应坚持正确的体型选配原则。正确的体型选配原则应当是大配大、大配中、中配小，绝不可以大配小。以大配小的结果往往导致胎儿过大而增加难产率的发生，对于过早配种的后果更为严重。

（3）做好妊娠期饲养管理。妊娠期饲养管理不善是导致难产的一项重要因素。在饲养上必须满足牛的营养需要，特别是蛋白质、维生素、矿物质的需要，不能饲喂霉烂变质饲料。妊娠期母牛的营养失调是导致难产发生的诱因之一，妊娠期母牛过度肥胖或营养不良都可因产力不足而导致难产。妊娠牛在夏季要做好防暑降温工作，冬季要做好防寒保暖工作。

（4）保证妊娠牛有充足的运动和光照。牛舍内要保持清洁、干燥、通风良好。适当运动对妊娠牛是不可缺少的，相当一些难产母牛与妊娠期缺乏运动有关。妊娠牛运动不足可能诱发胎儿胎位不正，还可导致产力不足，这两点都是难产的直接诱因。对于母牛来说，合理运动一要适量，二要适度，一般每天以2小时为宜。

（5）产房准备。接近预产期的母牛，应在产前半个月至1周送入产房，以适应环境，避免改变环境造成的惊恐和不适。在分娩过程中，要保持环境的安静，并配备专人护理和接产。接产人员不要过多干扰和高声喧哗，对于分娩过程中出现的异常要留心观察，并注意进行临产检查。

（6）对临产母牛进行早期诊断。如果发现临产母牛的胎儿反常，应及时进行矫正，做好助产准备工作，必要时进行人工助产，避免母牛发生难产。

2. 治疗

（1）母牛难产的助产。①助产前的准备。首先需要将接产器械进行消毒，同时准备3~4条直径约0.8厘米、长约3.5米的柔软坚韧的棉绳，主要用于牵拉胎儿。可以将母牛的体位处于前低后高且保持站立姿势，如果母牛不能久站则可以保持侧卧。如果胎儿有肢体露出，就需要将其与母牛的尾根、会阴洗净，然后再用0.1%高锰酸钾溶液进行消毒处理。

②胎儿姿势不正的助产方法。如果胎儿的头颈侧弯或者下弯，处于其两前肢侧面时，就可能导致难产。因此，在助产时需要将伸出产道的胎肢再次送回母牛的子宫内，然后接生者需要用手沿着胎儿的腹侧慢慢地深入，直至触摸胎儿的嘴唇端时便可用手兜住胎儿的嘴唇、下颌，再用助产叉顶住胎儿的肩部。与此同时，接生者用手将胎儿的头部拉出伸直，再用另外一只手借助助产叉一起将胎儿的躯干顶进子宫。胎儿的后肢姿势出现不正，主要是由于倒生胎儿的后腿膝关节屈曲并伸向前方，两后肢都屈曲称为坐生。出现这种情况，如果胎儿个体不大便不用矫正，可以直接强行拉出。最好是拉大腿根，不要拉尾巴。如果不具备上述条件的胎位不正时，就需要先矫正姿势之后，再慢慢地将胎儿拖出子宫。此时如果一人拉出较为吃力，可使用消毒产科绳套住胎儿身体某一部位，将其沿产道方向牵拉出来。

③母牛出现无力分娩时的助产方法。如果出现子宫颈紧张或者开张不良时，可以在母牛的子宫颈口处分点注射盐酸普鲁卡因注射液，以此来刺激母牛的子宫颈，使其得到良好的扩张，然后再将胎儿慢慢拉出。接生者需要将手伸入母牛的产道，并按照助产的相关注意事项，将胎儿强行拉出来。还可以采用催产的办法，即给母牛注射垂体后叶激素或催产素注射液7~12毫升，如果有

必要可在 25~35 分钟后再重复注射 1 次。

④双胎难产、胎儿过大、胎儿发育畸形的助产方法。如果出现双胎难产、胎儿过大、胎儿发育畸形，除按照上述方法操作以外，可以考虑对其施行剖宫产手术或截胎手术。

⑤助产后的护理方法。母牛产后，如果出现体温下降或脉搏微弱时，需要对母牛采取升温升压的急救措施。同时，对母牛静脉注射右旋糖酐注射液 500 毫升，10%氯化钙注射液 100 毫升，25%葡萄糖注射液 500~1 000 毫升。另外，在皮下注射硫酸阿托品注射液 10 毫升。也可以在静脉输液中添加 5~15 毫升肾上腺素。为了恢复母牛的体力，可加入 1~4.5 克的维生素 C，直至母牛各项指标恢复正常。

（2）中药治疗。对于由气血虚弱或气滞血瘀引起的难产，可进行中药治疗。一般采用催生汤。黄芪、党参各 60 克，制附子、制乳香、制没药各 30 克，共研为末，开水冲调，再煎 10 分钟，候温灌服即可。

（3）剖宫产手术。在母牛个体小、产道狭窄、胎儿过大、母牛和胎儿健康状况良好，非手术人工助产无法产出胎儿的前提下，方可运用剖宫产进行紧急的外科手术。

①手术场地、环境、工作条件和保定方式的选择。在牛舍附近找一块平坦、卫生的地点作为手术场地，对地面、环境等进行清扫，垫上麻袋或垫草并进行彻底消毒。手术场所保持卫生和安静。牛采用左侧卧位保定，放倒母牛时必须小心，避免母牛剧烈的折转、震动和突然跌倒对胎儿和母牛造成伤害。

②清污剃毛。用肥皂水清洗术部以及相邻部位的污染物后剃毛，然后用温肥皂水仔细地清洗皮肤表面。

③消毒。用碘酊对手术部位进行消毒处理，在术部铺上无菌创布和具有暴露术部的方孔胶布，用巾钳或结节缝合固定在皮肤上。

④麻醉。对术牛进行全身麻醉，注射用硫喷妥钠，一次量，每千克体重 10~15 毫克，临用前加灭菌注射用水或氯化钠注射液配成 2.5%溶液，静脉注射。手术部位用 0.5%盐酸普鲁卡因注射液作菱形针刺局部麻醉。

⑤手术操作。采用右腹下切口剖宫产，在左肷窝腹壁的上 1/3 处，髂结节下角 10 厘米的下方起始部位作反斜杠"/"式、长 30~50 厘米的切口，至左乳房静脉前 8 厘米左右。切开子宫时不能同时切开胎膜，应在切开子宫后，由助手像抓袋子一样拎起子宫，而后小心地切开胎膜，避免损伤胎儿。然后着手取出胎儿，如果胎儿还夹持在骨盆腔内，可由一助手小心地经产道将胎儿推入子宫腔，以保证胎儿的产出。先露头时，可抓住头和前肢取出胎儿；先露臀部

时，抓住后肢和尾巴取出，取出时动作要慢。在取出胎儿的过程中，助手应将脐带保定在手中，防止脐带根部断裂而引起内出血，甚至造成胎儿死亡。同时，为了防止胎儿吸入羊水而窒息，在从后肢取出胎儿时动作应快。取出的胎儿交给助手处理，术者小心地剥离胎衣，如果胎衣结合得比较牢固，手术中不能剥离，就让它留在子宫内。但对有碍子宫缝合和子宫创缘密接的那部分胎衣必须剥离剪去。假若子宫颈口闭锁，估计在术后 24~36 小时子宫颈也不会开张，必须剥离胎衣。在缝合子宫时，不管胎衣有没有剥离都必须向子宫内注入抗菌药物，以防止术后感染。

⑥子宫缝合。在缝合子宫前，用生理盐水对子宫切口进行冲洗后，用灭菌的纱布吸干，用 5 号肠线进行两层缝合。第一层作连续缝合，第二层采用只穿过浆膜肌层的库兴氏缝合。缝合时注意缝合线的松紧度，过紧妨碍子宫的血液循环，不利于切口的愈合和子宫的恢复；过松创缘无法完全接合，同时子宫内的羊水等易于流出，引起腹膜炎和腹腔脏器的粘连。缝合后，仔细检查子宫和腹腔，清除胎水、血块等异物，并将子宫送还腹腔。

⑦皮肤和肌肉缝合。腹膜和腹横筋膜、腹横肌用 5 号肠线连续缝合，皮肤用 10 号丝线结节缝合，缝合完后用碘酊消毒并打上绷带。

⑧术后护理。术后 4 天内静脉滴注或肌内注射抗菌药防止术后感染。静脉注射 5%葡萄糖注射液 1 000 毫升，注射用氨苯西林钠 10 克；青霉素钠 800 万单位，链霉素 1 000 万单位，配入复方葡萄糖氯化钠注射液（0.9%氯化钠或 5%葡萄糖）；或用 25%葡萄糖注射液 1 500 毫升，维生素 C 注射液 50 毫升静脉滴注。对术后胎衣不下的牛，尽早进行胎衣剥离，并子宫灌注抗菌药物，防止子宫感染。

三、阴道脱出

母牛阴道脱出是指母牛阴道壁松弛而发生套叠并突出于阴门处，按照脱出程度不同，分为阴道部分脱出和完全脱出两种。阴道壁的一部分或全部脱出于阴门外，称为阴道脱出，前者称为不完全脱出，后者称为完全脱出。阴道脱出多发于母牛妊娠中、后期，老年母牛发病率较高。

（一）诊断要点

1. 发病原因

（1）雌激素分泌量过多。由于母牛在分娩前后、发情期患有卵巢囊肿时比较容易出现阴道脱出，因此普遍认为该病与雌激素有关。这是由于该阶段母牛会持续分泌雌激素，导致阴道以及阴门周围组织变得弛缓，从而引起阴道脱出。

（2）腹内压力过大。母牛年龄过大、体质衰弱、缺少营养、腹泻或者便秘，在妊娠期由于胎儿的存在、患有瘤胃胀气以及体内腹压增大等，都会引起发病。

（3）饲养管理不当。母牛运动不足，饲喂单一饲料或者发霉变质饲料，其中含有的毒素会导致阴门肿胀，引起卵泡囊肿，从而发生阴道脱出。母牛发生难产时，由于助产不合理，用力过度而损伤产道，也可引起该病。

2. 临床症状

（1）部分脱出。病牛的精神状况尚好，食欲、排粪基本正常，全身虚弱有力。体温一般为39.5℃，呼吸达到35次/分钟，脉搏达到70次/分钟。卧地后可见阴门外存在粉红色的瘤样物，如排球大小，站起后可自行缩回体内，且阴道壁没有任何损伤。

（2）完全脱出。病牛表现出精神萎靡，食欲不振，结膜苍白，体质虚弱，体型消瘦，被毛无光泽，全身无力，腹压增大，用力努责，频繁作排尿姿势。体温一般为39.8℃，呼吸达到38次/分钟，脉搏达到80次/分钟。无论是卧地还是站立，都可见阴门外存在1个粉红色的瘤样物，呈排球大小，中央附着子宫颈黏液，随着脱出时间的延长，脱出部分最终完全无法自行缩回。通过阴道检查，可见阴道壁局部出现损伤，子宫颈没有开张，只有少量的乳白色分泌物流出，表面污染粪便、泥土、碎草等。

（二）防控与治疗

1. 防控

加强母牛妊娠期的饲养管理，合理配制全价饲料；妊娠中、后期，保持适量的运动；分娩时，要提前对场地进行清扫消毒，且助产时不允许强行拉出胎儿；在胎衣没有完全排出时，避免重物坠在胎衣上而引起子宫脱出。

提高接产人员及兽医人员的助产技术，尽可能让母牛自然分娩，避免和防止助产操作不当。如果妊娠母牛发生积食、便秘、直肠脱出、阴道受到较大刺激时，要尽快采取有效治疗，避免继发引起阴道脱出。

2. 治疗

（1）部分脱出。病牛患有轻度阴道脱出时，站立后脱出部分能够自行缩回，无须采取治疗，只须将病牛放在前低后高的牛床上，确保后躯比前躯高出8~10厘米，防止长时间卧地。同时，确保牛床干燥、卫生，经常更换干净的垫草，每天适当增加放牧和运动时间，饲喂易于消化的饲料。经过一段时间，病牛即可康复。

（2）全部脱出。①清洗和消毒。病牛发生阴道全部脱出后，要立即采取整复。病牛脱出部分使用温热的0.1%高锰酸钾溶液冲洗和消毒。如果阴道脱出部分发生明显水肿，还要进行一段时间的热敷，如有需要可在水肿黏膜上使用灭菌注射针头乱刺，以使积液排出，体积缩小。

②整复。在整复操作时，先将病牛的阴道脱出部分用纱布托住，如果存在坏死组织要及时清除干净，并在创口涂抹适量的复方碘溶液或者由等量石蜡、碘酊组成的混合溶液，如果创口过大则要加以缝合处理。让病牛在前高后低的斜坡上站立，在其不努责时将阴道脱出部分推入阴门内，接着用握成拳头的手（经过消毒，并涂抹适量的润滑剂）将其顶回原位。

③防止再脱。为避免病牛的阴道再次脱出，可在阴门两旁及上面分别注射10毫升70%酒精，这样既能够促使阴门周围组织出现肿胀来抑制脱出，同时能够促进局部血液循环。

母牛产后发生阴道脱出时适宜采取上述方法固定，也可使用阴道和子宫颈压定的辅助器具进行固定，如阴门塞、铁丝圈、铁圈等，或者塞入玻璃瓶用绳束固定，也具有一定防脱效果。

此外，也可采取阴门缝合，这是一种较为有效的固定方法。操作时，选用较粗的丝线，采取纽扣缝合法缝合或者双内翻缝合，缝合1～2针即可，阴门的1/3无须缝合，确保牛可正常排尿。采取双内翻缝合时，为避免撕裂阴门皮肤，可将橡皮套套于两旁线上。

需要注意的是，针的穿出与阴门皮肤和黏膜相交处距离0.5毫米左右，且每针都要避开直肠，防止损伤直肠而继发腹膜炎。如果病牛手术固定后即将临产，要及时拆线。

④加强护理。病牛整复后体质虚弱，抵抗力降低，因此要进行全身治疗，如强心、补液、补钙以及抗感染。为避免母牛整复后尽快恢复，可静脉注射5%葡萄糖注射液1 000毫升，青霉素160万单位，同时使用0.1%高锰酸钾对局部进行消毒。

（3）中药治疗。可用党参60克，黄芪、白芍各45克，白术、当归、陈皮、升麻、柴胡各30克，甘草25克，共煎水或研末口服，每天1剂，连用2～3剂。在手术复位后，宜以活血祛瘀、补气健脾为治则，可用党参、茯苓、白术、当归、川芎、白芍、熟地、黄芪、肉桂、桃仁、赤芍、乳香、没药各30克，红花15克，蒲公英60克，甘草20克，共煎水口服。若脱出阴道摩擦伤出现溃烂、浊水淋漓，外阴肿痛等湿热下注症状，则以清热利湿为治则，口服龙胆泻肝汤有效，用当归60克，黄芩、栀子、生地、柴胡、丹参、赤芍、乳香各30克,泽泻、车前子、术通、龙胆草各25克,共煎水口服,每天1剂,连用3剂,体虚者,加黄芪、党参各60克。

四、子宫脱出

子宫脱出又名子宫脱垂、子宫外翻、出生肠、翻花,是指母牛产犊后部分或全部子宫脱出于阴门外的一种产科疾病。子宫脱出常在分娩后,子宫颈尚未缩小和胎膜还未排出时随母牛努责而发病,通常在产后24小时内发生,多见于产后老弱母牛。

(一)诊断要点

1. 发病原因

(1)产后强力努责。子宫脱出主要发生在产程第三期,即胎儿排出后不久、部分胎儿胎盘已从母体胎盘分离。此时只有腹壁肌收缩的力量能使沉重的子宫进入骨盆腔。因此母牛在分娩第三期,由于存在某些能刺激母牛发生强烈努责的因素,如产道及阴门的损伤、胎衣不下等,使母牛继续强烈努责,腹压增高,导致子宫内翻及脱出。

(2)外力牵引。在产程第三期,部分胎儿胎盘从母体胎盘分离后,脱落的部分悬垂于阴门之外,会牵引子宫使之内翻,特别是当脱出的胎衣内存有胎水或尿液时,会增加胎衣对子宫的拉力,再加上母牛站在前高后低的斜坡上,会加快发病进程;产程第三期,子宫的收缩以及母牛的努责,更有助于子宫脱出。此外,难产时产道干燥,子宫紧包住胎儿,如果未经很好的处理(如注入润滑剂)即强力拉出胎儿,子宫常随胎儿翻出阴门之外。

(3)子宫弛缓。产后子宫弛缓、子宫阔韧带松弛是导致子宫脱出的内因。子宫弛缓可延迟子宫颈口闭合时间和子宫角体积缩小速度,更易受腹壁肌收缩和胎衣牵引的影响,导致子宫脱出。分娩时随着垂体后叶素的分泌量上升,妊娠末期雌激素水平升高,致使骨盆内的支持组织和韧带松弛。另外,干奶期饲养管理不当、日粮单一、矿物质和维生素缺乏、体质虚弱、运动不足,使母牛产后易发生低钙血症,而低钙血症性子宫弛缓则是导致经产母牛子宫脱出的常见原因。

2. 临床症状

(1)子宫部分脱出。子宫角翻至子宫颈或阴道内,从而发生套叠的现象。病牛仅有不安、努责、举尾、减食和类似疝痛等症状。从外表不易发现,通过阴道检查可发现子宫角套叠于子宫、子宫颈或阴道内。子宫套叠不能复原时,易发生浆膜粘连和顽固性子宫内膜炎，引起不孕。

（2）子宫完全脱出。①轻症。母牛子宫部分脱出至阴户外、脱出初期多为鲜明的玫瑰色，随着时间的延长，表面变为暗色、水肿，组织脆弱，病牛精神状况无明显变化。

②重症。母牛子宫全部脱出，脱出时间较长，呈不规则的长圆形或长筒形物体，有时脱出的子宫末端可达后肢跗关节部位，严重的可将阴道一同带出。初脱时子宫黏膜表面常附着尚未脱落的胎膜，剥去胎膜或自行脱落后黏膜稍充血，呈粉红色或红色。随着时间的延长，因淤血面变为紫红色成深灰色，水肿增厚呈肉冻状，病牛表现精神倦怠、食欲减退、频频努责、卧地、粪便干燥。

③危症。母牛子宫全部脱出时间已久，脱出子宫大部分发生结痂、干裂、腐烂等，甚至破溃出血或感染化脓，并沾满粪便、泥土、杂草等污物，严重肿胀，甚至僵硬，呈紫黑色。病牛精神委顿，眼结膜潮红，卧多立少，鼻镜干燥，不时鸣叫，食欲废绝，粪便干黑且附有黏液，回头顾腹，神情不安，发抖，脉搏快而弱，口色发白。此时若不及时治疗，病牛即有生命危险。

（二）防控与治疗

1. 防控

为了预防和避免母牛子宫脱出病的发生，有效提高母牛繁殖力，降低该病的发生，减少生产中不必要的损失，肉牛生产者必须高度重视，在母牛妊娠期及产后饲养管理中采取切实可行的预防措施。

（1）加强妊娠母牛的科学饲养管理。对于妊娠的母牛要科学饲养和管理，以保证胎儿生长发育和母牛正常生活所需的营养物质。对于经产妊娠前期的母牛，特别是对于个别体质较弱、膘情较差的母牛来说，要适当地提高其日粮营养水平，进行差别化的饲养和管理；母牛妊娠的后期是胎儿生长发育最快、体重增长最大的时候，母体除了自身的营养需求外，还需要大量的营养物质供胎儿生长发育，此时就要增加日粮的供给量，以满足母牛和胎儿的生长发育需要。要及时清理粪便及污染物，定期对牛舍及周围的环境进行消毒灭源，杀灭有害的病菌、病毒等微生物。

（2）加强育成母牛的配种管理，做到适时配种。作为育成母牛，何时配种、合适产犊是至关重要的，事关其整个繁殖能力和健康生活状况。在一般情况下，对于改良的肉用品种，最好是在体重达到成年体重的70%以上，年龄在18~24月龄后配种比较合适；而对于一些地方优良品种来说，年龄在18月龄后配种利用比较合适。当然，具体到什么时间配种利用，一定要根据其生长发育现状及体成熟情况，科学分析判断是否进行配种利用。

(3) 加强临产母牛的护理工作。母牛到了妊娠的后期，特别是临产前30天左右，是胎儿生长发育最快的时候，要准确掌握母牛的预产期，每天观察母牛的采食情况、反刍情况以及其他行为表现。对于初产的母牛或者过于肥胖的母牛在产前要做好预判，及时请兽医做产前检查，根据检查情况采取必要的措施加以护理。加强妊娠期母牛的运动锻炼，有利于机体血液循环和新陈代谢，增强母牛体质，提高机体免疫力。

(4) 做好生产母牛的助产工作。在母牛生产时，一定要做好助产工作，这样既可以降低难产率，确保母子平安，也可以减少包括子宫脱出病在内的其他产科疾病的发生率。要高度重视努责强烈母牛的必要处理，及时给努责强烈的母牛内服700~900毫升的低度白酒，或者实行硬膜外腔麻醉处理，抑制其过强的努责行为，以防止子宫脱出病的发生。要高度重视产道干燥母牛的必要处理，及时向产道干燥妊娠母牛的产道中灌注一定量的润滑剂，使产道得到润滑后才可将胎儿从产道中缓慢地拉出，否则将会对母牛的产道及胎儿造成伤害。

(5) 做好子宫脱出母牛整复术后的护理。实施子宫脱出整复术的母牛经受了产犊和手术，需要一个阶段的精心饲养和护理，其体力和精神状态才能恢复正常。因此，对于术后的母牛在饲养上要给予优质易消化的饲草料进行喂养，其营养水平和采食量要随着母牛体质的恢复情况而逐渐地提高和增加，让牛有个慢慢恢复和适应的过程。要保持圈舍有良好的通风状态，定期对外阴用碘伏擦洗消毒，以防病原微生物的滋生和感染。

2. 治疗

(1) 手术治疗。①保定。首先取前低后高位，使牛站立保定。对于一些不愿或不能站立的病牛，应尽可能将后躯垫高。后躯越高，腹腔器官越向前移，骨盆腔的压力越小，整复时的阻力越小，操作起来越顺利。在保定前，应先排空直肠内的粪便，防止整复时排粪，污染子宫。

②清洗消毒。如果胎衣尚未脱落，应尽可能剥离，如剥离困难又易引起母体组织损伤时，可不剥离，整复子宫后按胎衣不下处理。用0.1%高锰酸钾溶液冲洗暴露部分，彻底除去异物及坏死组织；有伤口者涂碘甘油；伤口大者应缝合。再用2%明矾溶液冲洗或用饱和盐水浸泡5分钟，以缓解水肿。特别是气温较低时，浸泡能促进子宫收缩，缩小体积，改善血液循环，减轻努责，促进复位完全，避免不良反应发生。

③麻醉。可用2%普鲁卡因注射液于荐尾间硬膜外腔（第一与第二尾椎之间隙部位）或百会穴进行麻醉，以减轻其努责，避免在整复过程中母牛不安。

剂量可按母牛的体重大小确定，一般以5～10毫升为宜。

④整复。两助手用消毒好的纱布将子宫兜起与阴门同高，并将子宫摆正，如有扭转须矫正后再在黏膜上涂抗生素。整复的方法有两种：一是先从靠近阴门的部分开始，操作方法是将手指并拢，用手掌或者用拳头压迫靠近阴门的子宫壁（切忌用手抓子宫壁），将它向阴道内推送，推进去一部分以后，由助手在阴门外紧紧顶压固定，术者将手抽出来，再以同法将剩余部分逐步向阴门内推送。直至脱出的子宫全部送入阴道内；二是从角尖凹陷部开始，即将拳头伸入子宫角尖端的凹陷内，将它顶住，慢慢推回阴门之内。如果脱出时间已久，子宫壁变硬，子宫也已缩小，整复就极其困难。在这种情况下，必须耐心操作，切忌用力过猛、过大，动作粗鲁和情绪急躁，否则易使子宫黏膜受到损伤。

当脱出的子宫全部被推入阴门后，为保证子宫全部复位，可向子宫内灌注9～10升灭菌生理盐水，然后导出；术者也可用拳头顶住子宫角尖端的中央凹陷处，缓慢地把全部子宫角推回腹腔，尽量复位，不能让送进腹腔的子宫发生套折和扭转，停留片刻后、术者的手再慢慢抽出。确定复位后，借助输精管或子宫冲洗导管向子宫内投入抗生素，然后进行外阴缝合。

子宫复位后，向子宫内灌入接近体温的0.1%高锰酸钾溶液对子宫进行清洗和消毒，再用虹吸法将其中的液体吸出。反复消毒几次后，用生理盐水2 000～3 000毫升配合磺胺嘧啶钠200毫升，温至38～40℃时注入子宫内。然后牵拉母牛适当运动，走走停停，利用水的重力使子宫充分展平复位，避免子宫内翻。

（2）药物治疗。重症病例要特别加强饲养管理，让牛安静休息，严禁使役或奔跑，给其饮用适量的淡盐水，喂以适量的精饲料，肌内注射青霉素1 600万单位、链霉素400万单位，每天2次，连用4～5天。

危症病牛则视其病症情况，手术后静脉注射复方氯化钠注射液1 500毫升，5%糖盐水1 000毫升，青霉素800万～1 600万单位，5%碳酸氢钠注射液500毫升，维生素C注射液50毫升，可有效改善血液循环，预防感染，促进子宫康复。

子宫复位手术结束后，可灌服补中益气汤。黄芪60克，党参、升麻各30克，白术40克，当归、陈皮、柴胡、甘草各20克，连服2～3剂，隔4小时重复1剂，每剂用红酒、红糖各250克与药汤同时服下。或用黄连30克，黄芩、黄柏、金银花、连翘各45克，栀子60克，水煎服，每天1剂，连用3天。同时，要注射抗菌药物和强心补液。

(3) 中药治疗。①当归、莱菔子、车前草各50克,北芪40克,川续断、升麻、黄芩、黄柏、陈皮、木通、川芎、防风各25克,枳壳20克,红花、五倍子、金樱子各20克,煮水待温灌服,每天1剂,连服2~5剂。

②黄芪90克,党参、白术、当归、陈皮各60克,柴胡、升麻各30克,炙甘草35克,生姜3片,以大枣4枚为引,碾成细末。服用时用开水浸泡,候温灌服,每天1剂,连用3天。

③熟地黄、党参、白术、茯苓、山药、泽泻各30克,升麻、桔梗、车前子各20克,当归、甘草各15克,共研为末,开水冲调,一次灌服。

五、产后瘫痪

产后瘫痪是母牛分娩后突然发生的一种严重的代谢性疾病,亦称乳热症或低血钙症。其特征是低血钙、知觉丧失、肌肉无力及四肢瘫痪。

(一) 诊断要点

1. 发病原因

该病致病机理尚不完全清楚,但引起该病的直接原因主要是分娩前后血钙浓度剧烈降低,也有人认为该病与大脑皮质缺氧有关。在生产实践中,饲养管理、助产问题,以及母牛产后身体状况、年龄等,都可能是牛发生产后瘫痪的原因。

(1) 饲养方面问题。母牛产后瘫痪发生与营养摄入不足有很大的关系,主要是在妊娠期忽视对钙磷等元素的补充。母牛体内的钙严重缺失,骨骼生长将会出现问题,在产后常会因此发生瘫痪。母牛产后乳房恢复需要一段时间,依然存在发胀的状况,内压比较大。有些养殖户过度挤奶,乳房内压会突然降低,将会使糖和钙大量流失。在这种情况下,母牛乳房水肿状况不但得不到改善,还会愈发严重,最终使母牛瘫痪,也会由此引起死亡。

(2) 助产方面问题。母牛在生产中会发生子宫脱垂,助产人员需要及时干预,采取回填的办法。忽视工具消毒,易于产生细菌感染,造成产后瘫痪。母牛在生产中会出现胎位不正的情况,助产人员如果缺乏技巧和方法,强行将胎儿往外拉,常常会使母牛阴道受到损伤,也会使子宫内膜破裂,从而导致产后瘫痪。母牛生产中助产措施不当,在过程中大出血,钙磷也会大量流失,因此发生瘫痪。

(3) 产后身体因素。母牛在生产后身体还未恢复,处于虚弱状态,对于细菌和病毒抵抗能力低下。另外,生产使母牛的阴道、子宫等有一定的损伤,非常脆弱和敏感。产后母牛受细菌感染的风险高，一旦未做好防控，就会在细菌入侵的情况下，使母牛出现败血症。在未能及时干预的情况下，败血症会恶化，最终使母牛在产后瘫痪。

（4）年龄方面问题。母牛产后瘫痪与年龄有一定的关联，一般情况下母牛年龄越大，吸收营养物质的能力会变弱，身体机能也就会下降，免疫力不如年龄小的母牛好。生产消耗大，产后对营养物质吸收能力不强，身体机能差，易于发生瘫痪。母牛产后瘫痪常出现在5~10岁，母牛生产在3次以上也常出现该病。

2. 临床表现

（1）典型病例。病情发展迅速，从开始发病到典型症状表现出来不超过12小时。病牛突然发病，精神沉郁、食欲减退或废绝，反刍、瘤胃蠕动及排粪、排尿停止，产奶量降低，后肢交替负重，后躯摇摆，似站立不稳，四肢肌肉震颤。再经过1~2小时，即出现四肢瘫痪，卧地不起。随之便出现意识抑制和知觉丧失的特征性症状。病牛昏睡，眼睑反射微弱或消失。眼球干燥。瞳孔散大，对光线刺激无反应；皮肤对疼痛刺激无反应；肛门松弛，反射消失；心音减弱、节律加快，达80~120次/分钟；脉搏微弱，难以触摸到；由于咽喉麻痹，口腔内唾液集聚，舌头外垂。听诊有湿啰音。病牛卧下时呈现一种特征性的伏卧姿势。头颈歪向一侧，四肢弯曲于胸肢之下。随着病程的发展，体温逐渐下降，最低可降至35℃。体表及四肢变冷。病牛往往在昏迷状态中死亡。

（2）非典型病例。病势轻微，占全部病例的多数，体温正常或稍有下降。一般不低于37℃。病牛精神沉郁，但不昏睡，食欲不振或废绝，有时虽勉强站立，但四肢无力，步态不稳。病牛伏卧时，颈部呈现一种不自然的姿势，即所谓的"S"状弯曲。

诊断该病的主要依据是：病牛胎次（3~6胎）、产奶量高、产犊不久（3天之内），特征的卧地姿势及血钙降低（8毫克/分升以下）。

(二) 防控与治疗

1. 防控

加强饲养管理，提供优质草料或苜蓿草，临产前1个月饲喂高磷低钙饲料，适当减少精料。加强产前运动，增加光照时间，以促进维生素D的吸收，增强牛体抵抗力。加强对三胎以上母牛产前10天注射钙剂，隔3天1次，产后立即注射。

改善饲养环境。母牛进入产期后，必须保证圈舍和饲养环境干净卫生，及时清扫，保持干燥，避免出现环境污染，防止母牛发生应激。

2. 治疗

（1）西药治疗。5%糖盐水 500 毫升，10%氯化钾注射液 10 毫升，林可霉素 3.6 克，静脉注射，每天 1 次，连用 3 天。

也可用 5%葡萄糖注射液 500 毫升，10%葡萄糖酸钙注射液 200 毫升，静脉滴注，40 滴/分钟，每天 1 次，连用 3 天。

还可使用 10%安钠咖及抗坏血酸注射液 30~50 毫升，氢化可的松注射液 300~500 毫升，维生素 B_1 注射液 30~50 毫升，5%葡萄糖注射液 500 毫升，25%葡萄糖注射液 1 500~2 000 毫升，生理盐水 1 000 毫升，静脉注射。然后进行补钙，可用 10%葡萄糖酸钙注射液或 5%氯化钙注射液加等量的 5%葡萄糖注射液，静脉注射。1 次用药不能治愈的相隔 6 小时再行用药 1 次。也可用维丁胶性钙肌内注射，每天 1 次。

（2）中药治疗。当归、熟地、羌活、防风、五加皮各 45 克，补骨脂、牛膝各 30 克，威灵仙 25 克，水煎，每天 1 剂，分 2 次灌服，加服白酒 200 毫升，连用 3 天。或用桃仁 25 克，香附 30 克，赤芍、当归、枳壳、元胡、没药、川芎、羌活、酒黄柏、酒知母各 20 克，丹皮、乌药、红花、补骨脂、川楝子各 15 克，青皮、木香各 10 克，共研为细末，开水冲调，候温后灌服。当归 60 克，羌活、防风、川芎、炒白芍、桂枝、独活、党参、白芷、钩藤、姜半夏、茯神、远志、石菖蒲各 30 克，细辛 15 克，甘草 20 克，姜、枣适量为引，水煎灌服，也有良好效果。

（3）乳房送风疗法。乳房送风仍是治疗该病最简单有效的疗法，特别适用于补钙疗效不佳和复发的病例。乳房送风有专用的乳房送风器，也可用注射器或打气筒代替，关键是要做好空气的过滤和消毒。方法是：尽量挤净乳房中的积奶，消毒乳头和乳头管口，将消毒的乳导管或尖端磨平的注射针头插入乳头管。从倒卧侧的后乳区开始逐个打入空气，以乳区皮肤紧张，叩之呈现鼓响音时为宜。充气过量，会使腺泡破裂，可能影响疗效；逸出的空气会逐渐上移至臀部皮下，慢慢消失没有影响。空气量不足，则没有疗效。打气完毕，捻搓乳头管括约肌，促使其收缩防止空气回流或用细带轻轻结扎乳头管，待病牛起立，症状缓解后再解除。

六、子宫内膜炎

子宫内膜炎是指发生于子宫内膜的炎症，为母牛产后最常见的生殖系统疾病，是引起母牛不孕的主要病因之一。

(一) 诊断要点

1. 发病原因

(1) 病原微生物感染。牛子宫内膜炎的直接病因是感染了细菌、真菌、支原体、衣原体、病毒及寄生虫等病原微生物。

(2) 自身因素。母牛在间情期、围产期等生理阶段,体内的某些激素失衡,导致免疫功能低下,继而对病原微生物易感,易患子宫内膜炎。随着病情的发展,细胞外液(如血液等)成分和数量均发生改变(如黏度增高,纤维蛋白原含量快速增加等),造成微循环障碍,发生血瘀,使病情更加严重。

(3) 继发性因素。慢性子宫内膜感染常可继发于围产期产科疾病治疗不当、不彻底,如胎衣不下、子宫颈炎、子宫弛缓、阴道炎、阴道脱出、子宫脱出等治疗不彻底;发生结核病、布鲁氏菌病、牛病毒性腹泻/黏膜病、传染性鼻气管炎、创伤性网胃心包炎等疾病时,常常使子宫复旧延迟、恢复慢而继发子宫内膜炎;产后护理不当易造成子宫弛缓、恶露蓄积而继发子宫内膜炎。

(4) 饲养管理因素。人工授精时操作不当,操作人员不遵守配种操作规程进行输精,母牛外阴部和配种器械不消毒或消毒不严格,以及在直肠检查后不清洗外阴就输精,输精时手捏子宫颈太重、粗暴输精等不合理操作,为病原菌侵入子宫创造了条件。日粮配制不合理及营养不全、维生素及矿物质缺乏、矿物质比例失调时,母牛的抗病力降低,容易发生子宫内膜炎。日常管理中如光照不足、缺乏运动、夏季气温过高、环境潮湿等,均会导致病原菌侵入子宫造成感染。

(5) 环境因素。外界环境和牛舍饲养环境也与子宫内膜炎的发病率有关。每年7—8月,外界环境适合病原微生物繁殖,子宫内膜炎发病率较高。当牛舍阴冷潮湿,牛体后躯被粪便、尿液严重污染时,也会造成子宫内膜炎发生率增高。有资料表明,在母牛产犊前后,外界环境中的细菌可通过阴道上行经子宫颈口污染子宫内膜,特别是集中饲养的母牛在产后的前2周,子宫受环境中细菌的污染率可达90%~100%,但仅有1/3的母牛表现出子宫内膜炎临床症状。

2. 临床症状

(1) 根据病情分类。根据病情的急缓和临床症状的轻重,可分为急性型、慢性型和隐性型3种。

①急性子宫内膜炎。通常在产后1周内发病,轻者无全身症状,发情正常,但不能受孕;严重的伴有全身症状,如体温升高、呼吸加快、精神沉郁、食欲下降、反刍减少等。病牛弓腰、举尾,有时努责,不时从阴道流出大量污

浊或棕黄色黏液脓性分泌物，有腥臭味，内含絮状物或胎衣碎片，常附着于尾根，形成干痂。直肠检查，子宫角变粗，子宫壁增厚。若子宫内蓄积渗出物时，触之有波动感。

②慢性子宫内膜炎。发情周期不正常，或虽正常但屡配不孕。病牛卧下或发情时，从阴道排出混浊带有絮状物的黏液，阴道及子宫颈外口黏膜充血、肿胀，颈口略微开张，阴道底部及外阴上常积聚上述分泌物，子宫角变粗，壁厚而粗糙，收缩反应微弱。

③隐性子宫内膜炎。病牛不表现临床症状，子宫无肉眼可见的变化，直肠检查及阴道检查也查不出任何异常变化。发情期正常，但屡配不孕。发情时子宫排出的分泌物较多，有时分泌物略微混浊。分泌物中含有小的絮状物和小气泡，pH 值小于 6.5（正常发情黏液的 pH 值为 7~7.5）。

（2）根据炎症类型分类。①卡他性子宫内膜炎。子宫黏膜松软、增厚，有时发生溃疡和结缔组织增生，个别子宫形成小囊肿。母牛发情周期正常，但屡配不孕或胚胎死亡。阴道检查，阴道黏膜正常，阴道内有带絮状物的黏液，子宫颈口稍微开张，子宫颈膣部肿胀，充血不明显。直肠检查，子宫角稍变粗，子宫壁增厚，弹性减弱，收缩反应减弱。由于慢性炎症过程，子宫腺的分泌功能加强，子宫收缩减弱，子宫颈黏膜肿胀，阻塞不通，子宫腔内渗出物排不出而引发子宫积液，冲洗子宫回流液混浊。子宫黏液抹片镜检，可见青、壮龄上皮细胞较多，仅有少量白细胞。

②脓性卡他性子宫内膜炎。子宫黏膜肿胀，剧烈充血和淤血，有脓性浸润，上皮组织变性、坏死、脱落，有时子宫内膜呈现片状肉芽组织或瘢痕，子宫腺形成囊肿。病牛有轻度全身反应，发情不正常，阴门中排出灰白色或黄褐色稀薄脓液，尾根部、阴门和跗节上常沾有阴道排出物或干痂。阴道检查，阴道黏膜、子宫颈膣部充血，黏附脓性分泌物，子宫颈口略开张。直肠检查，子宫角增大，收缩减弱，子宫壁厚薄不均，硬度不一，略有波动感。冲洗回流液如绿豆汤或米汤样，其中有小脓块或絮状物。子宫黏液抹片镜检，可见少量的脓球和大量的白细胞、上皮细胞。

③化脓性子宫内膜炎。直肠、阴道检查与脓性卡他性子宫内膜炎所见症状相同，冲洗回流液混浊，为稀面糊样黄色的脓液。病牛精神不振，食欲减退，泌乳量下降，发情周期不规律，由阴门流出灰黄褐色或铁锈色黏液或豆腐渣样恶露，并多附着于尾根内侧。病牛努责，多次配种不妊娠或长期不发情等。阴道检查，阴道及子宫颈口充血、红肿、松弛开张并有较多的白色脓性分泌物流出。直肠检查，子宫收缩不全、有坚硬的感觉，若无分泌物积聚时有波动感。

子宫黏液抹片镜检，可见大量的脓球和少量的上皮细胞、白细胞。

3. 临床检查诊断

当发生子宫内膜炎时，如果病变轻微，一般很难确诊，尤其患隐性子宫内膜炎时更是如此。在一般情况下，产后子宫内膜炎根据临床症状及阴门排出的分泌物即可作出临床诊断。慢性子宫内膜炎可以根据临床症状、发情时分泌物的性状、阴道检查、直肠检查和实验室检查进行诊断。

（1）发情时分泌物性状的检查。正常发情时阴道分泌物的量较多，清亮透明，如蛋清样，可拉成丝状；而子宫内膜炎病牛的阴道分泌物量少且黏稠，混浊，呈灰白色、灰黄色或带有血色，不能拉成丝状。

（2）阴道检查。阴道内可见子宫颈口不同程度的肿胀和充血。在子宫颈口封闭不全时，有不同形状的炎性分泌物经子宫颈口排出。若子宫颈口封闭时则无分泌物排出。

（3）直肠检查。母牛患慢性卡他性子宫内膜炎时，直肠检查可见子宫角变粗，子宫壁增厚，弹性减弱，收缩反应减弱，有的查不出明显变化。

（4）实验室诊断　①子宫分泌物的镜检。将分泌物涂片可见脱落的子宫内膜上皮细胞、白细胞或脓球。②发情时分泌物的化学检查。取0.04克/毫升氢氧化钠溶液2毫升，加等量分泌物煮沸冷却后，无色为正常，呈微黄色或柠檬黄色为阳性。

（二）防控与治疗

1. 防控

（1）加强饲养管理。增强母牛的抗病能力，平时应经常运动，注意营养合理，尤其是在母牛的干奶期和妊娠后期，应在日粮中补充锌、碘、钴、铜、锰等微量元素及维生素A、维生素D、维生素E，并提供良好的饲养条件，预防牛产后瘫痪、酮病等代谢性疾病的发生。

（2）加强检疫，定期监测。加强牛的保健措施，认真做好牛传染病的防疫、检疫工作，定期进行传染病的监测，按时接种常发疫病的疫苗。异常分娩牛要用药物预防子宫感染，产后应注意观察牛的健康状况，严格控制母牛产后疾病的发生，对发病牛应隔离治疗。

（3）保持环境清洁。牛舍、产房应经常清扫和消毒，保持良好的卫生条件，夏季加强通风，冬季注意保暖，粪便、垫草应集中到指定地点发酵，运动场及用具应定期严格消毒，注意卫生。

（4）规范操作。人工授精要严格遵守操作规程，输精用的输精器、手套等物品要严格进行消毒，母牛外阴消毒应彻底，以避免诱发生殖器官感染。

（5）及时发现和治疗。治疗子宫内膜炎必须坚持早发现、早诊断、早治疗的原则，牛子宫内膜炎多在产后2周内发生，多为急性病例，如不及时治疗，炎症易于扩散，从而引起子宫肌炎、子宫浆膜炎、子宫周围炎，并常转化为慢性炎症。此外，随着子宫颈的收缩等产后生殖器官及其功能的恢复，治疗时间的延长也会给炎症的治愈增加难度。

2. 治疗

（1）子宫冲洗法。冲洗子宫及注入药液的方法治疗时经常采用。冲洗的次数、间隔时间和所用冲洗液的量，应根据炎症程度决定。一般每天或隔日1次，3~5天为1个疗程。药液量1 000~3 000毫升，并尽量将冲洗液排净，可结合按摩子宫；对全身症状严重的病牛严禁使用子宫冲洗法，避免引起感染扩散使病情加重。

临床上常用冲洗液有多种。无刺激性溶液，如1%食盐水、5%碳酸氢钠溶液等，适用于较轻的病例；消毒性溶液如0.5%来苏儿溶液、0.1%高锰酸钾溶液、0.02%新洁尔灭溶液等，适用于各类子宫内膜炎；青霉素1 000万~1 200万单位、链霉素400万~500万单位，溶于100毫升生理盐水中配制成溶液，适用于各类子宫内膜炎；10%氯化钠溶液300~500毫升，适用于各类子宫内膜炎。

（2）全身疗法。对产后发热、食欲不振、努责的病牛，可用青霉素钾1 200万~1 600万单位，链霉素400万~500万单位，安乃近注射液30毫升，鱼腥草注射液20毫升，肌内注射，每天1次，连用2~3天。并对其他症状进行对症治疗。

（3）激素疗法。静脉注射催产素4~8毫克，也可以肌内或宫颈内注射甲基前列腺素$F_{2\alpha}$注射液1.67~3.33毫升，但禁止使用雌激素，以免增加子宫出血量。

（4）中药治疗。常用方剂如下。①白术、当归、陈皮、山药、小茴、苍术、茯苓各40克，党参50克，车前子30克，益母草60克，甘草30克，水煎服，连用3剂。

②当归25克，黄芪、杜仲、熟地、陈皮各20克，茯苓、白芍、川芎、白术、川续断、砂仁、阿胶各15克，泽泻10克，甘草9克，黄酒为引，水煎服，连用3~5剂。

七、妊娠毒血症

母牛妊娠毒血症又称肥胖母牛综合征、母牛脂肪肝病。该病是由于干奶期母牛采食过多精饲料造成过度肥胖的一种代谢性疾病。临床上以食欲废绝、精神沉郁、胃肠蠕动停止、消瘦、间有黄疸、繁殖功能障碍为特征，并伴有严重的酮血症。

(一) 诊断要点

1. 发病原因

母牛干奶期饲养管理不当是引起该病的主要原因。当饲料缺乏或配合不当，如饲喂大量的玉米青贮、谷物精料等，能量和蛋白质水平过高，碳水化合物不足时，牛摄入能量过高，致使妊娠后期肥胖，在分娩、泌乳等应激作用下可诱发该病。母牛在泌乳期的能量贮存约为59%，而在干奶期约为85%，由于干奶期能量贮存的提高，必然会导致其在分娩时过于肥胖。泌乳牛与干奶牛混群饲养，或饲喂相同的日粮，单纯加料催奶，干奶牛摄入精饲料过多，可促使该病发生。怀双胎母牛，同时伴有缺钙，或受大量寄生虫感染，可使发病增多。此外，一些疾病如难产、子宫炎、产道损伤、生产瘫痪、皱胃变位、创伤性网胃炎、消化不良等，均可影响母牛食欲而诱发该病。

2. 临床症状

该病多发生于分娩后1~2周的母牛。患病母牛过于肥胖，泌乳后几日内停止采食，背脊展平，精神沉郁，食欲减退甚至废绝，体温、脉搏常无明显变化。奶牛极度虚弱、卧地不起，有酮血、酮尿、酮乳，但按酮病治疗几乎无效。产犊后几日，病情严重者可见呼吸浅表和增数、高抬头、神经兴奋等症状。按病程可分为急性型和亚急性型两种。

病牛逐渐衰弱，一般在7~10天后卧地死去。如母牛在产前2个月形成脂肪肝，往往会呈现10~14天的拒食，精神沉郁，呈胸卧姿势躺卧在地，呼吸加速，鼻镜皲裂，鼻腔存在较多的分泌物，并流出清水样鼻液；病程后期，排出黄色稀粪，并散发腐臭味，陷入昏迷，处于安静状态中死亡。该病的病死率较高，病程可持续10~14天。根据病牛表现出的症状可分成急性型和亚急性型。

(1) 急性型。多随母牛分娩而出现发病。主要表现精神沉郁、食欲完全废绝、瘤胃蠕动微弱、泌乳减少或者无乳、可视黏膜发绀、黄染、步态强拘，体温初升高可达39.5~40℃、步态强拘、呻吟、目光呆滞、对外界刺激反应微弱、头颈部肌肉震颤。伴有腹泻，排出黄色稀粪，并散发恶臭味，于2~3天死亡或卧地不起，最终昏迷死亡。

(2) 亚急性型。通常分娩3天后出现发病，病程达7~10天，病牛主要表现酮病症状，食欲不振或完全废绝，产奶量急剧降低，排粪少且干，尿液散发酮味偏酸性，pH值为6以下酮体检测呈阳性。有的病牛伴发前胃弛缓、皱胃变位、乳房炎、难产、胎衣不下、子宫弛缓、产道内蓄积大量褐色腐臭恶露，卧地后无法站起，药物治疗无效，后期卧地不起且出现磨牙、呻吟，最后衰竭死亡。伴发乳房炎时，可见乳房肿胀，乳汁呈脓性或极度稀薄的黄水样，乳汁酮体检验阳性。

（二）防控与治疗

1. 防控

质量良好、全价平衡的日粮是奶牛围产期正常生理和生产的保障。在围产期，尤其是在妊娠末期不宜突然更换日粮。干奶期应限制精饲料喂量，适当增加粗纤维饲料的喂量，最好保证有充足的优质干草。一般混合料每天饲喂3~4千克，青贮饲料饲喂15千克，干草自由采食。泌乳牛与干奶牛应分群饲养，以避免后者进食精饲料过多。加强运动，可减少产后胎衣不下、子宫弛缓的发生，还可防止牛体过度肥胖。干奶牛每天应保证1~1.5小时的运动，妊娠后期对肥胖的妊娠牛更应加强运动，逐渐减少日粮中的能量物质，以便发挥其自身调节功能，并能耐过产犊应激，常可减少或避免疾病的发生。妊娠后期，要防止奶牛过度肥胖，日粮营养只要保证奶牛和胎儿发育的营养需要即可。做好产前、产后常见病的防治，建立血糖和酮体监测制度，尤其是对产前1周至产后1天的奶牛更应加强监测，对所发现的酮病奶牛应及时治疗，以免因大量动员脂肪而造成恶性循环，引起妊娠毒血症。及时补充高浓度葡萄糖、丙二醇或丙酸钠，对老龄、高产、食欲不振奶牛应增强食欲，可有效防止体脂动员过多。定期补糖、钙和钴等也有利于预防该病。对已发病的奶牛在产后适当控制泌乳量，减少能量消耗，可缓解症状且有利于治愈。

2. 治疗

目前尚无特效疗法，多采取加强饲养管理、调整日粮组成、减少精饲料饲喂量等措施进行防治。药物治疗以保肝解毒、抑制脂肪分解为原则。

（1）提高血糖浓度，保肝解毒。补充高渗葡萄糖或生糖物质。50%葡萄糖注射液500~1 000毫升，静脉注射；50%右旋糖酐注射液，首次1 500毫升，以后每次500毫升，静脉注射，每日2~3次；25%木糖醇注射液500~1 000毫升，静脉注射，每日2次，有生糖和降酮作用；丙酸钠114~228克或丙二醇117~342克，口服，每日2次，喂前静脉注射50%右旋糖酐注射液500毫升，效果更好。

（2）促进脂肪氧化，使用解脂制剂。50%氯化胆碱粉50~60克口服，或10%氯化胆碱注射液250毫升，皮下注射，可促进脂肪酸氧化和脂蛋白的合成，有显著的解脂作用；泛酸钙200~300毫克，配制成10%溶液，静脉注射，连用3天；复合维生素B 200~250毫升，灌服，每日2次，能增进食欲，改善瘤胃功能；烟酸12~15克，灌服，连用3~5天，能抗脂肪分解和酮体的生成；氯化钴或硫酸钴，每日100克，口服。

（3）对症治疗。为防止继发感染，可使用广谱抗生素等。防止酸中毒可用5%碳酸氢钠注射液500~1 000毫升，静脉注射。对黄疸病牛，可用硫酸镁300~500克，加水灌服，连用3天。

（4）中药治疗。以健脾、清热理气为原则。当归、山楂各120克，党参、白术、丹参、神曲各60克，陈皮、茯苓、紫苏各45克，厚朴、甘草各30克，水煎2次，加陈皮酊250毫升，一次灌服，每日2次。或用黄芪、山楂、当归、白芍各60克，延胡索、泽泻各45克，桃仁34克，枳壳、柴胡、茯苓、甘草、川芎各30克，川楝子25克，共研为细末，开水冲调灌服。

八、乳腺炎

乳腺炎又名乳房炎，是一种多因素引起的疾病，即乳腺受到物理、化学、微生物等因素刺激所引起的乳腺炎症，主要表现为乳汁发生理化性质变化、乳腺组织发生病理学变化。

（一）诊断要点

1. 发病原因

（1）细菌因素。主要包括接触传染性病原菌和环境性病原菌。接触传染性病原菌主要有无乳链球菌、停乳链球菌、金黄色葡萄球菌和支原体。接触传染性病原微生物定植于乳腺，通过挤奶工或挤奶器械传播。环境性病原菌主要有大肠杆菌、肺炎克雷伯菌、沙雷氏菌、变形杆菌、假单胞菌以及凝固酶阴性葡萄球菌、环境链球菌、牛支原体、酵母菌或真菌、原囊藻属、化脓性放线菌及牛棒状杆菌。环境性病原菌通常不引起乳腺的感染，当产后母牛所处的环境以及母牛乳头、乳房（或通过创口）或挤奶器被病原污染，使病原进入乳头乳池引起乳腺感染。

（2）营养因素。饲料营养的缺乏也是导致肉牛乳腺炎发生的一个重要因素。研究发现，乳腺炎病牛血浆和乳汁中的维生素E浓度显著低于健康肉牛。研究证实，当母牛发生乳腺炎时，其血浆和乳汁中的维生素E浓度显著降低，而且这种低的维生素E浓度在乳腺炎发生之前就已经存在。试验结果表明，并非乳腺炎的发生致使病牛血浆和乳汁中的维生素E浓度降低，而是低浓度的维生素E容易诱发母牛乳腺炎。另外，其他营养元素（如维生素A和硒)的缺乏也会间接或直接导致乳腺炎的发生。

(3) 环境因素。在影响细菌生长、繁殖、致病力的外界环境条件中,气象条件非常重要。一般来说,母牛最适宜的生活环境温度范围为15~22℃(适宜生活温度为5~28℃),所处的环境是由许多密切相关的环境因素综合构成的,其中温度、湿度等气象因素最为重要,不仅直接影响母牛的健康、生产能力和生理活动,而且可影响病原微生物,间接作用于母牛机体,从而引发乳腺炎。另外,牛的粪便可污染乳头。

(4) 其他因素。母牛乳腺炎的发生,除上述因素影响外,还受管理方法、泌乳量、胎次以及乳头形态、遗传等因素的影响。

2. 临床症状

(1) 临床型乳腺炎。临床型乳腺炎为乳房间质、实质或二者并发的炎症。其特征是乳汁变性、乳房组织不同程度地呈现肿胀、发热和疼痛。根据病程长短和病情严重程度,临床型乳腺炎可分为最急性、急性、亚急性和慢性4种。

最急性乳腺炎一般表现为发病突然,发展迅速,多发生于1个乳区。患区乳房明显肿胀,坚硬如石,有时皮肤发紫、皲裂,病牛有明显疼痛反应,患乳区仅能挤出1~2把黄水样或淡淡的血水。病牛全身症状明显,如食欲废绝、精神沉郁,体温升高至40.5~41.7℃,个别达42℃,稽留热型,心跳增数达100~120次/分钟,呼吸增数,个别病牛表现全身颤抖、肌肉软弱无力,不愿走动、喜卧等。

急性乳腺炎病情较最急性缓和一些。发病后乳房肿大,皮肤发红、疼痛明显、质地硬,乳房内可摸到硬块。病牛有躲闪和踢人表现,全身症状较轻,精神尚好、体温正常或稍高、食欲减退、产奶量下降为正常时的1/3~1/2,有的仅有几把乳,乳汁呈灰白色,内混有大小不等的乳凝块、絮状物等。

亚急性乳腺炎发病缓和,患乳区肿、热、痛不明显;食欲、体温、脉搏等正常;乳汁稍稀薄,呈灰白色,最初几把乳内含絮状物或乳凝块。乳汁中体细胞数增加,pH值偏高,氯化钠含量增加。

慢性乳腺炎一般由急性乳腺炎转变而来。病情反复,病程长。产奶量下降,治疗效果不理想。头几把乳有块状物,以后无,眼观正常;严重者乳汁异常,放置后能析出乳清或内含脓液;乳房有大小不等的硬结,有的甚至形成瘘管。乳头管呈一条绳索样的硬条。乳头变小,乳区下部有硬区。

(2) 隐性乳腺炎。又称亚临床型乳腺炎,肉牛无临床症状。其特征是乳房和乳汁无肉眼可见异常,然而乳汁的理化性质、细菌数已发生变化。具体表现为乳汁pH值在7以上,导电率、乳中白细胞和氯化物含量升高。体细胞数在50万个/毫升以上，细菌数增加。因此判断隐性乳腺炎的关键是确定不同牛群正常乳汁电导率的阈值。

(二) 防控与治疗

1. 防控

(1) 加强日常卫生管理和消毒。运动场和牛舍保持干净、干燥，牛体每天要适当刷拭；牛舍要定期用高压水枪冲洗，并进行喷雾消毒或熏蒸消毒；圈舍周围每周用2%氢氧化钠溶液消毒或撒生石灰1次；定期进行带牛环境消毒。

(2) 重视乳腺炎病牛的监控。重视对病牛的监控，做到"早发现、早隔离、早治疗"。临床型乳腺炎病牛应隔离饲喂，病牛及时治疗，且要做到彻底治愈。对久治不愈、反复发病、慢性乳腺炎病牛等应及时淘汰。此外，每年在多发季节要对繁殖母牛进行隐性乳腺炎监测。

(3) 增强牛体营养。繁殖母牛产前21天肌内注射1 000单位维生素E和50毫克硒，产后乳腺炎的发病数显著减少；日粮中添加铜、锌能降低乳腺炎的发病率；日粮中单独添加或共同使用β-胡萝卜素、维生素A、维生素E、硒、锌、铜等可增强机体对乳腺炎的抗病力。

2. 治疗

(1) 乳房内注入药物可治疗临床型乳腺炎。一般多采用乳头注入抗生素。青霉素和链霉素是治疗肉牛乳腺炎的首选药物，可用青霉素80万单位，加入灭菌蒸馏水50毫升中，挤净奶后由乳头管口注入，然后由下至上按摩。乳腺炎初期可进行冷敷，2~3天再用红外线灯照射进行热敷。涂擦樟脑软膏等微刺激性药物，使之吸收，促进炎症消散。

(2) 急性乳腺炎的治疗。急性初期可冷敷，然后用温水洗净乳头，再用酒精消毒乳头，之后挤净乳汁，乳导管慢慢插入乳头。用0.25%~0.5%盐酸普鲁卡因注射液20毫升，加油剂青霉素600万单位，注入乳孔内。手捏乳头晃动3分钟，防止药液溢出，然后由下至上按摩，每天1次，连用2~3天。

(3) 化脓及乳腺硬结的乳腺炎。用3%过氧化氢或0.1%高锰酸钾溶液冲洗，挤净脓液或变质乳汁，同样用酒精消毒乳头，慢慢插入乳导管，每只乳孔内再注入氟苯尼考注射液30毫升。乳腺硬结严重者可采用乳房基底封闭疗法，将0.25%~0.5%盐酸普鲁卡因注射液10毫升，加油剂青霉素300万单位，用长针头直接注入乳房基底的结缔组织内，配合鱼石脂软膏、樟脑软膏等药敷，有很好的疗效。

(4) 中药治疗。可加减试用瓜蒌散、防腐生肌散、乳炎散等方剂治疗。

九、母牛酮病

母牛酮病又称酮血症、酮尿病、醋酮血症、母牛热,是母牛产犊后体内碳水化合物和脂肪代谢紊乱所引起的一种全身功能失调性疾病。该病特征是酮血、酮尿、酮乳,出现低血糖、消化功能紊乱,产奶量下降,兼有神经症状。

(一) 诊断要点

1. 发病原因

任何导致碳水化合物摄入不足或营养不平衡、生糖物质缺乏或吸收减少的因素均可引起。常见于营养良好的高产乳牛,给予含蛋白和脂肪高的饲料,而碳水化合物不足,或营养不良的乳牛,给予低蛋白、低脂肪、低碳水化合物的饲料,引起体脂和体蛋白分解而产生酮体。如乳牛高产、日粮中营养不平衡和供应不足、产前过度肥胖、脂肪肝等均可引起酮体代谢障碍,引发酮病。

2. 临床症状

多发于母牛产犊后 10~60 天饲养管理良好的高产牛,且以 3~6 胎次的高产母牛发病率较高,很少引起牛死亡。根据其有无临床表现可分为临床型酮病和亚临床型酮病。

临床型酮病主要表现为食欲降低,产奶量减少,体况消瘦,血酮、乳酮及尿酮含量异常升高,严重时连呼出的气体都含有丙酮气味,少部分牛还会出现神经症状、血糖水平下降等。亚临床型酮病临床症状不明显,只是血液、乳汁及尿液中酮体水平较高,血糖相对较低。酮病病牛普遍消瘦,产奶量急剧下降,病程可持续 1~2 个月。根据临床症状的不同可将酮病分为消化型、神经型和瘫痪型 3 种类型,其中以消化型较为多见。

(1) 消化型(消瘦型)。患病牛体温正常或略低,呼吸浅表(酸中毒),心音亢进,尿液、乳汁和呼出气体有刺鼻的酮臭味(烂苹果味),加热后更明显。尿液呈浅黄色,易形成泡沫。精神沉郁,迅速明显消瘦,步态蹒跚无力,乳汁易形成气泡,类似初乳状。患病牛食欲减退,异嗜,初期吃些干草、青草或喜食垫草和污物,最后拒食,反刍停滞。前胃弛缓,初便秘,呈球状,外附黏液,后多数排出恶臭的稀粪,迅速消瘦。肝脏叩诊浊音界扩大,可超过第 13 根肋骨,并且敏感疼痛。

(2) 神经型。精神沉郁,凝视,步态不稳,伴有轻瘫,嗜睡,常处于半昏迷状态。也有少数病牛狂躁和激动,无目地哞叫,向前冲撞,全身肌肉紧张,站立不稳,四肢交叉,阵发性啃咬肘部,空口磨牙,部分牛视力丧失,感觉过敏，眼球震颤，颈背部肌肉痉挛。有的兴奋和沉郁交替发作。

（3）瘫痪型。病牛卧地不起，脊椎骨呈"S"状弯曲，头置于肘部。许多症候除与产后瘫痪相似外，还会伴随出现酮病的一些主要症状，如食欲减退或拒食、前胃弛缓等消化型症候及对刺激过敏、肌肉震颤、痉挛、泌乳量急剧下降等，如与产后瘫痪同时发生，使用钙剂疗效不好。

（二）防控与治疗

1. 防控

（1）建立合理的饲养计划。合理饲养干乳牛，重点是防止干奶期牛过肥。可以采取干奶期牛与泌乳牛分群饲养，限制精饲料给量，增加干草量，精粗饲料比以3∶7为宜，优质牧草随意采食。泌乳期高产牛日粮中的优质干草不少于4千克，在泌乳盛期增加精饲料时，不能减少干草喂量。

（2）添加饲料添加剂。某些饲料添加剂（如烟酸、丙烯乙二醇、丙酸钠、离子载体等）能够降低酮病的发生率。离子载体能降低乙酸的生成和促进瘤胃微生物产生丙酸，且比较便宜，使用方便，能预防酮病发生。

（3）建立定期检测亚临床酮病的制度。为了及时检出亚临床酮病病牛，减少临床发病，应对酮病进行定期检查。

2. 治疗

用25%葡萄糖注射液500毫升静脉注射，每天1次，连用3天，每小时注入葡萄糖的量在50克以下为宜；或用25%木糖醇注射液静脉注射，每天1次，连用3天，以每千克体重每小时0.3克以下为好；或每千克体重用标准胰岛素0.1单位静脉注射，同时用25%葡萄糖注射液500毫升静脉注射，注射时间在45分钟以上。

第四节　常见中毒病防控与治疗

一、有机磷农药中毒

有机磷中毒是指牛接触吸入或误食某种有机磷农药引发的疾病，临床以上以胆碱能神经兴奋效应为特征。有机磷农药中毒具有发病快、病情重、病程短、死亡率高等特点。

有机磷农药是人工合成的磷酸酯类化合物，它是目前用来杀灭农业害虫的主要农药之一，杀虫效力很强，对畜禽也具有强烈的毒害作用，若使用不当，保管不严，常可引起畜禽中毒的发生，常见的有对硫磷、内吸磷、甲拌磷、敌百虫和敌敌畏等。

(一) 诊断要点

1. 发病原因

牛发生有机磷中毒的原因很多，主要是人为错误使用或粗心导致。有机磷可经口、皮肤和呼吸进入机体。牛可因错误食用有机磷农药或被有机磷农药处理过的种子而中毒。盛过有机磷农药而未彻底清洗的容器也是导致中毒的原因之一。植物杀虫剂也可直接与牛接触、污染饲料或水源。昆虫喷雾剂、浸泡剂和局部冲洗剂的不正确使用，都会导致有机磷中毒。

2. 临床症状与病理变化

根据有机磷农药毒性大小、摄入方式、摄入量多少以及动物个体差异等，其临床症状往往不尽相同，其典型症状大致可分为以下3种。

(1) 最急性型。由于摄入有机磷农药量大且毒性极强，病牛发病迅猛，来不及注射解毒药，或注射相应解毒药往往尚未发挥效力，病牛即迅速产生全身性中毒症状，经5~15分钟即窒息而死。病牛死前表现口中大量流涎（白沫），眼球突兀、瞳孔极度收缩、眼结膜充血，大块肌肉群连续震颤，精神极度亢奋，有明显的神经症状，如以头撞墙或转圈、倒退等，随后倒地不起，角弓反张，颈部肌肉及四肢僵直，呼吸极度困难，很快衰竭，窒息而死。

(2) 急性型。病牛仍表现典型的"口吐白沫"症状，病初有时表现全身出汗，呼吸频数，瞳孔缩小，间歇性肢体痉挛，站立、行走困难，有时表现转圈、直行、倒退等运动失调的神经症状，快速诊断，及时施以阿托品等解毒药救治，症状可逐步缓解，若发现不及时，20~30分钟以后出现严重的心衰、神经症状、呼吸抑制时，治愈率极低，多数预后不良。

(3) 慢性型。当病牛经皮肤黏膜或呼吸性吸入中毒时，由于摄入有毒物质量较少，最初症状不明显，病程较长，为2~12小时。病牛一般体温变化不大，呼吸加快，口吐少量白沫，反刍减少或停止，有腹泻、腹痛症状，排粪失禁，排出恶臭、深绿色或黑色混有血丝的粪便，常回头顾腹或以后蹄踢下腹部。病程中后期，见全身性出汗，排黑色水样稀粪，常伴瘤胃臌气，有时排尿、排粪失禁，全身痉挛。若无及时救治措施，最后就会出现口吐白沫、缩瞳、肌肉震颤、神经症状等，此时治疗难度加大、治愈率低下，多数最终衰竭、死亡。

剖检病死牛，可见胃肠黏膜出血、充血、易剥离，胃内容物有大蒜味；心肌出血；肝、脾肿大；胆囊肿大，胆汁充盈；肺充血、出血、水肿、气肿；气管、支气管有卡他性炎症,并充满大量泡沫样液体;肾脏肿大、质脆,呈土黄色。

(二) 防控与治疗

1. 防控

(1) 加强有机磷农药的使用保管。现代大多养殖业主除了必需精饲料需要外购,一般青绿饲料均来自周边种植农户,尤其近年来脱贫攻坚工作的开展,一些小型养殖户自种自养现象比较常见,有机磷农药被广泛应用旨在提高饲草产量,以至于不免有超标使用的情况,因此应建立、健全对农药管理,严格按照剂量使用,落实专人负责,严防坏人破坏。

(2) 提高从业者的专业化水平。由于很大一部分养殖户初次接触养殖,养殖经验和实操技能存在盲区,对于使用农药驱除家畜内外寄生虫使用剂量不明确,导致中毒现象发生,可由兽医人员负责,定期组织进行,以防意外发生。同时要加强平时的饲养管理,保证牛只饲料的可追溯性,确保饲料和饮水清洁卫生,切勿将拌料桶用于搅拌农药。

(3) 以舍饲为主。肉牛养殖提倡以舍饲为主,如果非要牧放,须事先了解放牧地农药施用情况,勿饮用农田附近低洼囤积水;常备一些简易药品,如有发病牛及时医治,以免造成更大损失。

2. 治疗

洗胃与解毒。发现牛误食有机磷农药后,尽快用2%~3%碳酸氢钠溶液或食盐水洗胃(敌百虫中毒不能用碱性溶液冲洗,只能用食盐水冲洗),并用碳酸钠溶液、肥皂水、草木灰水各1 000克,混合后给成年牛一次灌服(敌百虫中毒不适用此法)。

洗胃后,经皮肤吸收中毒的病牛,同时使用5%氢氧化钠溶液、5%石灰水或肥皂水刷洗皮肤(敌百虫除外),以降低毒性。

用胆碱酯酶复活剂解磷定治疗,每千克体重15~30毫克肌内注射;或用生理盐水配成2.5%~5%溶液,缓慢静脉注射,每隔2~3小时注射1次,直至症状缓解。

或用阿托品注射液治疗,剂量为轻度中毒每次10~30毫克,中度中毒每次30~100毫克,重度中毒每次100~150毫克,每隔2~3小时用药1次,肌内注射;严重者用1/3剂量缓慢静脉注射,2/3剂量皮下注射,每隔1~2小时重复给药。若初次剂量用1~2次病情不见好转,且有加重的趋势,应及时增加剂量,尽快使阿托品达到足量。

中毒症状基本解除后,用10%葡萄糖注射液1 500~2 000毫升,安钠咖注射液20~30毫升，维生素C注射液30~50毫升，静脉注射，以恢复体力；用5%葡萄糖注射液或生理盐水1 000~2 000毫升，樟脑注射液30毫升，维生素C注射液30毫升，静脉注射，以加速血液循环，促进毒物排出。还可用黄芪多糖注射液20毫升，鱼腥草注射液20毫升，柴胡注射液10毫升，头孢噻呋钠5~10克（成年牛用量，幼畜酌减），混合肌内注射，每日1次，连注3~5天，防止出现继发感染情况。

中药可考虑使用绿豆甘草解毒汤。绿豆300克、生甘草100克、丹参、连翘、草石斛、白茅根、大黄（后下）各60克，水煎取液，一次灌服，每日1次，连用3天。

二、棉籽饼中毒

棉籽饼中毒是指牛长期或大量饲喂含游离棉酚的棉籽饼所引起的中毒性疾病。临床上以出血性胃肠炎、肺水肿、心力衰竭、神经紊乱及红尿等为特征。妊娠牛、犊牛易感性高。

棉籽饼是棉籽榨油后的产物，棉籽经脱壳取油后的副产物称为棉籽饼。棉籽饼中含有丰富的蛋白质，其中粗蛋白质含量可达40%以上，与大豆饼的蛋白质含量不相上下。但蛋白质各氨基酸组成比例不合适，其中精氨酸的含量较高，赖氨酸的含量仅有1.3%~1.5%，而且棉籽中含有对动物有害的棉酚以及环丙烯脂肪酸，在制油过程中棉酚与蛋白质结合成为结合棉酚，该物质不容易被动物吸收，而游离的棉酚对动物的毒害作用较大，动物幼崽对棉酚的耐受能力更低。棉籽饼游离棉酚含量高于0.02%时，就具有毒害作用。

棉酚有蓄积作用。首先可刺激胃肠黏膜引起炎症，并能增加毛细血管的渗透性，引起组织出血、水肿。同时，可致使神经机能紊乱，严重中毒时，还可引起肺水肿。棉酚还能使子宫平滑肌强烈收缩，引起流产。其次，若长期单纯饲喂，可引起维生素A缺乏，使家畜的消化、呼吸、泌尿等器官黏膜发生炎症和变性抵抗力下降，患牛则出现肺炎、肠炎、中耳炎及尿道炎，甚至发生夜盲干眼症。

（一）诊断要点

1. 发病原因

（1）饲喂周期过长。长期不间断地饲喂棉籽饼，可使棉籽饼中所含的游离棉酚在家畜体内越积越多，排泄缓慢、潜伏期10~30天，其在棉籽饼中的含量达到0.04%~0.05%时则可引起中毒。

（2）日粮营养结构不均衡。如果日粮中缺乏蛋白质、钙、铁及维生素 A，对棉籽饼中毒的敏感性增加。

2. 临床症状与病理变化

牛多在饲喂 10~30 天发病，少数也可在第 2 天发病。前期呈胃肠炎症状，反刍停止，瘤胃积食。瓣胃和皱胃阻塞，并通过母乳引起犊牛中毒。下痢、血便或便秘，有时出现血尿、蛋白尿及神经症状，如共济失调、步态不稳等。排尿困难、尿频、淋漓。后期心力衰竭，心搏动强，胸、腹下及四肢出现水肿。如肺部受害，则咳嗽、气喘、流鼻液，甚至出现肺水肿。视力障碍，羞明流泪，眼睑肿胀，甚至失明。

剖检病死牛，颈部及胸、腹部皮下组织有明显的浆液性浸润，胸腔有淡黄色或红色液体，鼻腔内有灰白色液体，气管内充满大量淡黄色泡沫状液体，肺充血、淤血，肺门淋巴结充血、肿大；心包膜内有多量的淡红色液体，心内、外膜出血；胃肠黏膜出血、溃疡，肠管萎缩。肝肿大、充血，胆囊肿大，有出血点；脾表面和边缘出血，肾肿大。

（二）防控与治疗

1. 防控

（1）停喂棉籽饼，加强饲养管理。立即停止饲喂棉籽饼，改用豆粕饲喂，同时增喂维生素 A、维生素 D、钙粉和胡萝卜、牧草等青绿饲料，帮助病牛康复。饮水槽内及时更换清水，防止因饮水槽内结冰影响饮水。

（2）合理饲喂棉籽饼。用棉籽饼饲养牲畜应做好充分的脱毒处理，妊娠畜及幼畜不宜饲喂棉籽饼。棉籽饼连续饲喂几周后要停喂一段时间。每头牛每天棉籽饼饲喂量不得超过饲料总量的 20% 或者 1 500 克。

（3）棉籽饼去毒处理。棉籽饼类饲料除限量限期饲喂外，主要应实行去毒处理，以保安全。①加温去毒法。将棉籽饼蒸煮，也可加入 10% 面粉后煮 1 小时，能将棉酚破坏。②碱浸去毒法。用 1% 碳酸钠溶液或 2%~3% 石灰水、2.5%~3% 草木灰水，浸泡 24 小时，然后再洗掉碱液。

2. 治疗

（1）洗胃。急性中毒病牛，可用 0.05% 高锰酸钾溶液或 3% 碳酸氢钠溶液、5% 碳酸钠溶液 4 000 毫升洗胃，也可用盐类泻剂清理胃肠，排出毒物。也可将硫酸镁或硫酸钠 300~500 克溶于 2 000~8 000 毫升水中，给牛灌服，每日 1 次，连用 3 天。

（2）对症治疗。10% 葡萄糖注射液 2 000 毫升，10% 氯化钾注射液 20~50 毫升，氢化可的松 800 毫克混合后静脉注射。当病牛有脱水症状时，可用 5%

葡萄糖注射液500~1 000毫升，10%安钠咖注射液2毫升，10%氯化钙注射液10毫升，混合后静脉注射，每日1次，连用3天。病牛并发胃肠炎时，可将磺胺脒片30~40克，饲料添加剂鞣酸蛋白20~50克，溶于500~1 000毫升水中，给牛灌服。

中药治疗可使用甘草绿豆汤（绿豆10份、甘草1份、金银花1份、土茯苓1份、红糖1份）4 500毫升，灌服。

三、牛食盐中毒

食盐是促进牛正常生长发育的重要物质。如果牛摄入食盐不足，会表现代谢紊乱及异食癖，使牛的正常生长发育受到影响。但如果牛日常摄取的食盐量高于正常剂量，同时又饮水不足，造成牛出现脑水肿和消化道炎症等一系列的病理变化，病牛表现神经症状及消化道紊乱，中毒严重的牛会发生死亡。

（一）诊断要点

1. 发病原因

日常饲养应按相关标准给牛科学补充食盐，切忌随意添加，否则牛会出现中毒反应。但如果长时间摄取盐量不足，之后突然补充大量的食盐并未加限制，同样会引发牛采食过量而中毒。此外，牛饮水不足也会发生中毒。如果长时间给牛饲喂酱渣或腌菜的废水，也会引起中毒。饲养场对料盐应正确存放，避免牛因偷食行为而发生中毒。

2. 临床症状与病理变化

（1）最急性型。病程仅40分钟左右。病牛的神经症状比较严重，常见病牛的头部朝一侧偏，其四肢收于腹下而呈鸭泳状，肌肉严重震颤；可视黏膜潮红，口腔干黏；眼球下凹，视觉和听觉障碍明显，严重的病牛对光照几乎没有反应，且表情淡漠，刺激四肢加以不见明显反应，发生痛苦的呻吟声。有的病牛接受治疗后会有癫痫发作，发病时病牛的鼻端出现明显抽搐，鼻盘出现扭曲，随病情发展颈部肌出现痉挛，严重的病牛可见全身肌肉痉挛明显，颈椎呈"S"形的情况，个别病牛头部摆动，其体温稍微低于正常水平，呼吸深而缓慢。

（2）轻度中毒。病牛表现类似于肠痉挛的症状，一般会出现明显不安、起卧频繁、不停摆尾、前肢刨地而后肢踢腹的反应，其排尿量减少或不排尿，易惊吓，对光线敏感，有的牛行走时步态摇摆不稳。

剖检病死牛，可见其胃肠黏膜潮红明显，有出血点，其肠道呈黑色，内存暗红色稀粪夹杂血液，其肠壁变薄，胃壁出血点，尤其是第三、四胃的病变更加明显，其心房也有出血点，个别严重的呈块状，其肺脏出现充血水肿变化，其他组织器官有不同程度的充血、出血。

（二）防控与治疗

1. 防控

科学配制牛的日粮，不可过量使用食盐；保证每天有充足的饮水；加强饲养场内料盐的保管，避免出现牛因偷食而发生中毒的现象。

2. 治疗

5%葡萄糖注射液1 000~2 000毫升，配合速尿20毫升，1次/天，静脉注射；10%葡萄糖酸钙注射液1 000~1 500毫升，提高血钙浓度，缓解脑水肿。如果病牛有神经症状，可静脉注射1 000~1 500毫升山梨醇或甘露醇，或肌内注射25%硫酸镁注射液10~25克，具有较好的镇静解痉效果。

四、亚硝酸盐中毒

亚硝酸盐中毒是由于家畜采食含有大量亚硝酸盐的饲料引起，以兴奋不安、流涎、呕吐、呼吸困难、眼结膜发绀、血液乌黑为特征。牛多发于冬季，由于天然牧草枯竭，以放牧为主的养殖场常用蔬菜类植物作为青绿饲料喂牛，以补充牧草的不足，当牛一次性吃得过多，特别是所喂蔬菜放置过久、保管不当、腐烂变质，易导致亚硝酸盐中毒。

（一）诊断要点

1. 发病原因

牛饲喂不新鲜、腐烂且富含亚硝酸盐的蔬菜（如白菜、卷心菜、莴笋叶、瓜叶等），或一次性采食大量的富含硝酸盐的蔬菜，在瘤胃微生物的作用下，产生大量的亚硝酸盐而中毒。另外，青绿饲料加工不当（如文火焖煮、温水浸泡等），或保管不当（如堆垛存放时间过久、日晒雨淋引起青绿饲料发热腐烂）产生大量亚硝酸盐，牛采食后导致中毒。

2. 临床症状

牛亚硝酸盐中毒出现症状的时间长短不等，根据摄入亚硝酸盐的数量、浓度而定，长者1~2天，短者仅10~60分钟，同群中摄入量大者先出现症状。牛主要表现兴奋不安，流涎，呼吸困难，眼结膜发绀；剪破耳和尾尖流出血液呈酱油色；体温正常或偏低，耳、鼻、四肢发凉；步态蹒跚，盲目运动；中毒较轻者呆立不愿走动，减食或停食；严重者昏迷倒地，四肢做游泳状运动，全身抽搐，常因窒息死亡。

(二)防控与治疗

1. 防控

不喂变质的青绿饲料,牛等反刍动物限量饲喂富含亚硝酸盐或硝酸盐的青绿饲料(新鲜蔬菜,如小白菜、青菜、韭菜、菠菜、甜菜、萝卜叶、灰菜、野荠菜等都含有较多的硝酸盐或亚硝酸盐)。

2. 治疗

以解毒、排毒、强心补液、对症治疗为原则。

(1)解毒。1%亚甲蓝溶液静脉注射,或2%亚甲蓝溶液肌内或皮下注射,每千克体重0.1~0.2毫升。也可用1%高锰酸钾溶液或食用醋每千克体重2毫升,内服。

(2)强心补液。同时用5%维生素C 10~20毫升,10%葡萄糖200~500毫升,10%安钠咖5~10毫升,静脉注射。或皮下注射肾上腺素0.5~1 mL。

(3)排毒。病情较轻者,可用食用植物油(如生菜籽油)300~500毫升,加常水500~2 000毫升,灌服,以缓泻排出胃肠内毒物。病情较重者,可用1%~2%高锰酸钾溶液洗胃。

第五节 常见营养缺乏症防控与治疗

一、牛佝偻病

牛佝偻病又称为维生素D缺乏症,是犊牛由于维生素D缺乏或钙、磷代谢障碍所致的一种骨营养不良症。临床上以犊牛消化紊乱、异嗜癖、跛行及骨骼变形等为特点;病理学特征是成骨细胞钙化作用不全,未钙化的类骨组织形成过多,软骨内骨化障碍和成骨组织的钙沉积减少,造成软骨肥大及骨骺增大的暂时钙化不全。

(一)诊断要点

1. 发病原因

佝偻病的病因可以分为先天性佝偻病和后天性佝偻病。先天性佝偻病主要是由于母牛在怀孕期间没有获取到足量的维生素D、钙和磷元素,胎儿发育受到限制,导致佝偻病的发生;因饲料中维生素D缺乏、不足,或钙、磷比例不当,缺少光照等因素引起的佝偻病是后天性的。其中维生素D缺乏是其主要病因。

(1) 维生素 D 缺乏。①乳汁中维生素 D 含量过少。当哺乳期母牛的青绿饲料严重不足或未在其日粮中添加多维，且其长时间处于封闭饲养状态，致使乳汁中维生素 D 含量较少，满足不了哺乳犊牛对维生素 D 的需求，引起该病。②犊牛自身体内维生素 D 合成受阻。如果犊牛每天的日照时间不够或喂给犊牛的饲草料缺少阳光照射，阻碍了其体内维生素 D 的形成，使犊牛维生素缺乏而致病。

(2) 钙、磷缺乏、不足或比例不当。①日粮中钙、磷缺乏或不足。长期喂给犊牛麦秸、麦糠、块根类等缺钙的饲草料，使其血液中钙浓度下降；或长期喂给犊牛麦糠、多汁饲料等，以及在低磷土壤上生长的饲草料，使其血液中磷浓度下降，造成犊牛钙、磷缺乏或比例不当而发病。②犊牛对钙、磷的吸收和利用不足。如果犊牛胃肠酸碱平衡或瘤胃内微生物群失调以及感染了蛔虫、绦虫等寄生虫而导致消化和吸收能力降低等，均会影响其对钙、磷的吸收和利用，也会致使犊牛发生该病。③调配的日粮中钙、磷比例不当。犊牛对维生素 D 的需要量大增，影响了机体对钙、磷的吸收，同样会促使犊牛发生佝偻病。

(3) 其他原因。除以上原因外，佝偻病的发生还与微量元素铁、锌、锰等缺乏有关。

2. 临床症状与病理变化

患病牛精神萎靡，被毛粗乱、无光泽；有异食癖，如啃咬墙壁及饲槽、食垫草及粪尿、污水等；喜欢趴卧，强迫其运动时步态强拘，骨骼、关节等发生变形；齿形不规则，呈波浪状，齿面不平整，口腔闭合困难；肋骨与肋软骨连接处肿大；胸廓变形、隆起，脊背凸起；鼻腔狭窄，鼻骨肿大、隆起，颜面增宽，呼吸困难；病情严重时，犊牛出现四肢关节肿大、长骨变形（如前肢腕关节外展呈"O"形，后肢跗关节内收呈"X"形）；营养不良、贫血、生长发育延迟等。当病情发展到一定程度时，有的病犊出现抽搐、痉挛等神经症状，骨硬度降低，容易骨折等。

病犊牛的长骨骨端肥大，骨质变软，脊柱弯曲，四肢关节肿大、变形，肋骨与肋软骨连接处呈念珠状肿（又称串珠样肿），骨盆骨畸形等。

(二) 防控与治疗

1. 防控

首先应合理配制日粮，保证日粮中的钙磷水平满足牛正常的生长发育，且比例适宜，通常日粮中的钙磷比为 1 : 2 ~ 2 : 1，如果钙磷比过大则容易造成软骨症，在怀孕末期和哺乳期应适量增加营养，并配合运动，帮助母牛摄取更多的钙磷。该病通常发生在犊牛中，所以在犊牛饲养过程中更应注重佝偻病的预防，给犊牛设置科学的运动场，保证犊牛每天的运动和光照时间，促进其骨骼发育。犊牛舍应保持干燥清洁、通风顺畅，并且阳光充足。

2. 治疗

佝偻病的治疗应以补充缺少的微量元素为原则。一旦发现病犊要及早予以治疗，根据病情的轻重，采取综合性治疗措施。可用氧化钙、磷酸钙或鱼粉拌料饲喂并使饲料中钙、磷的比例得当；或静脉注射10%葡萄糖酸钙注射液；或肌内、皮下注射维丁胶性钙注射液，为病犊补充钙质。对于病情较重的病犊，可肌内注射维丁胶性钙注射液10毫升、鱼肝油10毫升，每日1次，直至痊愈。如果病犊骨骼变形，则应采取骨矫正术，可用石膏绷带或夹板绷带加以矫正，7~10天为1个疗程，一般1~2个疗程可拆除绷带。

二、牛维生素 A 缺乏症

维生素 A 缺乏症是维生素 A 摄入不足或缺乏所引起的以视觉障碍、器官黏膜损伤和生长发育不良为特征的慢性营养代谢障碍病。多见于3~5月龄的犊牛，是一种常见的慢性代谢性疾病。病牛突出的临床表现是两眼失明、眼球突出、瞳孔散大、发育不良、眼内无炎性分泌物和白内障。

（一）诊断要点

1. 发病原因

（1）饲料因素。犊牛维生素 A 缺乏与母牛饲料单纯、缺乏维生素饲料有密切关系，主要是由母牛饲料中缺乏维生素 A 所致。在日常饲养管理中，长期饲喂枯硬干草或饲草因收获过迟、烈日暴晒、雨淋堆积等，维生素 A 已被分解和流失，导致维生素 A 缺乏，或长期饲喂棉籽饼等缺乏维生素 A 的饲料，使机体得不到所需的维生素 A，而且维生素 A 不易在肝脏内形成，因而导致出现缺乏症。饲料中缺乏常量元素和微量元素也可促使该病的发生。

（2）犊牛饲喂不当。犊牛补饲不当、不喂初乳或补饲初乳时间过短，过早断奶，通过代用乳和人工乳让其早期断奶的犊牛，得不到必需的维生素 A，往往在4~6周出现维生素 A 缺乏症状。

（3）其他因素。动物患肝脏和肠道慢性疾病会影响维生素 A 的吸收。由于维生素 A 是脂溶性维生素，所以它的吸收与饲粮中的脂肪含量有关。家畜肝脏是维生素 A 的主要贮存库，肝脏疾病能降低维生素 A 的贮存能力，从而导致维生素 A 缺乏症。

2. 临床症状

维生素 A 是维持机体皮肤和黏膜上皮细胞正常结构和功能、组成视紫红质素以及促进骨骼发育所必需的营养物质，缺乏时会引起视觉、消化、呼吸、繁殖力、生长发育的紊乱。

（1）夜盲症。犊牛对维生素 A 缺乏症易感性高，初期症状是夜盲症，病牛表现无论在黎明还是傍晚均会撞到物体。眼睛对光线过敏，引起角膜干燥症、流泪、角膜逐渐增生混浊，特别是青年牛症状发展迅速，由于细菌的继发感染而失明。

（2）皮肤变化。缺乏维生素 A 的犊牛发育明显迟缓，被毛粗乱，大多易患皮肤病，皮肤干燥，皮脂溢出，出现皮炎表现，脱毛。

（3）神经症状。由于颅内压增高或变形骨的压迫而出现神经症状，表现瞳孔扩大、失明、运动失调、惊厥发作和步态蹒跚等。

（4）其他症状。骨组织发育异常，包裹软组织的头盖骨和脊髓腔特别明显，易患肺炎和下痢，由于肾小管上皮细胞角化脱落，极易引起尿结石。育肥牛呈全身性水肿，特别明显的是前躯和前腿。另外，也可见到跛行和肌肉变性，这主要是由细小动脉壁增厚堵塞所致。妊娠牛往往流产，产死胎或产出体弱和先天性失明犊牛，母牛受胎率下降等。

对死亡牛及淘汰牛剖检可见头颈部、背胸部及四肢皮下和肌间水肿，特别是四肢皮下水肿严重，水肿液为浅黄色浆液，肌肉颜色变淡；瘤胃黏膜角化。病变组织镜检可见皮下和肌间有浆液和纤维素样物质渗出；小动脉内皮细胞肿胀，其周围有淋巴细胞浸润；肌肉呈胶冻样变性，肌纤维萎缩；肝小叶出血，肝细胞变性；肺泡上皮肿大、脱落，支气管腔内有脱落的上皮细胞和嗜中性粒细胞浸润，肺小叶内有散在的嗜中性粒细胞，肺泡水肿；肾小管间质见有散在的淋巴细胞浸润；角膜混浊且有程度不等的溃疡、充血，眼球玻璃样变、肥厚及淋巴浸润，视神经乳头水肿，色素丧失，视网膜变性。

临床检查诊断时，常要进行眼底检查。将病牛保定于六柱栏内，并确实固定好头部，用 1%硫酸阿托品注射液点眼 2 次，中间间隔 15 分钟，使用眼底照相机进行眼底照相。选用条件：亮度选为最大，曝光度选择 6（最大）。调节眼底照相机至最清晰处，然后通过放大的瞳孔进行眼底观察，认真检查视神经乳头、眼底血管和毡部的变化。同时设对照健康犊牛进行眼底对比观察。

健康犊牛视盘表面平坦，边缘清晰可见，形态大小基本正常；视网膜动静脉血管分支、色泽基本正常，血管无迂曲；视网膜无水肿、出血、渗出、色素紊乱等，绿毡和黑毡正常。病牛视乳头模糊，周边结缔组织增生，围绕视乳头可见色素沉着斑，绿毡部部分区域有色素脱落，部分区域有色素沉着，黑毡部有部分色素脱落斑块。

（二）防控与治疗

1. 防控

（1）做好全年饲草料的贮备工作。备足富含维生素 A 和胡萝卜素的饲草料，如苜蓿、优质干草和多汁饲料胡萝卜等。冬季胡萝卜素奇缺时，务必补饲维生素 A 添加剂或鱼肝油制剂。

（2）加强犊牛和育成牛群的饲养。对初生犊牛及时供应初乳，保证足够的喂乳量和哺乳期，不要过早断奶。在饲喂代乳品时，要保证质量和足够的维生素 A 含量。给牛群提供良好的环境条件，防止牛舍潮湿、拥挤，保证通风、清洁、干燥和日光充足。运动场地要宽敞，可以任牛只自由活动。

（3）限制棉籽饼的喂量。生产牛的喂量每天不超过 1.5 千克，妊娠牛和犊牛最好不要饲喂。或将棉籽饼加热减毒处理，最好能经过炒、蒸，使游离的棉酚转变为可结合的棉酚。铁可与棉酚结合成不被家畜吸收的复合物，使棉酚的吸收量大大减少。用 0.1%~0.2% 硫酸亚铁溶液浸泡棉籽饼，棉酚的破坏率可达 81%~100%。棉酚缺乏，则新视黄醛生成减少，视紫红质合成受阻，导致动物对暗光适应能力减弱，即形成夜盲症。

2. 治疗

（1）调整日粮配方。发病后立即更换饲料，多喂青草、优质干草、胡萝卜及玉米等富含维生素 A 的饲料，必要时可在饲料内添加适量的鱼肝油。

（2）药物治疗。犊牛使用维生素 AD 注射液，肌内注射 5~10 毫升；或口服维生素 AD 油，一次量 20~60 毫升。不可过量，否则可引起中毒。为了强心补液及解毒，可静脉注射 25% 葡萄糖注射液 80 毫升、10% 氯化钙注射液 50 毫升、维生素 C 注射液 20 毫升、10% 安钠咖注射液 10 毫升。

三、牛白肌病

牛白肌病又称牛硒-维生素 E 缺乏症，是一种由于日粮中缺乏硒和（或）维生素 E，引起以骨骼肌和心肌变性、坏死为主的代谢性疾病。临床上表现为运动障碍、急性心力衰竭和消化不良；剖检变化以骨骼肌变性、坏死，心脏变形、扩张、体积增大，槟榔肝等为特征。

(一) 诊断要点

1. 发病原因

牛硒缺乏通常是由于配制日粮使用的原料产自含有较低硒水平的土壤。近几年，由于成品饲料价格不断提高，较多牛场使用自配饲料，从而导致肉牛发病率越来越高。维生素 E 缺乏在很大程度上是由饲料种类单一以及存储不科学等引起。另外，随着饲草料存储时间的延长、所含的维生素 E 水平也在不断下降。犊牛在饲喂不饱和脂肪酸含量较高饲料的同时饲喂豆粕、亚麻油，在体内由于相互发生氧化反应而变臭，从而造成维生素 E 发生分解。当谷物饲料储存湿度过高或者与丙酸一起存放，都会导致维生素 E 含量下降。如果母牛自身缺乏硒或维生素 E，则其哺乳的犊牛容易发生该病，或者犊牛采食的饲料中缺乏硒或维生素 E 也会引起该病。

2. 临床症状与病理变化

（1）急性型。病牛突然发病，表现出精神萎靡，体温明显下降（36～37℃），皮肤发凉，心音杂乱、微弱、节律不齐，呼吸急促，常伴有咳嗽，并发出呻吟声，鼻流混有黏液或血液的鼻液，肺泡呼吸音粗粝。病牛站立僵硬，步态强拘，四肢震颤且明显无力，臀部、背部及肩部肌肉肿胀，且质地较硬，侧卧时会出现全身瘫软，很快就会由于心力衰竭而发生死亡。

（2）亚急性型。病牛的主要症状是呼吸、循环和运动功能发生障碍。病牛表现精神沉郁，运动缓慢，步态强拘，站立困难，大部分在末期出现全身麻痹的现象。病牛体温基本保持正常，心音微弱，心搏动亢进，呼吸频率加快，每分钟能够达到 70～80 次，且呼吸浅表，通常呈腹式呼吸，出现咳嗽，偶见血性或黏液性鼻液，肺泡音明显粗粝。四肢肌肉颤抖，臀部、肩部以及颈部肌肉发生肿胀，且质地变硬。部分还会出现全身出汗的症状。病牛躺卧在地上，往往会侧伸四肢，且无法抬头。部分病牛舌和咽喉处的肌肉发生变性，吸吮或采食困难，磨牙。病牛通常在发病后 1～2 周死亡。

（3）慢性型。与亚急性基本相同，但病程发展相对较慢。病牛生长发育迟缓，腹泻，体形消瘦，被毛粗硬无光，脊柱弯曲，全身乏力，拒绝站立，往往呈俯卧状。部分病牛继发异物性肺炎或者严重型胃肠炎，甚至死亡。

剖检病变主要有心脏变形、扩张，体积增大，心肌弛缓、出血或见有灰白色变性、坏死灶，心内、外膜出血，心包积液，呈桑葚心状，病牛骨骼肌苍白，呈煮肉或鱼肉样外观，并有灰白色或黄白色条纹或斑块状变性、坏死，背腰、臀、腿肌变化最明显，呈双侧对称状发生，病变肌肉水肿。

（二）防控与治疗

1. 防控

（1）缺硒地区补充硒制剂。对于缺硒地区，肉牛最好适量补硒，可使用硒制剂直接投服或者将其添加在饮水、饲料中喂饮，也可在种植饲料作物的土壤施用硒肥或者直接喷洒含硒的肥料，从而使植株和籽实中含有较高的硒。

（2）各阶段牛补充硒、维生素 E。妊娠牛在分娩前补充适量的亚硒酸钠，能够促进胎儿以及犊牛的发育。一般来说，中等体型的母牛在妊娠期以及泌乳期每头每天适宜补充 10 毫克左右的硒，处于生长期的犊牛每天按每千克体重补充 0.1 毫克硒和 150 毫克维生素 E。肉牛每千克饲料中适宜添加 0.3 毫克硒，如果采取舍饲，则其饲喂的精饲料中最好每千克也添加 0.15 毫克以上的硒。

（3）母牛注射亚硒酸钠注射液。给妊娠后期的母牛以及新生犊牛注射适量的亚硒酸钠注射液，能够促使母牛繁殖率提高，并有利于提高犊牛成活率。根据实践，母牛分别在配种前、妊娠中期以及分娩前 21 天深部肌内注射 30 毫克 0.1% 亚硒酸钠注射液 1 次，或者在每 100 千克饲料中添加 0.022 克无水亚硒酸钠，同时还要配合在每千克饲料添加 20~25 单位的维生素 E，具有很好的效果。

（4）新生犊牛注射补硒。对于新生犊牛，可在其出生后几周内适时肌内注射 8 毫克硒。如果犊牛在低硒含量的草地上进行放牧，可每千克体重补充 0.1 毫克硒，每 2 个月进行 1 次注射，或者每千克体重补充 0.2 毫克，每 4 个月进行 1 次注射即可。但要注意的是，即使硒是肉牛生长所必需的一种微量元素，但要适量补充，避免引起中毒。

2. 治疗

病牛可使用亚硒酸钠注射液，同时配合醋酸生育酚，具有较好的治疗效果。一般使用 0.1% 亚硒酸钠注射液进行皮下或者肌内注射，犊牛每次用量为 8~10 毫升，成年牛用量为 15~20 毫升，并间隔 10~20 天再注射 1 次。

参考文献

郭爱珍，2021. 牛病图鉴［M］. 北京：中国农业科学技术出版社.
李宏全，2016. 门诊兽医手册［M］. 2 版. 北京：中国农业出版社.
李连任，2018. 牛病中西医结合诊疗处方手册［M］. 北京：中国农业科学技术出版社.
余祖功，2024. 兽药合理应用与联用手册［M］. 2 版. 北京：化学工业出版社.
曾振灵，2021. 兽医临床用药指南［M］. 北京：中国农业出版社.
曾振灵，2024. 兽药手册［M］. 3 版. 北京：化学工业出版社.
张卫宪，2006. 当代养牛与牛病防治技术大全［M］. 北京：中国农业科学技术出版社.
中国兽药典委员会，2020. 中华人民共和国兽药典（2020 年版）（一部，二部，三部）［M］. 北京：中国农业出版社.